"十四五"职业教育国家规划教材　　　工业和信息化精品系列教材

Information Technology

信息技术

基础模块

第2版 慕课版

张敏华　史小英 ◎ 主编

高海英　姚锋刚　王植 ◎ 副主编

人民邮电出版社

北 京

图书在版编目（CIP）数据

信息技术：基础模块 / 张敏华，史小英主编. -- 2
版. -- 北京：人民邮电出版社，2023.11
工业和信息化精品系列教材
ISBN 978-7-115-63046-9

Ⅰ. ①信… Ⅱ. ①张… ②史… Ⅲ. ①电子计算机—
高等职业教育—教材 Ⅳ. ①TP3

中国国家版本馆CIP数据核字(2023)第204149号

内 容 提 要

本书全面、系统地介绍了信息技术的基础知识及基本操作。全书共 6 个模块，每个模块下包含若干项任务，内容包括文档处理、电子表格处理、演示文稿制作、信息检索、新一代信息技术概述、信息素养与社会责任等。

本书以《高等职业教育专科信息技术课程标准（2021 年版）》为参考，采用"模块+任务"的方式来组织内容，以提高学生的信息技术操作能力，培养学生的信息素养。本书任务大多按照"任务描述→技术分析→示例演示→任务实现→能力拓展"的结构进行讲解，各模块末尾均安排了课后练习，以便学生对所学知识进行巩固。

本书适合作为高职高专院校计算机基础和信息技术基础等相关课程的教材，也可作为计算机培训机构或自学信息技术的相关人员的参考书。

◆ 主　　编　张敏华　史小英
　　副 主 编　高海英　姚锋刚　王　植
　　责任编辑　郭　雯
　　责任印制　王　郁　焦志炜
◆ 人民邮电出版社出版发行　　北京市丰台区成寿寺路 11 号
　　邮编　100164　电子邮件　315@ptpress.com.cn
　　网址　https://www.ptpress.com.cn
　　大厂回族自治县聚鑫印刷有限责任公司印刷
◆ 开本：787×1092　1/16
　　印张：15　　　　　　　　　　　　2023 年 11 月第 2 版
　　字数：449 千字　　　　　　　　　2025 年 1 月河北第 7 次印刷

定价：49.80 元

读者服务热线：(010)81055256　印装质量热线：(010)81055316
反盗版热线：(010)81055315
广告经营许可证：京东市监广登字 20170147 号

前言

党的二十大报告提出：必须坚持科技是第一生产力、人才是第一资源、创新是第一动力，深入实施科教兴国战略、人才强国战略、创新驱动发展战略，开辟发展新领域新赛道，不断塑造发展新动能新优势。现如今，科技越来越发达，信息技术体现在人们工作、生活的方方面面，能够使用计算机进行信息处理已成为对每位大学生的基本要求。为了响应党的二十大号召，落实立德树人的根本任务，坚持为党育人、为国育才，努力培养更多高水平人才，本书用通俗易懂的语言和日常生活中的案例，介绍了信息技术的基础知识和基本操作，以提升学生的信息素养，帮助其形成创造性思维。

"信息技术"作为高职高专院校的一门公共基础必修课程，具有很高的学习价值。本书综合考虑了目前信息技术基础教育的实际情况和计算机技术的发展状况，按照《高等职业教育专科信息技术课程标准（2021年版）》的要求，采用模块与任务的讲解方式带领学生学习，从而激发学生对信息技术的兴趣。

本书内容

本书紧跟当下的主流信息技术，讲解以下6个模块的内容。

- 文档处理（模块一）。该模块通过创建"学习总结"文档、编辑"自我介绍"文档、编辑"招聘启事"文档、编辑"企业简介"文档、制作"图书入库单"文档、编辑"毕业论文"文档、编辑"采购手册"文档等任务，详细介绍在 Word 2019 中创建文档、编辑文本、设置字体与段落格式、插入与编辑各种对象、设置页面、编辑长文档等内容。

- 电子表格处理（模块二）。该模块通过创建"财务报表"工作簿、输入并设置财务报表、计算财务报表、统计与分析财务报表、保护并打印财务报表等任务，详细介绍在 Excel 2019 中编辑工作簿、编辑工作表、编辑单元格、设置单元格和工作表格式、输入与编辑数据、使用公式与函数、管理表格数据、使用图表、应用数据透视表和数据透视图、保护数据、打印工作表等内容。

- 演示文稿制作（模块三）。该模块通过创建"工作总结"演示文稿、统一"工作总结"演示文稿风格、丰富"工作总结"演示文稿、为"工作总结"演示文稿设置动画、放映并发布"工作总结"演示文稿等任务，详细介绍在 PowerPoint 2019 中编辑演示文稿、编辑幻灯片、应用演示文稿主题、使用幻灯片母版、插入各种多媒体对象、设置幻灯片动画、放映幻灯片、打印与打包演示文稿等内容。

- 信息检索（模块四）。该模块通过认识信息检索、搜索引擎的使用、专用平台的信息检索等任务，详细介绍信息检索的概念、分类、发展历程，搜索引擎的类型与使用方法，各种专用平台的信息检索方法等内容。

- 新一代信息技术概述（模块五）。该模块通过新一代信息技术的基本概念、新一代信息技术的技术特点与典型应用、新一代信息技术与其他产业融合等任务，详细介绍新一代信息技术产生的原因和发展历程，各种新一代信息技术的典型应用，新一代信息技术与制造业、生物医药产业、汽车产业融合等内容。

- 信息素养与社会责任（模块六）。该模块通过信息素养概述、信息技术发展情况、信息伦理与职业行为自律等任务，详细介绍信息素养的基本概念和要素、信息技术企业的兴衰变化，引导学生树立正确的职业理念。

本书特色

本书在知识讲解、体例设计及配套资源方面具有以下特色。

（1）对标课程标准，能让学生学以致用，全面提升信息素养。本书按照《高等职业教育专科信息技术课程标准（2021 年版）》的要求，贯彻党的二十大精神，落实立德树人的根本任务，运用理论与实践一体化的教学模式，提升学生用信息技术解决问题的综合能力，帮助学生成为德智体美劳全面发展的高素质技术人才。

（2）任务驱动，目标明确。本书各个模块下均安排了多个任务，让学生可以在情景式教学环境下，明确自己的学习目标，更好地将知识融入实际操作和应用当中。

（3）讲解深入浅出，实用性强。本书在注重系统性和科学性的基础上，突出实用性和可操作性，对重点概念和操作技能进行详细讲解，语言流畅，符合计算机基础教学的标准，满足社会人才培养的要求。

本书在讲解过程中，还通过"提示"小栏目为学生提供更多解决问题的方法和更加全面的知识，引导学生更好、更快地完成当前工作任务及类似工作任务；并适时地对学生进行思想政治教育，帮助学生更好地树立正确的价值观。

（4）配套微课视频和素材文件。本书所有操作内容均已录制成视频，读者只需扫描书中提供的二维码，便可以观看视频并轻松掌握相关知识。同时，本书还提供相关操作的素材与效果文件，帮助学生更好地完成学习。

本书配有慕课视频，登录人邮学院网站（www.rymooc.com）或扫描封底二维码，使用手机号完成注册，在首页选择"学习卡"选项，输入封底刮刮卡中的激活码，即可在线观看视频。

为了方便教学，读者可以通过 www.ryjiaoyu.com 网站下载本书的 PPT 课件、拓展视频、教学大纲、练习题库、素材和效果文件等相关教学配套资源。

本书由张敏华、史小英任主编，高海英、姚锋刚、王植任副主编。其中，史小英编写模块一、模块四，高海英编写模块二，姚锋刚编写模块三，王植编写模块五，张敏华编写模块六。感谢北京四合天地科技有限公司为本书提供部分案例。

由于编者水平有限，书中难免存在不足之处，欢迎广大读者批评指正。

编者
2023 年 5 月

目录

模块二

电子表格处理·············· 57

模块四

信息检索 ··············· 188

模块五

新一代信息技术概述 ······· 209

模块一
文档处理

01

文档处理是我们在生活、学习和以后的工作中都会接触到的常见操作。例如，在生活中，我们可以利用文档制订生活计划；在学习中，我们可以利用文档进行阶段性的总结；毕业时，我们可以利用文档创建个人简介以便找到合适的工作；工作后，我们更需要利用文档来处理工作中的各项相关事宜。本模块以 Word 2019 为例，精选学习总结、自我介绍、招聘启事、企业简介、图书入库单、毕业论文、采购手册等案例，详细介绍如何使用 Word 处理文档的各种操作。

课堂学习目标

- **知识目标：** 掌握 Word 的各种基本操作，如文档操作、文本格式设置和段落格式设置、各种对象的插入与编辑、页面设置、长文档的编辑等。

- **技能目标：** 能够利用 Word 制作和编辑各种类型的文档。

- **素质目标：** 养成独立思考与自学的良好习惯，重视创新意识与创新素养的培养，从而有效地提升个人的办公能力，成长为一名合格的技能型人才。

任务一　创建"学习总结"文档

任务描述

学习总结是对某一阶段学习任务的完成情况做出检查、分析、评价后，形成的一种总结性文档。定期或不定期地进行总结，有助于更好地评估学习成绩、执行学习计划、提高学习积极性等。下面将用 Word 2019 创建"学习总结"文档，重点介绍文档的各种基本操作。

技术分析

（一）了解文档处理在工作中的应用场景

微软公司的 Word、金山公司的 WPS Office 都是优秀的文档处理软件，广受用户青睐，被广泛应用于各个领域中。这里以 Word 为例简单介绍文档处理在工作中的应用场景。

- 销售。无论是工业企业还是商业企业，销售都是其赖以生存的重要环节之一，利用 Word 可以制作销售计划、销售总结等文档，使企业的销售策略更好地实施。
- 行政。行政工作是文档处理的重要应用场景之一，会议资料、研讨项目资料等都是行政人员需要整理的文档，Word 能够帮助用户更好地完成日常行政工作。
- 策划与市场。Word 的图文编辑功能可以帮助策划人员与市场人员进行市场策划与推广等相关工作，如制作出图文并茂的宣传海报，以及推广计划、促销活动等文档。

- 人力资源管理。人力资源管理涉及人员招聘、培训、考核等各个环节，这些环节都需要借助 Word 来制作出合适的制度和计划等文档。同时，Word 的长文档编辑功能可以很好地应对长文档的编辑工作，提高人力资源管理人员的工作效率。

（二）熟悉 Word 2019 的操作界面

单击"开始"按钮，在弹出的"开始"菜单中选择"Word"命令可以启动 Word 2019 并打开"开始"界面，选择"空白文档"选项后会新建一个空白文档并进入 Word 2019 的操作界面，如图 1-1 所示。

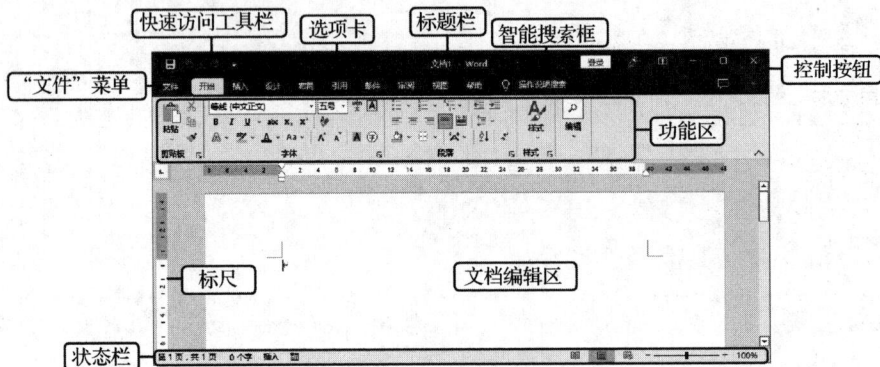

图 1-1　Word 2019 的操作界面

1. 标题栏

标题栏显示的是当前操作界面所属程序和文档的名称，新建空白文档时默认名称为"文档 1-Word"。其中，"Word"是所属程序的名称，"文档 1"是空白文档的系统暂定名。

2. 快速访问工具栏

快速访问工具栏中有一些常用的工具按钮，默认有"保存"按钮、"撤销键入"按钮、"重复键入"按钮等。单击该工具栏右侧的"自定义快速访问工具栏"按钮，可在弹出的下拉列表中选择需要显示在该工具栏中的按钮。

3. 控制按钮

控制按钮位于操作界面的右上方，包括 登录 按钮（用于登录 Office 账户）、"即将推出"按钮（用于了解即将推出的新功能并分享反馈）、"功能区显示选项"按钮（可对选项卡和功能区进行显示和隐藏操作）、"最小化"按钮、"最大化"按钮、"关闭"按钮和"共享"按钮。其中，单击"最大化"按钮后，该按钮将变为"向下还原"按钮，单击"向下还原"按钮后，可将操作界面还原到最大化之前的大小。

4. "文件"菜单

"文件"菜单为用户提供了"开始""新建""打开""信息""保存""另存为""导出为 PDF""打印""共享""导出""关闭"等命令，通过该菜单可以查看当前文档的相关信息，以及进行新建、打开、保存、另存为、打印、共享、导出和关闭文档等操作。

5. 选项卡、功能区

Word 2019 为用户提供了"开始""插入""设计""布局""引用""邮件""审阅""视图""帮助"等选项卡，用户可根据需要选择选项卡中的各项功能来完成文档的制作。

功能区与选项卡是对应的关系，单击某个选项卡可展开相应的功能区。功能区中有许多自适应窗口大小的组，每个组中又包含不同的按钮或下拉列表等。有的组右下角还会显示"对话框启动器"按钮，单击该按钮可打开相应的对话框或任务窗格，以进行更详细的设置。

6. 智能搜索框

智能搜索框位于选项卡右侧，通过智能搜索框，用户可轻松找到相关操作的说明。例如，需要在文档中插入目录时，可单击智能搜索框以定位文本插入点，然后输入"目录"，此时会显示一些关于目录的选项，根据提示进行相关操作即可。

7. 文档编辑区

文档编辑区是输入与编辑文本的区域，对文本进行的各种操作及对应结果都会显示在该区域中。新建一个空白文档后，文档编辑区的左上方将显示一个闪烁的光标，该光标又称文本插入点，文本插入点所在位置便是文本的起始输入位置。

8. 标尺

标尺主要用于定位文档内容，位于文档编辑区上方的标尺称为水平标尺，位于文档编辑区左侧的标尺称为垂直标尺。拖曳水平标尺中的"缩进"滑块可快速调整段落的缩进距离。

9. 状态栏

状态栏位于操作界面的底端，主要用于显示当前文档的工作状态，包括当前页数、字数等。状态栏右侧是切换视图模式的按钮，以及调整页面显示比例的按钮与滑块等。

（三）文档的新建、打开、保存、复制

Word 文档的基本操作包括新建、打开、保存、复制等，掌握这些基本操作是利用 Word 编制文档的前提条件。

1. 新建文档

除了前面介绍的在启动 Word 2019 时新建空白文档，还可以在使用 Word 的时候新建空白文档，常用方法如下。

- 通过"文件"菜单新建。选择"文件"/"新建"命令，可在界面右侧选择空白文档；也可以在"搜索联机模板"文本框中搜索模板名称，以创建具备该模板格式的联机文档，如图 1-2 所示。

图1-2 新建文档的操作界面

- 通过快速访问工具栏新建。单击快速访问工具栏右侧的"自定义快速访问工具栏"按钮，在弹出的下拉列表中选择"新建"选项，将"新建"按钮添加到该工具栏中，之后只需单击该按钮便可快速新建空白文档。
- 通过快捷键新建。在文档操作界面中按"Ctrl+N"组合键，也可快速新建空白文档。

2. 打开文档

对于已有的文档，在编辑之前需要先将其打开，此时便可选择以下任意一种方法打开文档。

- 双击文档打开。在计算机中打开文档所在的位置，找到并双击该文档，系统将启动 Word 并打开该文档。
- 通过快速访问工具栏打开。单击快速访问工具栏中的"打开"按钮（若没有该按钮，则可先将其添加到快速访问工具栏中）。

- 通过"文件"菜单打开。选择"文件"/"打开"命令。
- 通过快捷键打开。在文档操作界面中按"Ctrl+O"组合键。

除了双击文档，其他方法都将打开"打开"界面，在该界面中选择"浏览"选项，将打开"打开"对话框，在该对话框左侧的导航窗格中找到保存文档的位置，在右侧的列表框中选择需要打开的文档，单击 打开(O) 按钮，如图1-3所示，即可打开文档。

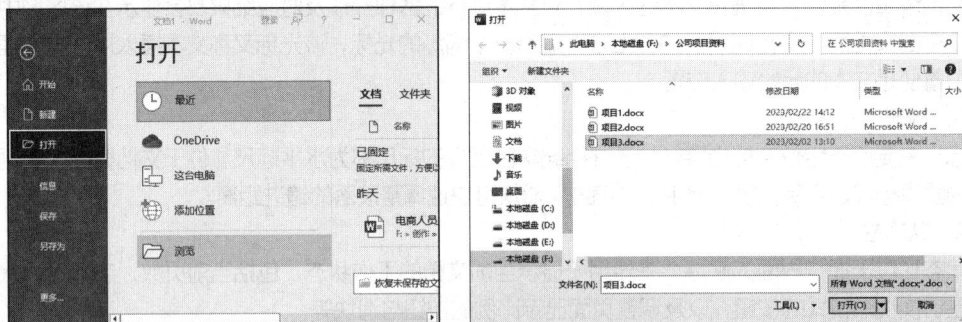

图1-3　打开文档时的界面与对话框

3. 保存文档

保存文档是指将Word文档保存到计算机中，以防止数据丢失，也便于日后对文档进行调整和编辑。保存文档的常用方法有以下3种。

- 通过快速访问工具栏保存。单击快速访问工具栏中的"保存"按钮 🖫。
- 通过"文件"菜单保存。选择"文件"/"保存"命令。
- 通过快捷键保存。在文档操作界面中按"Ctrl+S"组合键。

采用上述任意一种方法保存文档时，都将打开"另存为"界面，在该界面中选择"浏览"选项，将打开"另存为"对话框，在该对话框左侧的导航窗格中选择文档保存的位置，在"文件名"文本框中输入文档的名称，单击 保存(S) 按钮，如图1-4所示，即可保存文档。

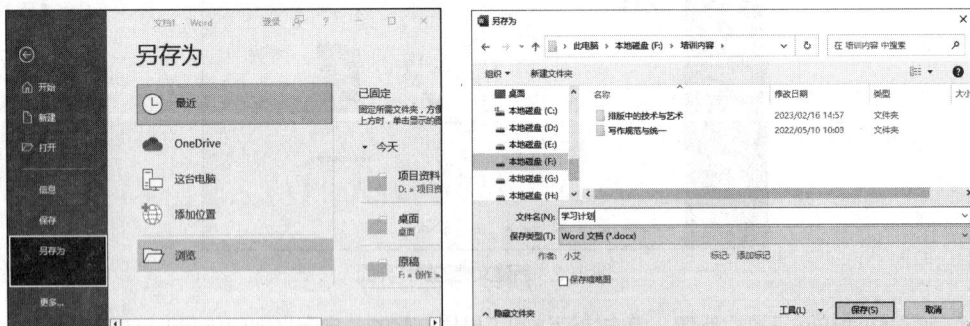

图1-4　保存文档时的界面与对话框

4. 复制文档

复制文档也可以看作另存文档，即将已保存在计算机中的文档通过复制的方式另存于计算机中的其他位置（或以不同的名称保存在相同的位置），其方法如下：先选择"文件"/"另存为"命令，再按照保存文档的方法进行操作。

> **提示**　复制文档也可以直接在文件夹中实现，即先在文件夹中选择对应的文档，按"Ctrl+C"组合键复制，再选择目标文件夹，按"Ctrl+V"组合键粘贴。

（四）文档的检查、保护与自动保存

检查、保护与自动保存文档的目的都是确保文档内容是正确和安全的，使编制好的文档可以更好地为用户所用。

1. 检查文档

使用 Word 的"拼写和语法"功能可以轻松实现文档的检查工作，其方法如下：打开需要检查的文档，在"审阅"/"校对"组中单击"拼写和语法"按钮，打开"校对"任务窗格，Word 将开始检查文档内容，并在任务窗格中显示可能有误的内容。如果该内容确实有误，则直接修改；如果无误，则选择"忽略"选项，继续检查下一处可能存在错误的内容。按此方法检查完文档的全部内容后，将打开提示对话框，单击 确定 按钮即可完成检查文档的操作，如图 1-5 所示。

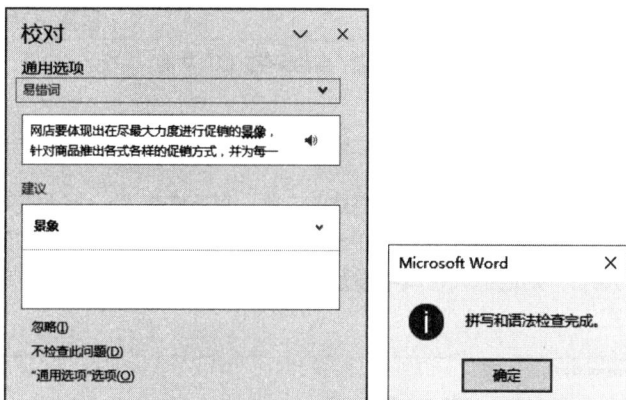

图1-5 检查文档内容

2. 保护文档

为了防止他人非法查看文档内容，用户可以对文档进行加密保护，其方法如下：选择"文件"/"信息"命令，打开"信息"界面，在其中单击"保护文档"按钮，在弹出的下拉列表中选择"用密码进行加密"选项；打开"加密文档"对话框，在"密码"文本框中输入密码（如"123456"），单击 确定 按钮，打开"确认密码"对话框，在"重新输入密码"文本框中再次输入密码，单击 确定 按钮，即可完成保护文档的操作，如图 1-6 所示。

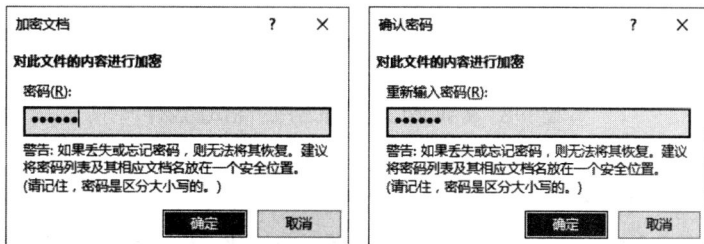

图1-6 设置文档密码

3. 自动保存文档

"自动保存文档"功能可以使 Word 按指定的时间间隔自动保存文档，避免用户因忘记保存文档而丢失重要数据，其方法如下：选择"文件"/"选项"命令，打开"Word 选项"对话框，在左侧列表框中选择"保存"选项，在右侧"保存文档"选项组中选中"保存自动恢复信息时间间隔"复选框，并在其右侧的数值框中设置时间间隔，如图 1-7 所示。

图 1-7　开启"自动保存文档"功能

（五）文档的发布

发布文档是指将 Word 文档导出为 PDF 格式的文件，其方法如下：选择"文件"/"导出"命令，打开"导出"界面，在其中选择"创建 PDF/XPS 文档"选项，再单击"创建 PDF/XPS"按钮，打开"发布为 PDF 或 XPS"对话框，在其中设置好文档的名称和保存位置后，单击 发布(S) 按钮，如图 1-8 所示。

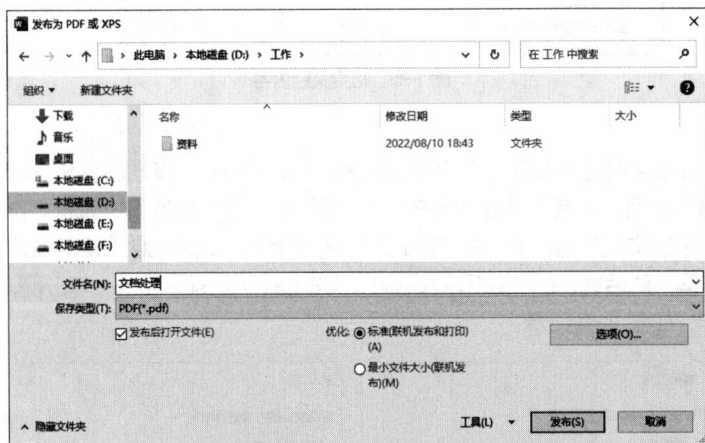

图 1-8　将 Word 文档发布为 PDF 格式的文件

> **提示**　PDF 格式是一种可移植的文件格式，它可以在 Windows、UNIX 等操作系统中使用，且无论在哪种打印机上都可以保证得到精确的颜色和准确的打印效果，这些特点使得 PDF 格式的文件在互联网中被广泛应用。

示例演示

本任务创建的"学习总结"文档的参考效果如图 1-9 所示。该文档通过创建联机文档的方式制作，这种方式可以极大地提高文档的制作效率。此外，进一步对文档进行了检查、加密设置、加密发布等操作。

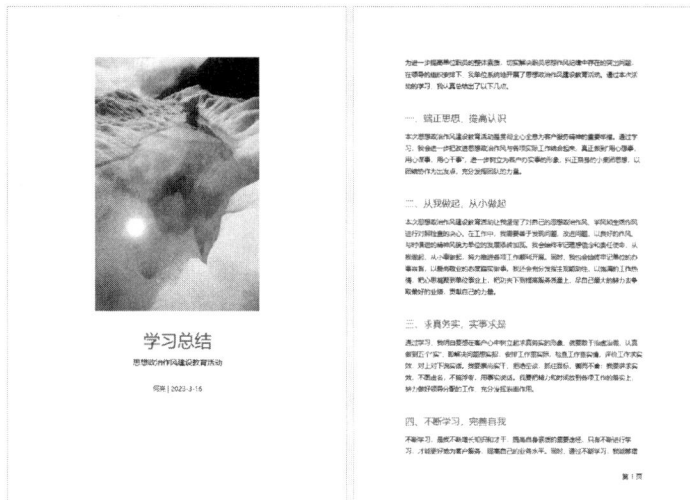

图 1-9 "学习总结"文档的参考效果

任务实现

（一）创建联机文档

创建联机文档是指当计算机联网时，利用网络中的模板来快速创建包含一定内容和样式的文档，这种创建文档的方法可以有效提高文档的制作效率，其具体操作如下。

（1）启动 Word 2019，选择"文件"/"新建"命令，打开"新建"界面，在"搜索联机模板"文本框中输入"学习"，按"Enter"键进行联机搜索。

（2）在搜索结果界面中单击"包含照片的学生报告"缩略图，即选择联机模板，如图 1-10 所示。

（3）在打开的界面中单击"创建"按钮，如图 1-11 所示，Word 将根据所选的模板创建文档。

图 1-10 选择联机模板

图 1-11 用模板创建文档

（二）输入内容并保存文档

使用模板创建的文档已经设置好了文本和段落的格式，因此接下来只需要输入所需的内容并保存文档即可，其具体操作如下。

（1）选择"报告标题"文本，直接输入"学习总结"，完成标题的修改，如图 1-12 所示。

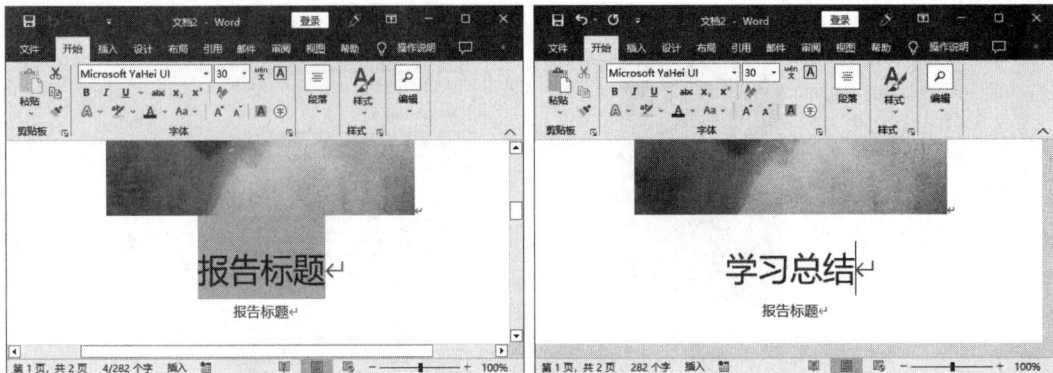

图1-12　修改报告标题

（2）按照相同的方法修改文档中的其他内容（配套资源：素材\模块一\学习总结.txt），效果如图 1-13 所示。

> **提示**　对于模板中无用的内容或区域，可以单击对应的内容或区域将其选中，或拖曳鼠标进行选择，并按"Delete"键将其删除。

（3）按"Ctrl+S"组合键，打开"另存为"界面，在其中选择"浏览"选项，打开"另存为"对话框，在左侧的导航窗格中选择文档保存的位置，在"文件名"文本框中输入"学习总结"，单击 保存(S) 按钮完成保存操作，如图 1-14 所示。

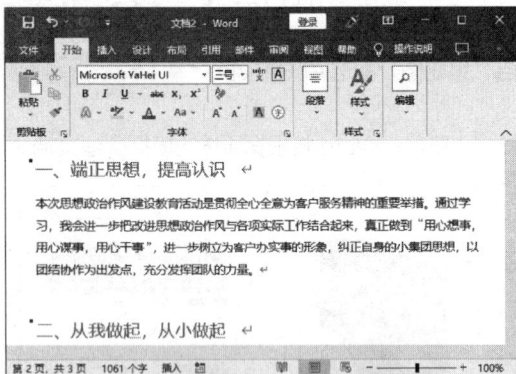

图1-13　修改其他内容后的效果

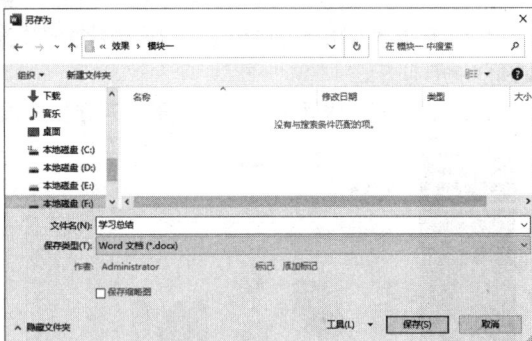

图1-14　保存文档

（三）检查文档并进行加密设置

下面利用 Word 的"拼写和语法"功能检查文档中的错误，并对 Word 文档进行加密设置，以有效保护文档内容，其具体操作如下。

（1）在"审阅"/"校对"组中单击"拼写和语法"按钮，打开"校对"任务窗格，在其中可以看见 Word 将"学成熟"误判为错误文本，选择"忽略"选项，忽略该错误，在弹出的提示对话框中单击 确定 按钮完成检查，如图 1-15 所示。

（2）选择"文件"/"信息"命令，打开"信息"界面，在其中单击"保护文档"按钮，在弹出的下拉列表中选择"用密码进行加密"选项。

微课

检查文档并
进行加密设置

（3）打开"加密文档"对话框，在"密码"文本框中输入密码"xxzj123"，单击 确定 按钮，如图 1-16 所示。

（4）打开"确认密码"对话框，在"重新输入密码"文本框中输入相同的密码，单击 确定 按钮，如图 1-17 所示。

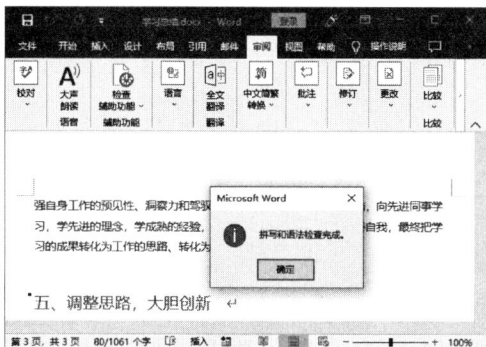

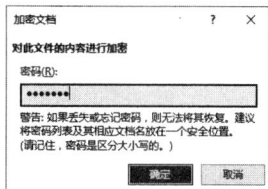

图 1-15　检查文档　　　　图 1-16　输入密码　　　　图 1-17　确认密码

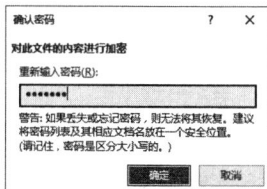

（四）将文档加密发布为 PDF 文档

为了便于在其他地方查看文档内容，用户可以将 Word 文档发布为 PDF 文档，并通过加密的方式确保 PDF 文档的安全，其具体操作如下。

（1）选择"文件"/"导出"命令，打开"导出"界面，在右侧选择"创建 PDF/XPS 文档"选项，并单击"创建 PDF/XPS"按钮，如图 1-18 所示。

（2）打开"发布为 PDF 或 XPS"对话框，单击 选项(O)... 按钮，打开"选项"对话框，选中"PDF 选项"选项组中的"使用密码加密文档"复选框，单击 确定 按钮，如图 1-19 所示。

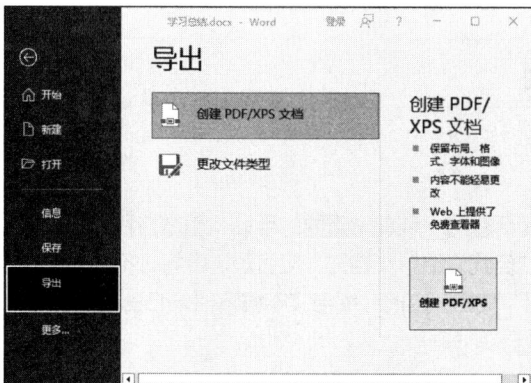

微课

将文档加密发布为 PDF 文档

图 1-18　导出为 PDF 文档　　　　图 1-19　加密导出设置

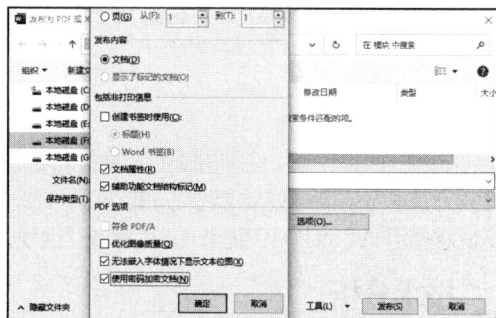

（3）打开"加密 PDF 文档"对话框，在"密码"和"重新输入密码"文本框中输入相同的密码，如"123456"，单击 确定 按钮，如图 1-20 所示。

（4）返回"发布为 PDF 或 XPS"对话框，单击 发布(S) 按钮，完成发布操作。当需要打开加密发布后的 PDF 文档时，需要输入正确的密码并单击 确认密码 按钮，才能查阅其中的内容，如图 1-21 所示（配套资源：效果\模块一\学习总结.docx、学习总结.pdf）。

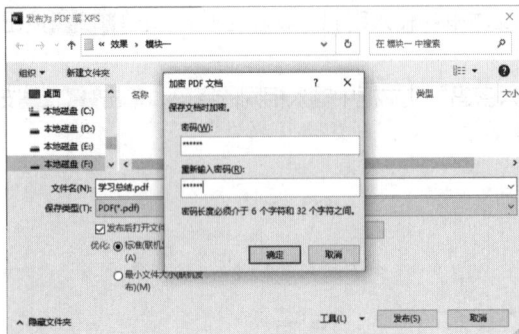

图1-20 设置密码

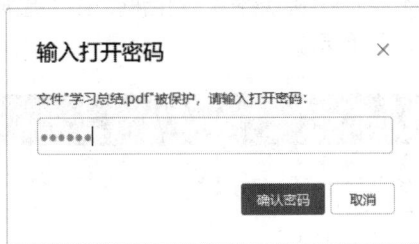

图1-21 输入密码查看PDF文档

能力拓展

打开设置了密码的Word文档时，系统将先打开"密码"对话框，在其中输入正确的密码并单击 确定 按钮后，才能打开该文档，如图 1-22 所示。如果需要取消对该文档的加密，则可按照对文档加密的方法先打开"加密文档"对话框，删除"密码"文本框中的密码，再单击 确定 按钮，如图 1-23 所示。

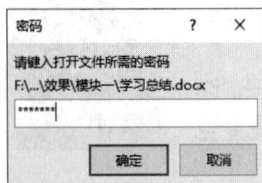

图1-22 输入密码

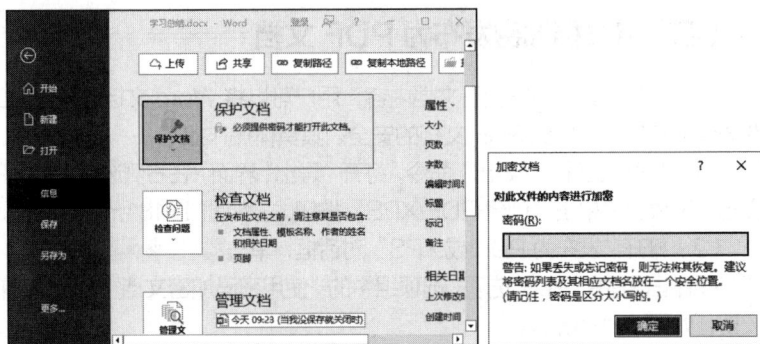

图1-23 取消对文档的加密

任务二 编辑"自我介绍"文档

任务描述

自我介绍是日常生活中与陌生人建立关系、打开话题的一种非常重要的手段，通过自我介绍，可以让对方快速了解自己甚至得到对方的认可。在制作"自我介绍"文档时，应客观、中肯、不夸大事实。下面将使用 Word 2019 编辑一份简单的"自我介绍"文档，以此介绍与文本编辑相关的基本操作。

技术分析

（一）文本的选择、移动、复制与删除

编辑文档离不开对文本的操作，除了定位文本插入点并输入文本，在处理文档时，还经常需要对文本进行选择、移动、复制和删除等操作。

1. 选择文本

选择文本的方法较多，这里将其归纳为以下 8 种，在实际操作时，读者可根据需要灵活运用。

- 选择任意文本。在需要选择文本的起始位置按住鼠标左键并进行拖曳，当目标文本呈灰底显示时表示其处于选中状态，释放鼠标左键即可完成对文本的选择。
- 选择任意词组。在段落中的某个位置双击，可选择离双击处最近的词组。
- 选择整句文本。按住"Ctrl"键，在段落中单击，可选择单击处的整句文本。
- 选择一行文本。将鼠标指针移至某行文本的左侧，当其变为⁄形状时，单击可选择鼠标指针对应的整行文本。
- 选择多行文本。将鼠标指针移至某行文本的左侧，当其变为⁄形状时，按住鼠标左键，垂直向上或向下拖曳可选择多行文本。
- 选择不连续的文本。选择部分文本后，按住"Ctrl"键，再选择剩余部分的文本即可选择不连续的文本。
- 选择整个段落。在段落中单击 3 次；或将鼠标指针移至文本左侧，当其变为⁄形状时，双击可选择鼠标指针对应的整个段落。
- 选择所有文本。按"Ctrl+A"组合键可选择文档中的所有文本。

2. 移动文本

若要在文档中调整已有文本的位置，则可通过移动文本的操作来快速实现。移动文本的方法主要有以下 4 种。

- 通过功能按钮移动。选择文本，在"开始"/"剪贴板"组中单击"剪切"按钮✂，将文本插入点定位至目标位置后，在该组中单击"粘贴"按钮。
- 通过快捷菜单移动。选择文本，单击鼠标右键，在弹出的快捷菜单中选择"剪切"命令；将文本插入点定位至目标位置后，再次单击鼠标右键，在弹出的快捷菜单中选择"粘贴选项"/"保留源格式"命令。
- 通过快捷键移动。选择文本，按"Ctrl+X"组合键剪切文本，将文本插入点定位至目标位置，按"Ctrl+V"组合键粘贴文本。
- 通过拖曳鼠标移动。选择文本，在其上按住鼠标左键，将其拖曳至目标位置。

> **提示** 移动文本的操作可以灵活地组合使用，例如，可以先利用快捷菜单剪切文本，再利用快捷键粘贴文本。如何更高效地完成移动文本的操作，应视个人的操作习惯而定。

3. 复制文本

若要在文档中输入已有的某些文本，特别是某些较长的相同文本，则可直接对已有文本进行复制操作。复制文本的方法主要有以下 4 种。

- 通过功能按钮复制。选择文本，在"开始"/"剪贴板"组中单击"复制"按钮，将文本插入点定位至目标位置后，在该组中单击"粘贴"按钮。
- 通过快捷菜单复制。选择文本，单击鼠标右键，在弹出的快捷菜单中选择"复制"命令；将文本插入点定位至目标位置后，再次单击鼠标右键，在弹出的快捷菜单中选择"粘贴选项"/"保留源格式"命令。
- 通过快捷键复制。选择文本，按"Ctrl+C"组合键复制文本，将文本插入点定位至目标位置，按"Ctrl+V"组合键粘贴文本。
- 通过拖曳鼠标复制。选择文本，按住"Ctrl"键的同时在其上按住鼠标左键，将其拖曳至目标位置。

4. 删除文本

将文本插入点定位至目标位置，按"Backspace"键将删除文本插入点左侧的一个字符，按"Delete"键将删除文本插入点右侧的一个字符。另外，也可先选择需要删除的文本，按"Backspace"键或"Delete"键将其删除。

（二）文本的查找和替换

"查找和替换"功能适合在文档中同时出现多个相同的错误时使用。例如，一个文档中出现了 22 处"阳台果汁"，经检查发现应该将其修改为正确的名称"果汁阳台"（一种月季品种），若逐个修改，则工作量较大且容易遗漏，此时利用"查找和替换"功能就可以轻松修正错误。其方法如下：在"开始"/"编辑"组中单击"替换"按钮，打开"查找和替换"对话框，在"替换"选项卡的"查找内容"下拉列表中输入"阳台果汁"，在"替换为"下拉列表中输入"果汁阳台"，单击 全部替换(A) 按钮。替换完成后，在打开的提示对话框中将显示替换的次数，如图 1-24 所示，接着依次单击 确定 按钮和 关闭 按钮。

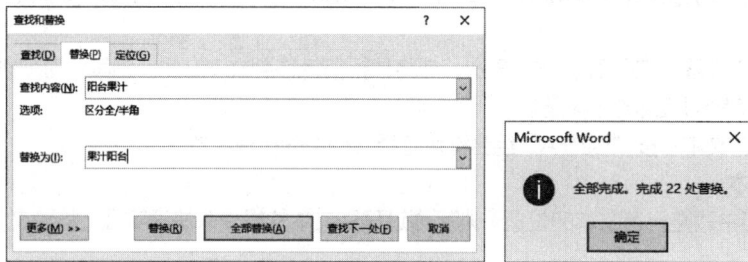

图 1-24　查找和替换文本

示例演示

本任务编辑的"自我介绍"文档的参考效果如图 1-25 所示，其中涉及文本的修改、输入、复制、移动、查找、替换等多种基本操作。

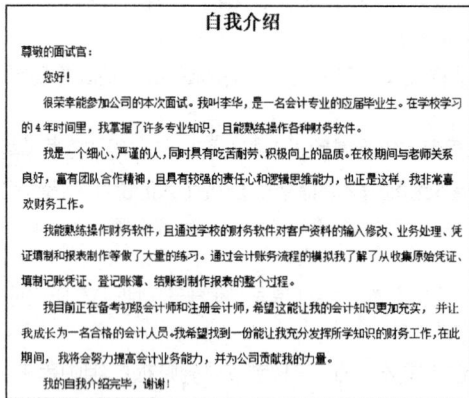

图 1-25　"自我介绍"文档的参考效果

任务实现

（一）打开文档并修改文本

无论是在输入文本的过程中，还是在检查文档内容的过程中，都可能出现修改文本的情况。下面介绍文本的修改方法，以及"撤销与恢复"功能的使用方法，其具体操作如下。

（1）打开"自我介绍.docx"文档（配套资源：素材\模块一\自我介绍.docx），检查输入的所有内容，找到正文第 5 段最后一行的错误文本"怒力"，拖曳鼠标将其选中，如图 1-26

微课

打开文档
并修改文本

所示。

（2）直接输入正确文本"努力"，所选的文本内容便会被输入的新内容替换，如图 1-27 所示。

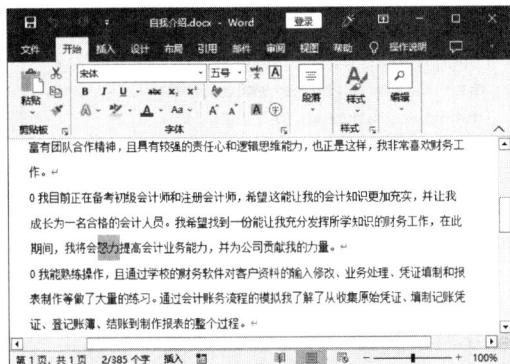

图1-26　选择文本

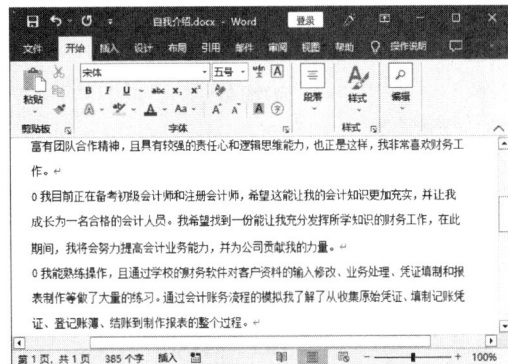

图1-27　修改文本

（3）如果发现此修改操作有误，则可按"Ctrl+Z"组合键或单击快速访问工具栏中的"撤销键入"按钮 ⤺ 撤销修改，使文档将回到修改前的状态，如图 1-28 所示。

（4）如果撤销后发现不应该撤销，则可按"Ctrl+Y"组合键或单击快速访问工具栏中的"恢复键入"按钮 ↻，使文档恢复到撤销前的状态，如图 1-29 所示。

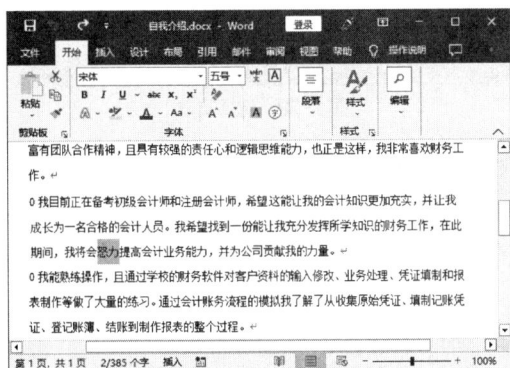

图1-28　撤销修改

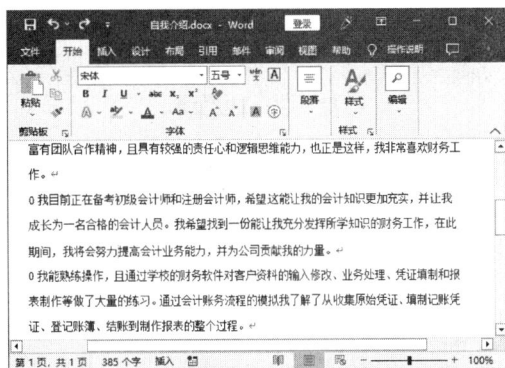

图1-29　还原修改

（二）复制和移动文本

在编辑 Word 文档时，可以通过复制或移动等方式提高文档的编辑效率。下面在"自我介绍.docx"文档中复制和移动文本，其具体操作如下。

（1）选择正文第 3 段中的"财务软件"，按"Ctrl+C"组合键将其复制到剪贴板中，如图 1-30 所示。

（2）在正文第 6 段"熟练操作"文本右侧单击以定位文本插入点，如图 1-31 所示。

（3）按"Ctrl+V"组合键粘贴文本内容，如图 1-32 所示。

（4）拖曳鼠标选择第 6 段的所有文本内容，如图 1-33 所示。

（5）将其拖曳至正文第 5 段的段首处，如图 1-34 所示。

（6）释放鼠标左键完成文本的移动，如图 1-35 所示。

微课
复制和移动文本

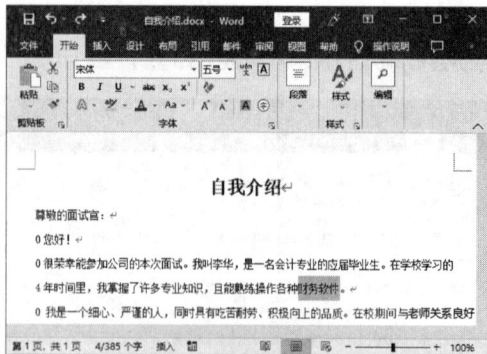

图1-30 选择并复制文本

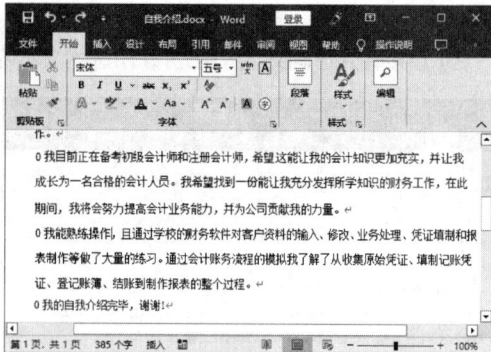

图1-31 定位文本插入点

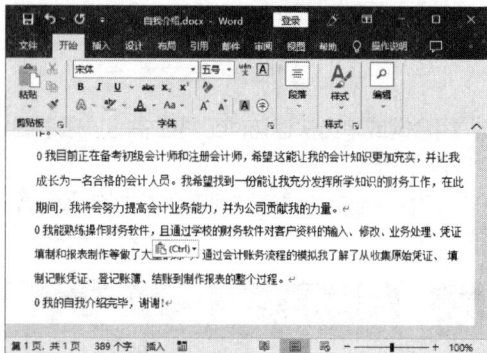

图1-32 粘贴文本

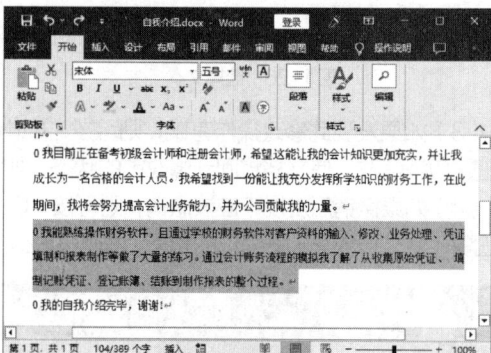

图1-33 选择文本

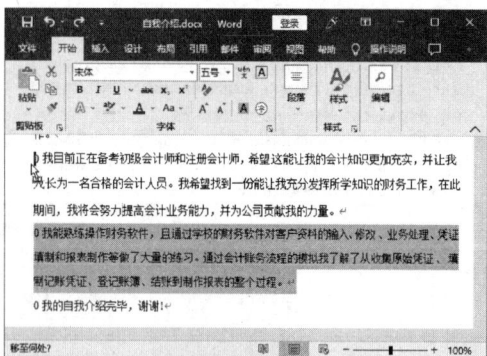

图1-34 拖曳文本

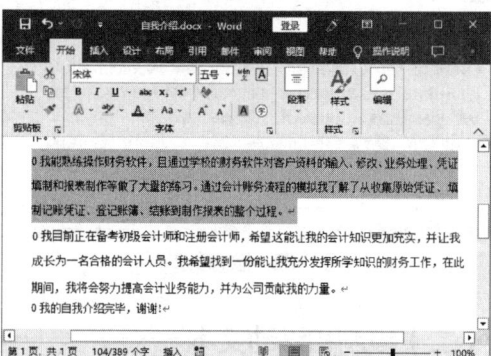

图1-35 移动文本

（三）查找和替换文本

Word 的"查找和替换"功能可以帮助用户在一组数据中快速找到目标内容，或者把目标内容替换为新内容。下面利用"查找和替换"功能将文档中的所有"0"都替换为 4 个空格，以快速调整段落缩进，其具体操作如下。

（1）在标题文本左侧单击以定位文本插入点，在"开始"/"编辑"组中单击"替换"按钮，如图 1-36 所示。

（2）打开"查找和替换"对话框，在"替换"选项卡的"查找内容"下拉列表中输入"0"，在"替换为"下拉列表中输入 4 个空格，单击 全部替换(A) 按钮，如图 1-37 所示。

（3）打开提示对话框，单击 确定 按钮，再关闭"查找和替换"对话框，如图 1-38 所示。

微课
查找和替换文本

（4）完成查找和替换文本的操作后，按"Ctrl+S"组合键保存文档，完成本任务的编辑操作（配套资源：效果\模块一\自我介绍.docx），效果如图 1-39 所示。

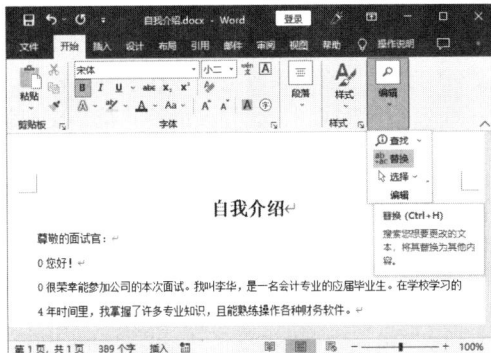

图1-36　启用"替换"功能

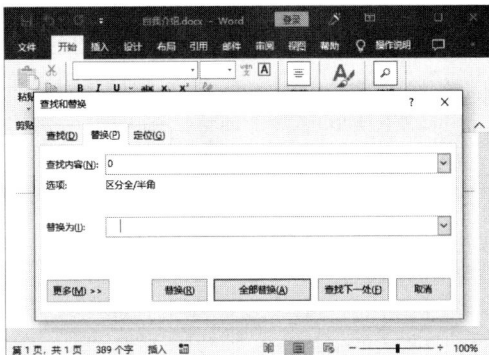

图1-37　输入查找和替换的内容

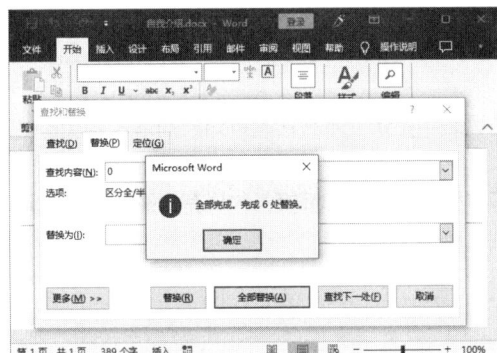

图1-38　完成替换

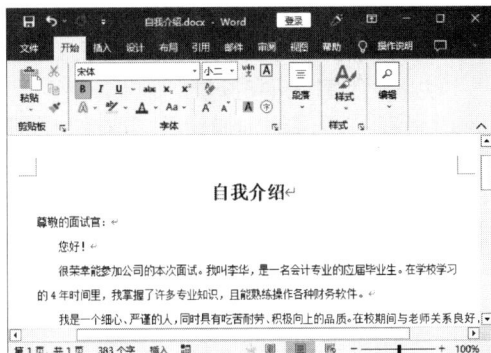

图1-39　保存文档

能力拓展

打开"查找和替换"对话框，单击下方的 更多(M) >> 按钮，将展开该对话框的隐藏区域，同时 更多(M) >> 按钮变为 << 更少(L) 按钮，以实现更多的文档编辑操作，如图 1-40 所示。下面介绍该区域中选项的作用。

- "搜索"下拉列表。此下拉列表用于控制查找和替换的方向，包括"向下""向上""全部"3 个选项，默认为"全部"选项。
- "区分大小写"复选框。此复选框用于区分字母的大小写形式，若此时查找"App"，则无法查找到"app"。
- "全字匹配"复选框。此复选框对中文无效，只对英文或数字有效。选中该复选框后，只有所有内容都匹配时才能实现查找和替换功能。例如，全字匹配查找"app"时，文中即便存在"apple"，也不会被视为符合条件的查找对象。
- "使用通配符"复选框。通配符是一种用于模糊搜索的符号，例如，查找"暴?雨"，"暴风雨""暴丰雨""暴大雨"等都符合查找条件，若取消选中该复选框，则只有"暴?雨"才是符合条件的查找对象。

图1-40　"查找和替换"对话框

- "同音(英文)"复选框。此复选框只对英文有效。例如，搜索"see"时，由于"sea""see"同音，所以"sea"也会被视为符合条件的查找对象。
- "查找单词的所有形式(英文)"复选框。此复选框只对英文有效。例如，查找"make"时，该单词的过去式"made"也会被视为符合条件的查找对象。
- "区分前缀"复选框。只有当查找对象前面没有内容时，该对象才符合查找条件。例如，在区分前缀的状态下查找"花"时，"桃花"一词无法被查找到，因为该词的"花"文本前面有前缀"桃"。
- "区分后缀"复选框。此复选框与"区分前缀"复选框的作用相反，只有当查找对象后面没有内容时，该对象才符合查找条件。
- "区分全/半角"复选框。此复选框用于区分全角字符（占一个字符位置，如中文等）和半角字符（占半个字符位置，如英文符号、数字等）。例如，在区分全/半角状态下查询","时，只有在英文状态下输入的半角符号","才能被查找到，而在中文状态下输入的全角符号","将无法被查找到。
- "忽略标点符号"复选框。此复选框用于忽略标点符号的存在，例如，查找"工作计划"时，"工作，计划"也是符合查找条件的对象。
- "忽略空格"复选框。此复选框用于忽略空格的存在，例如，查找"工作计划"时，"工作 计划"也是符合查找条件的对象。
- 格式(O)▼ 按钮。单击该按钮后，可在弹出的下拉列表中指定文本或段落等对象的格式，以查找指定格式或将其替换为指定格式。
- 特殊格式(E)▼ 按钮。单击该按钮后，可在弹出的下拉列表中查找和替换各种具有特殊格式的对象，如制表符、段落标记等。

任务三 编辑"招聘启事"文档

任务描述

招聘启事是用人单位面向社会公开招聘时使用的文档，优秀的招聘启事不仅能提升用人单位的形象，还能影响招聘的效果。本任务将对"招聘启事"文档进行设置，以提高其可读性和美观性，其中主要涉及设置字体格式、段落格式，添加项目符号和编号，设置边框和底纹，以及预览并设置打印效果等操作。

> **提示** 互联网的普及使得大家越来越喜欢通过互联网来寻找工作。虽然互联网中的招聘资源非常多，但其中不乏各种虚假的招聘广告。如果求职者选择通过互联网进行求职，则应该浏览正规的、知名的招聘网站，更重要的是寻找工作岗位时要保持头脑清醒，不要轻易相信各种离谱的高薪岗位，也不要被各种夸张的福利待遇所诱惑，这些有可能是陷阱，一旦上当受骗就得不偿失了。

技术分析

（一）字体格式和段落格式的设置

设置字体格式和段落格式可以通过浮动工具栏、"开始"选项卡中的"字体"组和"段落"组，以及"字体"对话框和"段落"对话框来完成。选择相应的文本或段落后，周围将会自动出现浮动工具栏，使用该工具栏可以对其进行简单的格式设置；也可以使用"字体"组或"段落"组中的相应按钮或选项进行快速设置。若需要对字体格式和段落格式进行更加细致的设置，则可在"字体"组和"段落"组中单击右下角的"对话框启动器"按钮⊾，在打开的对话框中进行详细设置。

（二）编号的使用

当用户需要为多个段落编号时，就可以使用 Word 的"编号"功能对这些段落进行自动编号。其方法如下：选择段落，在"开始"/"段落"组中单击"编号"按钮⊟右侧的下拉按钮∨，在弹出的下拉列表中选择需要的编号样式。若在该段落中按"Enter"键，则新的段落会根据上一个段落编号的序号自动编号。

（三）项目符号的使用

如果多个段落之间是并列关系，则可以为其添加项目符号，以增强内容的层次性。其方法如下：在"开始"/"段落"组中单击"项目符号"按钮⊟右侧的下拉按钮∨，在弹出的下拉列表中选择需要的项目符号。

示例演示

本任务编辑的"招聘启事"文档的参考效果如图 1-41 所示，通过对文本格式和段落格式的设置、添加编号和项目符号等操作，文档效果得到了明显提升。

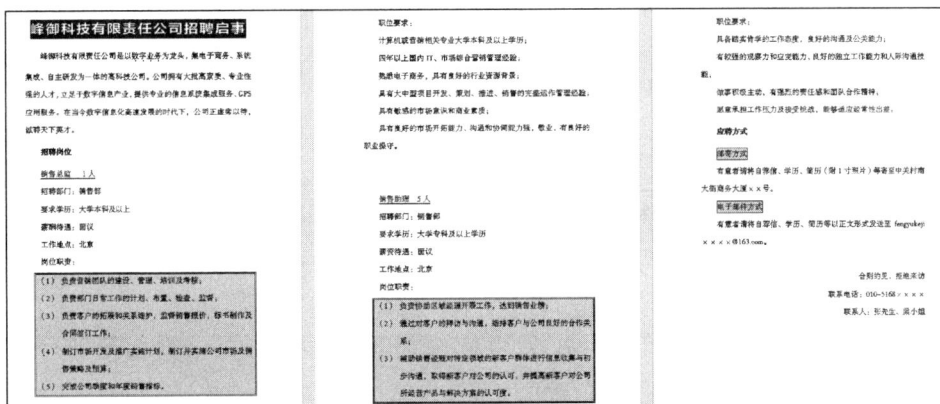

图 1-41 "招聘启事"文档的参考效果

任务实现

（一）设置字体格式

设置文本的字体格式包括更改字体的样式、字号和颜色等，以此来增强文档的可读性和美观性，其具体操作如下。

（1）打开"招聘启事.docx"文档（配套资源：素材\模块一\招聘启事.docx），选择标题文本，在浮动工具栏的"字体"下拉列表中选择"方正兰亭中黑简体"选项，为标题文本设置字体样式，如图 1-42 所示。

（2）在浮动工具栏的"字号"下拉列表中选择"二号"选项，如图 1-43 所示。

（3）选择除标题文本外的其余文本，在"开始"/"字体"组中的"字体"下拉列表中选择"方正书宋简体"选项，在"字号"下拉列表中选择"四号"选项，如图 1-44 所示。

微课

设置字体格式

（4）选择第7行的"招聘岗位"文本，按住"Ctrl"键，再选择倒数第11行的"应聘方式"文本，在"开始"/"字体"组中单击"加粗"按钮 **B**，如图1-45所示。

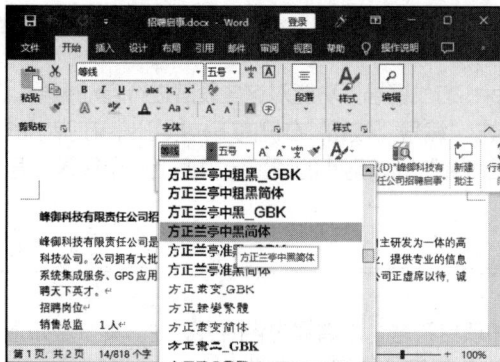

图1-42　设置标题文本的字体样式

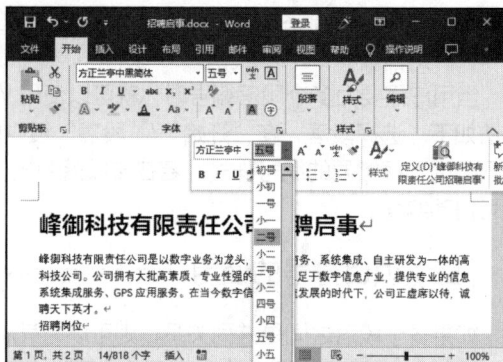

图1-43　设置标题文本的字号

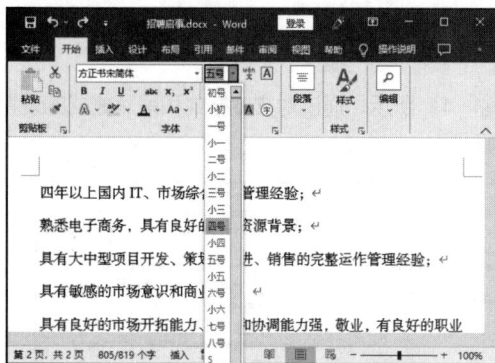

图1-44　设置其他文本的字体样式和字号

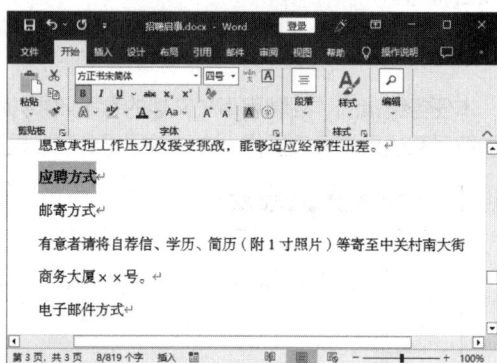

图1-45　加粗文本

（5）同时选择"销售总监　1人"文本和"销售助理　5人"文本，在"开始"/"字体"组中单击"下画线"按钮 U 右侧的下拉按钮，在弹出的下拉列表中选择"粗线"选项，如图1-46所示。

（6）保持文本处于选择状态，在"开始"/"字体"组中单击"字体颜色"按钮 **A** 右侧的下拉按钮，在弹出的下拉列表中选择"深红"选项，如图1-47所示。

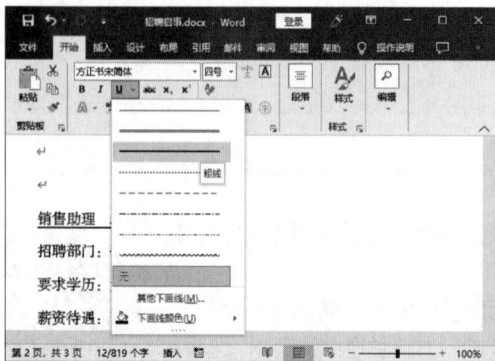

图1-46　添加下画线

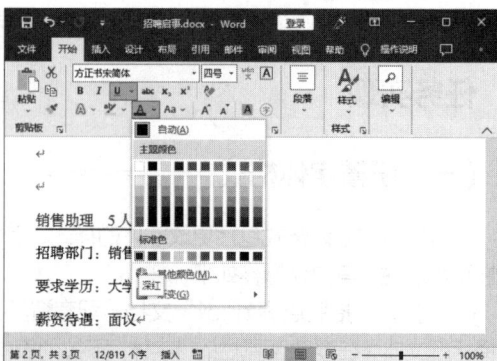

图1-47　设置文本颜色

（7）选择标题文本，在"开始"/"字体"组中单击右下角的"对话框启动器"按钮，打开"字体"对话框，选择"高级"选项卡，在"字符间距"选项组的"缩放"下拉列表中输入"120%"，在"间距"下拉列表中选择"加宽"选项，如图1-48所示，单击 确定 按钮。

（8）选择第 2 行中的"数字业务"文本，再次打开"字体"对话框，在"字体"选项卡的"所有文字"选项组的"着重号"下拉列表中选择"."选项，如图 1-49 所示，单击 确定 按钮。

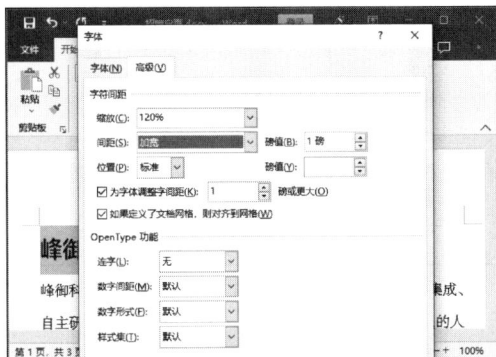

图1-48　设置字符缩放和间距

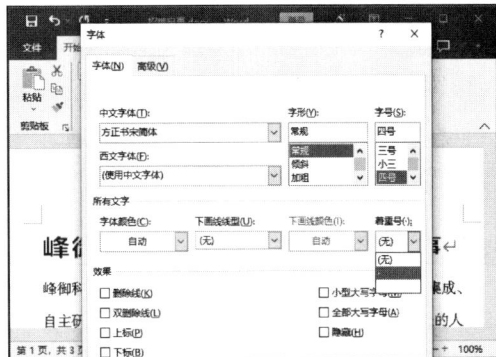

图1-49　添加着重号

（二）设置段落格式

段落是文本、图形和其他对象的集合，文档中的回车符"↵"是段落结束的标记。设置段落格式主要包括设置段落的对齐方式、缩进、段落间距和行间距等，目的是使文档结构更清晰，层次更分明。下面对"招聘启事.docx"文档中的段落格式进行设置，其具体操作如下。

（1）选择标题段落（包括其后的回车符"↵"），在"开始"/"段落"组中单击"居中"按钮≡，设置段落居中对齐，如图 1-50 所示。

（2）选择最后 3 个段落，在"开始"/"段落"组中单击"右对齐"按钮≡，设置段落右对齐。

（3）选择除标题段落和最后 3 个段落外的其他段落，在"开始"/"段落"组中单击右下角的"对话框启动器"按钮，打开"段落"对话框，在"缩进和间距"选项卡的"缩进"选项组的"特殊"下拉列表中选择"首行"选项，如图 1-51 所示，单击 确定 按钮。

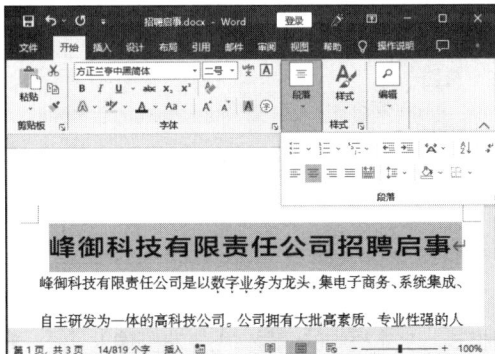

图1-50　设置段落居中对齐

图1-51　设置段落缩进

（4）选择标题段落，再次打开"段落"对话框，在"间距"选项组的"段后"数值框中输入"1 行"，如图 1-52 所示，单击 确定 按钮。

（5）同时选择"招聘岗位"段落和"应聘方式"段落，再次打开"段落"对话框，在"间距"选项组的"行距"下拉列表中选择"多倍行距"选项，右侧的"设置值"保存默认设置，如图 1-53 所示，单击 确定 按钮。

图1-52　设置段落间距

图1-53　设置行距

（三）设置项目符号和编号

使用"项目符号"功能可为具备并列关系的段落添加如"●""★""◆"等样式的项目符号，而使用"编号"功能则可为具备先后顺序关系的段落添加如"1.2.3."或"A.B.C."等样式的编号，从而进一步丰富文档的结构层次，提高文档的可读性，其具体操作如下。

微课

设置项目符号和
编号

（1）同时选择"招聘岗位"段落和"应聘方式"段落，在"开始"/"段落"组中单击"项目符号"按钮≡右侧的下拉按钮∨，在弹出的下拉列表中选择"√"选项，如图1-54所示。

（2）选择第一个"岗位职责："与"职位要求："段落之间的所有段落，在"开始"/"段落"组中单击"编号"按钮≡右侧的下拉按钮∨，在弹出的下拉列表中选择"定义新编号格式"选项，如图1-55所示。

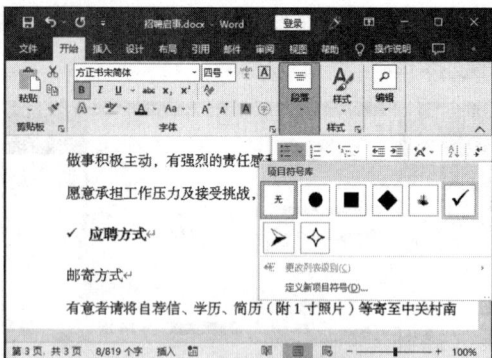

图1-54　添加项目符号

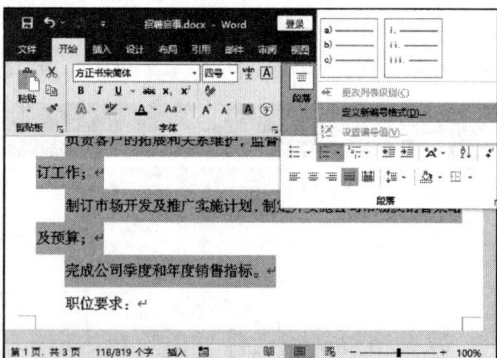

图1-55　自定义编号

（3）打开"定义新编号格式"对话框，在"编号格式"文本框中的编号"1."左侧输入"（"，在编号"1."右侧删除"."并输入"）"，如图1-56所示，单击 确定 按钮。

（4）在"开始"/"段落"组中单击右下角的"对话框启动器"按钮▫，打开"段落"对话框，在"缩进和间距"选项卡的"缩进"选项组的"左侧"数值框中输入"0.8厘米"，在"缩进值"数值框中输入"1.5厘米"，单击 确定 按钮。

（5）选择添加了编号样式的任意一个段落，在"开始"/"剪贴板"组中单击"格式刷"按钮❤，拖曳鼠标选择销售助理岗位下"岗位职责："和"职位要求："段落之间的所有段落，为所选段落应用相同的编号，效果如图1-57所示。

图1-56　设置编号格式

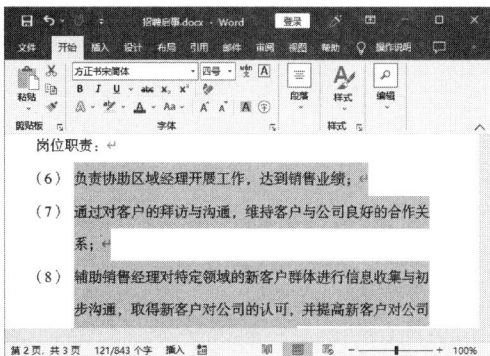

图1-57　应用相同编号的效果

> **提示**　单击"格式刷"按钮，为目标文本或段落应用格式后，便会自动退出格式刷状态。如果需要为文档中的多个文本或段落应用相同的格式，则可以双击"格式刷"按钮，此时将一直处于格式刷状态，直到再次单击该按钮或按"Esc"键才能退出格式刷状态。

（6）在所选段落上单击鼠标右键，在弹出的快捷菜单中选择"重新开始于1"命令，调整编号内容，在"段落"对话框中重新设置缩进值，调整段落缩进，效果如图1-58所示。

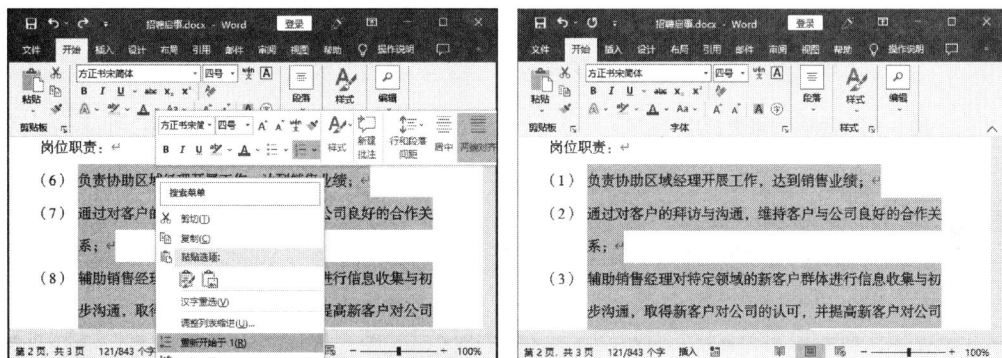

图1-58　调整编号的效果

（四）设置边框和底纹

适当为文档中的文本或段落添加边框和底纹，可以起到突出显示信息、强调内容的作用。下面介绍在文档中为文本和段落添加边框和底纹的方法，其具体操作如下。

（1）同时选择"邮寄方式"文本和"电子邮件方式"文本，在"开始"/"字体"组中分别单击"字符边框"按钮Ａ和"字符底纹"按钮Ａ，为所选文本添加边框和底纹，效果如图1-59所示。

（2）选择标题，在"开始"/"段落"组中单击"底纹"按钮右侧的下拉按钮，在弹出的下拉列表中选择"深红"选项，如图1-60所示。

（3）选择销售总监岗位下"岗位职责："与"职位要求："段落之间的所有段落，在"开始"/"段落"组中单击"边框"按钮右侧的下拉按钮，在弹出的下拉列表中选择"边框和底纹"选项，如图1-61所示。

（4）打开"边框和底纹"对话框，在"边框"选项卡的"设置"选项组中选择"方框"选项，在"样式"列表框中选择双线对应的选项，如图1-62所示。

21

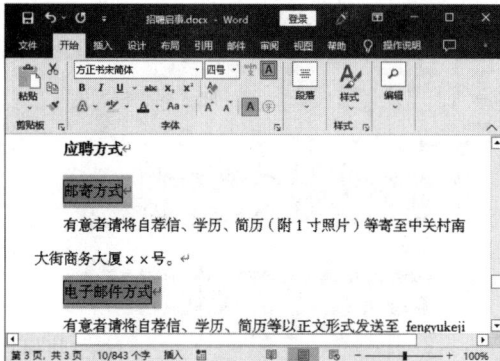

图1-59 设置边框和底纹的效果

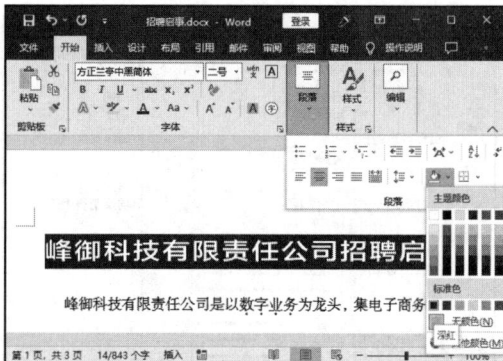

图1-60 设置段落底纹

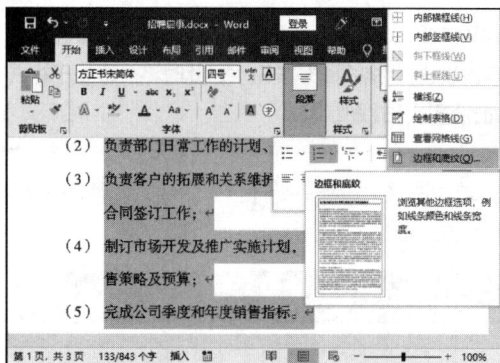

图1-61 选择"边框和底纹"选项

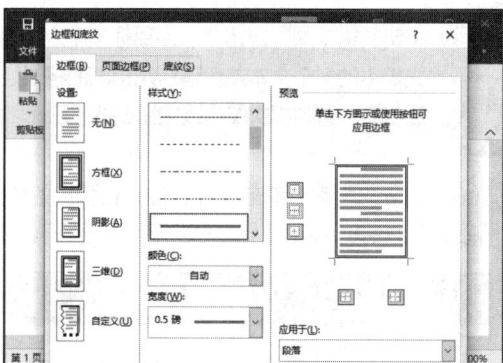

图1-62 设置段落边框

（5）选择"底纹"选项卡，在"填充"选项组的下拉列表中选择"白色，背景1，深色15%"选项，如图1-63所示，单击 确定 按钮。

（6）按照相同方法为销售助理岗位下"岗位职责："与"职位要求："段落之间的所有段落设置相同的边框与底纹样式，如图1-64所示。

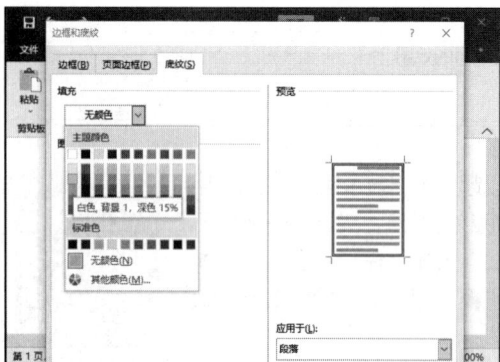

图1-63 设置段落底纹

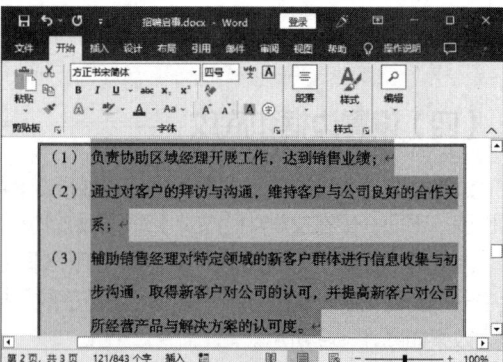

图1-64 设置段落边框和底纹

> **提示** 在"边框和底纹"对话框的"应用于"下拉列表中可选择添加边框的对象，如段落或文本，不同对象添加的边框效果不同。另外，在该对话框中选择"页面边框"选项卡，可在其中为文档页面添加边框效果。

（五）预览并设置打印效果

完成文档的编辑操作后，如果需要将其打印出来使用，则可以先预览打印效果，根据需要进行设置后再执行打印操作，其具体操作如下。

（1）选择"文件"/"打印"命令，打开"打印"界面，拖曳右侧预览界面右下角的显示比例滑块，将界面调整到 100%的预览状态。

（2）单击预览区域，滚动鼠标滚轮或拖曳滚动条预览文档内容。确认无误后，在"设置"选项组中设置"打印所有页"和"单面打印"，在"打印机"下拉列表中选择已连接好的打印机，在"份数"数值框中输入打印份数"5"，单击"打印"按钮🖶开始打印，如图 1-65 所示（配套资源：效果\模块一\招聘启事.docx）。

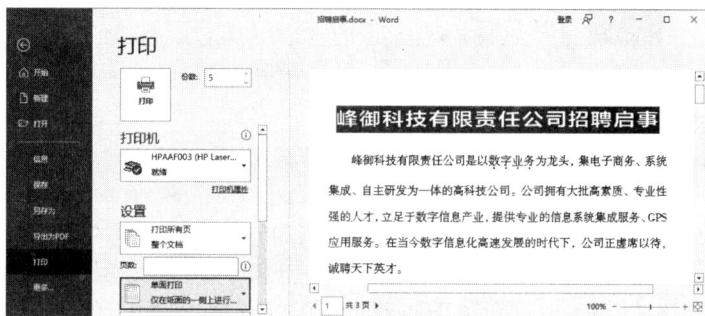

图 1-65　预览并设置打印效果

> **提示**　要想实现打印操作，首先需要将打印机正确连接到计算机上。购买打印机后，可按照说明书将打印机与计算机正确相连，安装该设备的驱动程序，**Word** 将会自动识别该打印机，此时可以在"打印"界面的"打印机"下拉列表中选择已连接好的打印机。

能力拓展

（一）自定义项目符号

当 Word 提供的项目符号样式不能满足实际需要时，用户可以通过自定义项目符号的方式将其他符号甚至是各种图片定义为项目符号。其方法如下：在"开始"/"段落"组中单击"项目符号"按钮☰右侧的下拉按钮ˇ，在弹出的下拉列表中选择"定义新项目符号"选项，打开"定义新项目符号"对话框，如图 1-66 所示。在其中单击 符号(S)... 按钮，将打开"符号"对话框，从中可以选择各种符号作为项目符号；单击 图片(P)... 按钮，将打开"插入图片"对话框，从中可以选择计算机中的各种图片作为项目符号；单击 字体(F)... 按钮，将打开"字体"对话框，在其中可以设置项目符号的字体、字形和字号等。

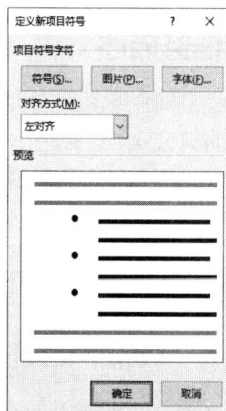

图 1-66　"定义新项目符号"对话框

（二）打印选项详解

选择"文件"/"打印"命令，进入"打印"界面后，可利用该界面中的各种打印选项进行打印设置和文档设置，如图 1-67 所示。各选项的作用和使用方法如下。

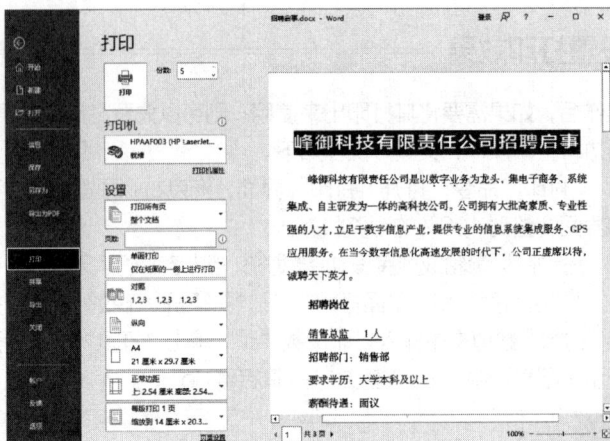

图1-67 "打印"界面

- "打印"按钮🖨：单击该按钮可执行打印操作。
- "份数"数值框：设置打印份数。
- "打印机"下拉列表：选择执行打印操作的打印机。
- "设置"选项组：设置打印范围，选择"自定义打印范围"选项，可在下方的"页数"文本框中指定打印页面对应的页码，如输入"1-3,5"即表示打印第1、2、3、5页。
- "单面打印"下拉列表：设置单面打印或双面打印。若选择"双面打印"选项，则打印完一面后，将自动打印另一面，或手动取出纸张，将背面放入打印机后执行第二面打印任务。
- "对照"下拉列表：当打印多份文档时，在该下拉列表中可设置打印顺序，包括"对照"（逐页打印）和"非对照"（逐页打印）两种效果。
- "纵向"下拉列表：设置纸张方向为纵向或横向。
- "A4"下拉列表：设置纸张大小。
- "正常边距"下拉列表：设置文本内容与纸张四周的距离。
- "每版打印1页"下拉列表：设置每版打印的页面数量。

任务四 编辑"企业简介"文档

任务描述

企业简介是企业向社会公众介绍自己的基本情况和经营战略的一种途径，为了更好地展现企业风采，以及提升公众对企业的关注度，"企业简介"文档中除了可以用文字说明企业的基本信息外，还可以通过图片、图形等对象提高文档的生动性和美观性。下面利用 Word 的"图像编辑"功能在"企业简介"文档中插入文本框、图片、艺术字、SmartArt 图形、封面等对象。

技术分析

（一）图片和图形对象的插入

用户可以利用 Word 的"插入"选项卡在文档中插入各种对象，其中，在"页面"组中可以插入封面，在"插图"组中可以插入图片、形状和 SmartArt 图形等，在"文本"组中可以插入文本框和艺术字等。各种对象的插入方法如下。

- 插入封面。在"插入"/"封面"组中单击"封面"按钮，在弹出的下拉列表中选择需要的封面样式。
- 插入图片。在"插入"/"插图"组中单击"图片"按钮，在弹出的下拉列表中选择"此设备"选项，打开"插入图片"对话框，选择计算机中已有的某个图片文件。
- 插入形状。在"插入"/"插图"组中单击"形状"按钮，在弹出的下拉列表中选择需要的形状，在文档编辑区中通过单击或拖曳鼠标进行插入。
- 插入 SmartArt 图形。在"插入"/"插图"组中单击"SmartArt"按钮，打开"选择 SmartArt 图形"对话框，在其中选择需要的 SmartArt 图形后可将其直接插入文档编辑区中。
- 插入文本框。在"插入"/"文本"组中单击"文本框"按钮，在弹出的下拉列表中选择已有的文本框样式直接插入；也可选择"绘制横排文本框"或"绘制竖排文本框"选项，并在文档编辑区中通过单击或拖曳鼠标进行插入。
- 插入艺术字。在"插入"/"文本"组中单击"艺术字"按钮，在弹出的下拉列表中选择需要的艺术字样式。

（二）图片和图形对象的编辑

插入图片和图形对象后，还可以调整对象的大小、位置和旋转角度，其方法分别如下。
- 调整大小。选择对象，拖曳边框上的白色小圆圈可调整对象的大小。
- 调整位置。选择对象，在边框上按住鼠标左键不放并进行拖曳可移动对象。
- 调整角度。选择对象，拖曳边框上方的"旋转"按钮可调整对象的角度。

> **提示** 除此之外，用户还可以对图片和图形对象进行剪切和复制等操作，其操作方法与剪切、复制文本或段落的操作方法相同。

（三）图片和图形对象的美化

选择插入的图片或图形对象后，Word 会显示相应的选项卡，如"图片工具"选项卡、"绘图工具"选项卡、"SmartArt 工具"选项卡等，利用其下方的功能区能轻松地完成对所选对象的美化设置。

示例演示

本任务编辑的"企业简介"文档的参考效果如图 1-68 所示。其中利用文本框添加了引言内容，利用图片美化了企业的发展目标，利用艺术字设置了文档标题，利用 SmartArt 图形展示了企业的组织结构情况，并利用封面进一步丰富了文档的内容。

图1-68 "企业简介"文档的参考效果

任务实现

（一）插入并编辑文本框

文本框是一种特殊的图形对象，它具有图形的属性，可以设置边框和填充颜色、调整位置、大小和角度等，也能在其中输入文本内容或插入图片等对象，从而制作出特殊的文档版式。下面在"企业简介.docx"文档中插入并编辑文本框，其具体操作如下。

（1）打开"企业简介.docx"文档（配套资源：素材\模块一\企业简介.docx），在"插入"/"文本"组中单击"文本框"按钮 下侧的下拉按钮 ，在弹出的下拉列表中选择"花丝引言"选项，如图1-69所示。

（2）将文本框移至页面上方，拖曳文本框周围的控制点以调整其大小，使其与页面同宽。

（3）在文本框中输入需要的文本，将第一段文本的字号调整为"11.5"，设置其对齐方式为"两端对齐"，再加粗显示文本框中的所有文本，效果如图1-70所示。

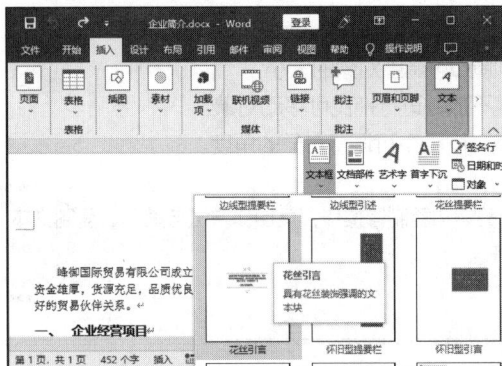

微课

插入并编辑文本框

图1-69 选择文本框样式

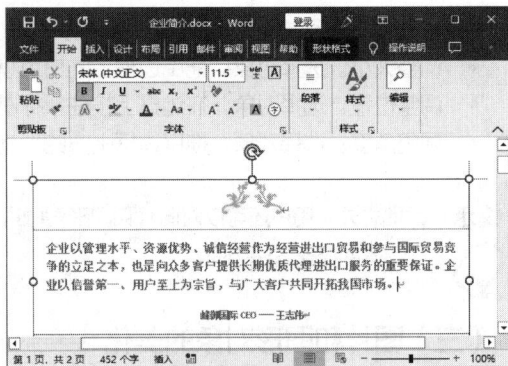

图1-70 文本框效果

> **提示** 若选择"绘制横排文本框"选项或"绘制竖排文本框"选项，则在文档中单击插入文本框后，文本框的宽度将会根据输入的文本内容自动进行调整。若要精确调整文本框的宽度和高度，则可选择文本框对象，在"绘图工具-形状格式"/"大小"组中进行设置。

（二）插入并编辑图片

在Word中，用户可以根据需要插入图片，以丰富文档内容。下面在"公司简介.docx"文档中插入并编辑图片，其具体操作如下。

（1）将文本插入点定位至最后一段文本上方的空行中，在"插入"/"插图"组中单击"图片"按钮 ，在弹出的下拉列表中选择"此设备"选项，打开"插入图片"对话框，选择"扬帆起航.jpg"图片（配套资源：素材\模块一\扬帆起航.jpg），单击 插入(S) 按钮，如图1-71所示。

（2）选择插入的图片及其后面的段落标记，在"开始"/"段落"组中单击右下角的"对话框启动器"按钮 ，打开"段落"对话框，在"缩进和间距"选项卡的"间距"选项组中设置"段前"和"段后"均为"0.5行"，效果如图1-72所示。

微课

插入并编辑图片

图1-71　插入图片

图1-72　设置段落间距的效果

> **提示**　若计算机中的图片无法满足用户的实际需求，则可以通过获取联机图片的方式寻找更多的图片资源，其方法如下：在"插入"/"插图"组中单击"图片"按钮 下方的下拉按钮 ，在弹出的下拉列表中选择"联机图片"选项，打开"联机图片"对话框，在"搜索必应"文本框中输入图片关键字，按"Enter"键进行图片搜索。

（3）选择插入的图片，在"图片工具–图片格式"/"图片样式"组中单击"快速样式"按钮 下侧的下拉按钮 ，在弹出的下拉列表中选择"柔化边缘矩形"选项，如图1-73所示。

（4）保持图片处于选择状态，在"图片工具–图片格式"/"调整"组中单击"艺术效果"按钮 右侧的下拉按钮 ，在弹出的下拉列表中选择"蜡笔平滑"选项，如图1-74所示。

图1-73　设置图片样式

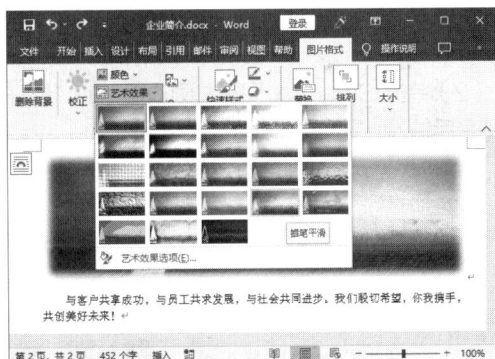

图1-74　设置图片效果

（三）插入并编辑艺术字

在文档中插入艺术字可以使文本呈现出更加丰富和生动的效果，从而增强文档的美观性。下面在"企业简介.docx"文档中插入并编辑艺术字，其具体操作如下。

（1）删除原标题"企业简介"文本，在"插入"/"文本"组中单击"艺术字"按钮 下侧的下拉按钮 ，在弹出的下拉列表中选择"渐变填充：水绿色，主题色5；映像"选项，如图1-75所示。

（2）在插入的艺术字文本框中输入"企 业 简 介"文本。注意，各文本之间有一个空格。

（3）在原标题段落处定位文本插入点，按两次"Enter"键换行，将鼠标指针移至艺术字文本框的边框上，当鼠标指针变为 形状时，按住鼠标左键进行拖曳，将其移至文档的中间位置。

微课

插入并编辑
艺术字

（4）保持艺术字处于选择状态，在"绘图工具－形状格式"/"艺术字样式"组中单击"文本效果"按钮A右侧的下拉按钮，在弹出的下拉列表中选择"转换"/"朝鲜鼓"选项，如图1-76所示。

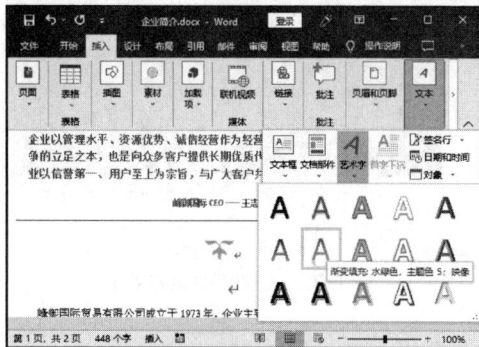

图1-75　选择艺术字样式

图1-76　更改艺术字效果

（四）插入并编辑 SmartArt 图形

　　SmartArt 图形是多个图形的集合，有列表、流程、循环、层次结构、关系、矩阵、棱锥图、图片等多种结构，可以方便用户制作各种图示。下面在"企业简介.docx"文档中插入并编辑 SmartArt 图形，其具体操作如下。

微课
插入并编辑
SmartArt 图形

　　（1）将文本插入点定位至"二、企业组织结构"下方的空行中，在"插入"/"插图"组中单击"SmartArt"按钮，打开"选择 SmartArt 图形"对话框，在左侧的列表框中选择"层次结构"选项，在右侧的样式种类列表框中选择"组织结构图"选项，单击　确定　按钮，如图1-77所示。

　　（2）单击 SmartArt 图形左侧边框上的"展开"按钮，打开"在此处键入文字"文本窗格，在项目符号后输入所需文本，如图1-78所示。

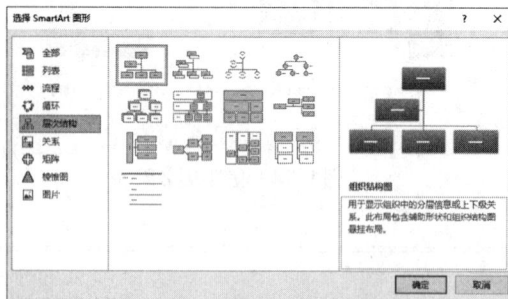

图1-77　选择 SmartArt 图形

图1-78　输入文本

　　（3）将文本插入点定位至"在此处键入文字"文本窗格中"战略发展部"文本的右侧，按"Enter"键换行，并输入"综合管理部"文本，选择该文本窗格中的最后3个段落，按"Tab"键进行降级操作，如图1-79所示。

　　（4）按照相同方法为"贸易部"添加"大宗原料处""辅料处""国际贸易处""贸易管理处"4个下级文本，为"战略发展部"添加"投资发展处""对冲贸易处"2个下级文本，为"综合管理部"添加"办公室""财务处"2个下级文本。

　　（5）单击"关闭"按钮，关闭该文本窗格，选择 SmartArt 图形中的"贸易部"图形对象，在

"SmartArt 工具-SmartArt 设计"/"创建图形"组中单击"布局"按钮品右侧的下拉按钮▾，在弹出的下拉列表中选择"两者"选项，如图 1-80 所示。

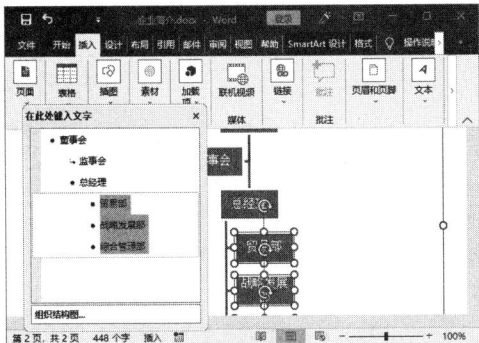

图1-79 输入并降级文本

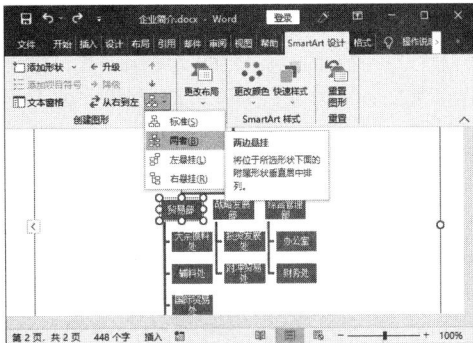

图1-80 调整 SmartArt 图形布局

（6）在"SmartArt 工具-SmartArt 设计"/"SmartArt 样式"组中单击"更改颜色"按钮▾下侧的下拉按钮▾，在弹出的下拉列表中选择"个性色3"选项组中的"彩色轮廓-个性色3"选项，如图 1-81 所示。

（7）按住"Shift"键，依次选择 SmartArt 图形中最后 3 行的所有图形对象，在"SmartArt 工具-格式"/"大小"组的"宽度"数值框中输入"3 厘米"，按"Enter"键即可调整图形对象的宽度，如图 1-82 所示。

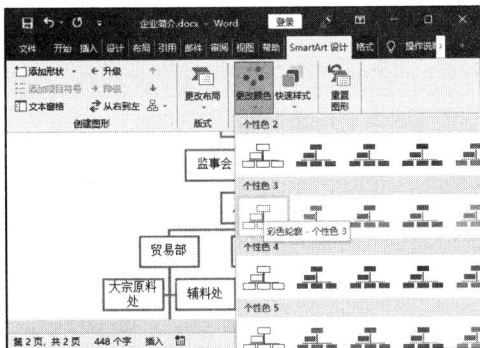

图1-81 设置 SmartArt 图形的颜色

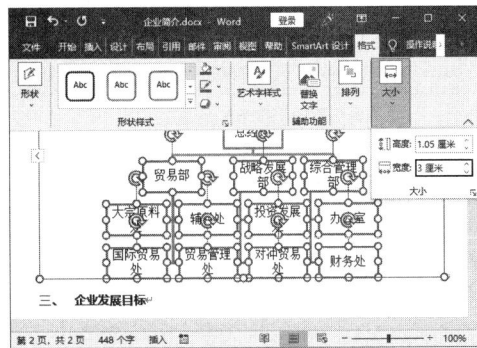

图1-82 调整 SmartArt 图形对象的宽度

（8）在 SmartArt 图形的边框上单击以选择整个图形对象，在"开始"/"字体"组中设置字体为"方正兰亭纤黑简体"，字号为"12"，如图 1-83 所示。

（9）按住"Shift"键的同时选择"综合管理部"图形对象及其两个下级图形对象，将它们水平向右移动，如图 1-84 所示。按照相同方法移动"战略发展部"图形对象及其两个下级图形对象。

图1-83 设置字体与字号

图1-84 移动图形对象

29

（五）添加封面

封面是文档的第一页，读者接触到一篇文档时，首先看到的就是封面，因此封面的内容及效果将直接影响文档的质量和读者的阅读兴趣。下面在"企业简介.docx"文档中添加 Word 内置的封面，其具体操作如下。

（1）在"插入"/"页面"组中单击"封面"按钮，在弹出的下拉列表中选择"花丝"选项，如图 1-85 所示。

（2）在"文档标题"文本框中输入"企业简介"文本，在"文档副标题"文本框中输入"峰御国际贸易有限公司"文本，删除下方的文本框，并按"Ctrl+S"组合键保存文档，封面效果如图 1-86 所示（配套资源：效果\模块一\企业简介.docx）。

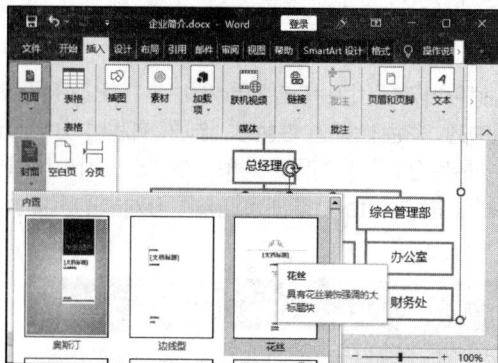

图 1-85　选择封面样式

图 1-86　封面效果

能力拓展

（一）删除图片背景

有时插入文档中的图片背景会影响文档的整体效果，此时就可以用类似抠图的方法将图片的背景删除，但在执行此操作前，还需要添加"背景消除"选项卡。其方法如下：选择"文件"/"选项"命令，打开"Word 选项"对话框，在左侧列表框中选择"自定义功能区"选项，在右侧的"自定义功能区"下拉列表中选择"主选项卡"选项，在下方的列表框中选中"背景消除"复选框，单击"确定"按钮，如图 1-87 所示。

添加完"背景消除"选项卡后，返回文档，在其中选择需要删除背景的图片，在"图片工具-图片格式"/"调整"组中单击"删除背景"按钮，Word 将自动激活刚刚添加的"背景消除"选项卡，如图 1-88 所示。在"背景消除"/"优化"组中单击"标记要保留的区域"按钮后，鼠标指针将变为形状，此时拖曳鼠标可在图片上选择需要保留的区域；在该组中单击"标记要删除的区域"按钮后，鼠标指针将变为形状，此时拖曳鼠标可在图片上选择需要删除的区域。在"背景消除"/"关闭"组中单击"放弃所有更改"按钮，可关闭"背景消除"选项卡并放弃所有更改；在该组中单击"保留更改"按钮，可关闭"背景消除"选项卡并保留所有更改。

（二）管理多个对象

当用户需要对多个对象进行对齐、排列等管理操作时，就可以充分借助 Word 的多个对象管理功能来提高操作效率。下面以管理多个形状为例做简要介绍。

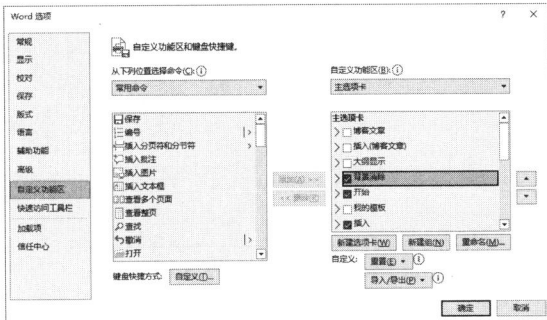

图1-87 添加"背景消除"选项卡

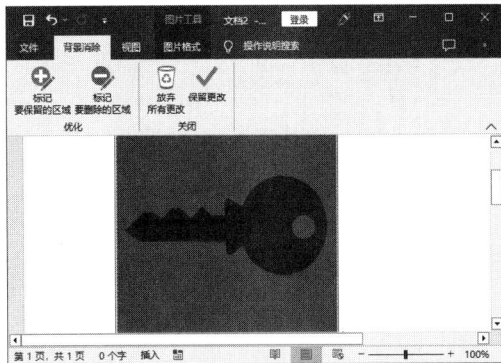

图1-88 激活"背景消除"选项卡

- 对齐对象。同时选择需要对齐的多个形状,在"绘图工具-形状格式"/"排列"组中单击"对齐"按钮右侧的下拉按钮,在弹出的下拉列表中选择相应的选项,即可快速排列多个形状,如图1-89所示。

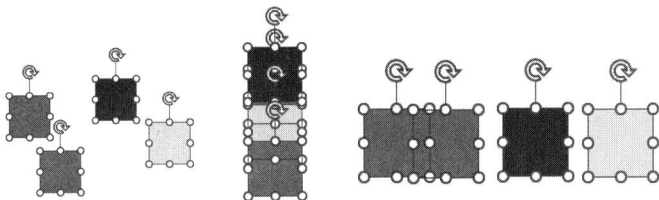

图1-89 快速排列多个形状

- 组合与取消组合形状。当需要同时调整多个形状的位置时,就可以将这些形状组合为一个大的对象,以提高操作效率,其方法如下:同时选择多个形状,在其上单击鼠标右键,在弹出的快捷菜单中选择"组合"/"组合"命令。若要取消组合,则可在该对象上单击鼠标右键,在弹出的快捷菜单中选择"组合"/"取消组合"命令。
- 调整叠放顺序。当多个形状重叠放置时,就需要按要求调整它们的叠放顺序。其方法如下:选择形状,在其上单击鼠标右键,在弹出的快捷菜单中选择"置于底层"命令或"置于顶层"命令,以快速将形状调整至底层或顶层;也可以选择其他命令,逐步上移或下移形状的位置。图1-90所示为将海豚置于底层和置于顶层的效果。

图1-90 调整形状位置

(三)改变环绕方式

选择形状,在"绘图工具-形状格式"/"排列"组中单击"环绕文字"按钮右侧的下拉按钮,在弹出的下拉列表中选择需要的环绕方式。例如,选择"浮于文字上方"选项后,就可以随意移动形状的位置,且形状会始终显示在文本上方;选择"四周型"选项后,形状将以矩形的方式嵌入文本中,便于进行图文混排等操作,如图1-91所示。

(a) 浮于文字上方　　　　　　　　　　　　(b) 四周型

图1-91　选择不同环绕方式后的效果

任务五　制作"图书入库单"文档

任务描述

图书入库单是对图书入库数量的确认单，也是对采购人员和供应商的一种监控手段，以避免采购人员与供应商通过非法手段在采购和供应环节舞弊，从而造成企业损失。下面利用 Word 提供的表格处理功能制作"图书入库单"文档，并介绍在 Word 中创建、编辑、美化和计算表格数据等一系列操作。

技术分析

（一）插入表格的方式

在 Word 中插入表格的方式主要有快速插入、精确插入和手动绘制。

1. 快速插入表格

将文本插入点定位至需要插入表格的地方，在"插入"/"表格"组中单击"表格"按钮▦下侧的下拉按钮，在弹出的下拉列表中将鼠标指针定位至"插入表格"选项组中的某个单元格上，此时边框呈橙色显示的单元格即为将要插入的表格，单击即可完成插入表格的操作，如图1-92所示。

2. 精确插入表格

精确插入表格适合在表格行列数较多或需要设置表格布局的情况下使用。其方法如下：在"插入"/"表格"组中单击"表格"按钮▦下侧的下拉按钮，在弹出的下拉列表中选择"插入表格"选项，打开"插入表格"对话框，在"表格尺寸"选项组中设置好所需列数和行数，在"'自动调整'操作"选项组中设置好表格布局的调整方式，单击 确定 按钮，如图1-93所示。

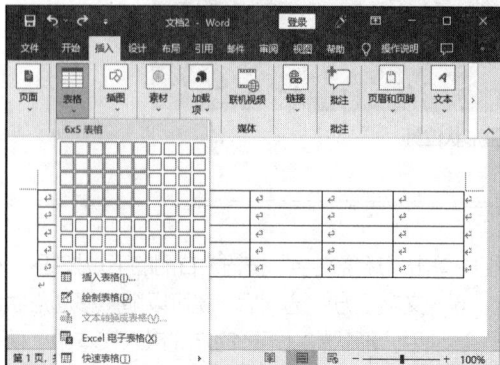

图1-92　快速插入表格

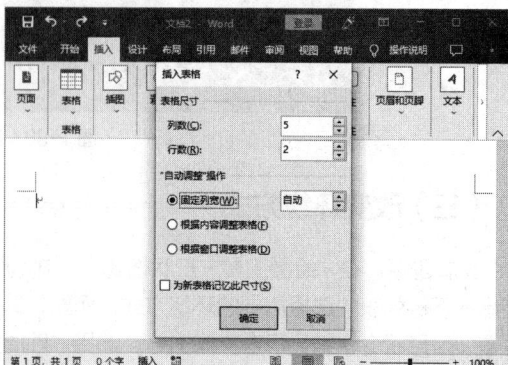

图1-93　精确插入表格

3. 手动绘制表格

如果想创建一些结构较复杂的表格，则可通过手动绘制的方式创建。其方法如下：在"插入"/"表格"组中单击"表格"按钮▦下侧的下拉按钮，在弹出的下拉列表中选择"绘制表格"选项，进入绘制表格的状态，此时鼠标指针将变为∅形状。在需要插入表格的地方按住鼠标左键进行拖曳，释放鼠标左键后将绘制出表格的外边框；在外边框内按住鼠标左键进行拖曳，可在表格中绘制横线、竖线和斜线，从而将绘制的外边框分割成若干个单元格，最终形成各种样式的表格，如图 1-94 所示。表格绘制完成后，按"Esc"键可退出表格的绘制状态。

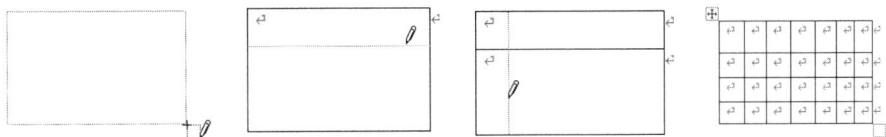

图1-94 手动绘制表格

（二）选择表格

选择表格是编辑表格的前提，在 Word 中选择表格有以下 3 种常见情况。

1. 选择整行表格

选择整行表格的方法如下。

- 将鼠标指针移至表格左侧，当其变为∅形状时，单击可选择整行。如果按住鼠标左键向上或向下拖曳，则可选择多行表格。
- 在需要选择的行中单击任意一个单元格，在"表格工具－布局"/"表"组中单击"选择"按钮，在弹出的下拉列表中选择"选择行"选项。

2. 选择整列表格

选择整列表格的方法如下。

- 将鼠标指针移至表格上方，当其变为↓形状时，单击可选择整列。如果按住鼠标左键向左或向右拖曳，则可选择多列表格。
- 在需要选择的列中单击任意一个单元格，在"表格工具－布局"/"表"组中单击"选择"按钮，在弹出的下拉列表中选择"选择列"选项。

3. 选择整个表格

选择整个表格的方法如下。

- 将鼠标指针移至表格区域，单击表格左上角出现的"全选"按钮⊞，可选择整个表格。
- 将文本插入点定位至表格的第一个单元格中，按住鼠标左键拖曳至最后一个单元格，释放鼠标左键后可选择整个表格（选择整行、整列、多行或多列单元格也可通过此操作实现）。
- 在表格内单击任意一个单元格，在"表格工具－布局"/"表"组中单击"选择"按钮，在弹出的下拉列表中选择"选择表格"选项。

（三）表格与文本的相互转换

为了进一步提高表格和文本的编辑效率，Word 提供了可以直接将表格转换为文本，或将文本直接转换为表格的功能。

1. 将表格转换为文本

选择整个表格，在"表格工具－布局"/"数据"组中单击"转换为文本"按钮，打开"表格转换成文本"对话框，在"文字分隔符"选项组中选中合适的文字分隔符，单击 确定 按钮；返回文档后，表格已转换为文本，且文本之间的分隔符是刚才选择的分隔符，如图 1-95 所示。

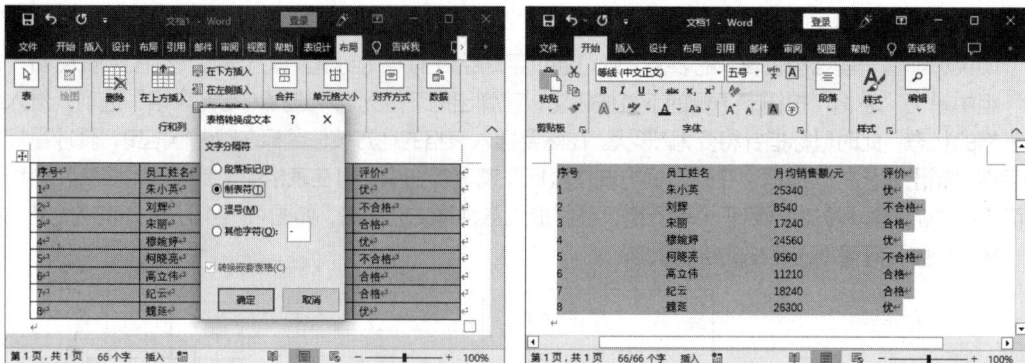

图1-95　将表格转换为文本

2. 将文本转换为表格

选择需要转换为表格的文本（各文本之间需要有统一的分隔符，如制表符、空格、逗号等），在"插入"/"表格"组中单击"表格"按钮下侧的下拉按钮，在弹出的下拉列表中选择"文本转换成表格"选项，打开"将文字转换成表格"对话框，直接单击 确定 按钮。

示例演示

本任务制作的"图书入库单"文档的参考效果如图 1-96 所示，其中包含文档标题和表格两个关键对象。本任务通过输入并设置文本和段落格式来编辑标题对象；通过插入表格、输入内容，以及编辑和计算表格数据等操作来制作表格对象。

图1-96　"图书入库单"文档的参考效果

任务实现

（一）创建表格并输入文本

在 Word 文档中适当使用表格可以更好地展现文本，让读者能够直观地了解原本杂乱无章的内容或数据。下面新建并保存"图书入库单.docx"文档，并在其中创建表格，其具体操作如下。

（1）新建并保存"图书入库单.docx"文档，在该文档中输入"图书入库单"文本后，按"Enter"键换行。

（2）将标题文本的字体格式设置为"方正兰亭中黑简体，小一"，段落格式设

微课

创建表格
并输入文本

置为"居中，段后 0.5 行"。

（3）将文本插入点定位至空行中，在"插入"/"表格"组中单击"表格"按钮▦下侧的下拉按钮 ，在弹出的下拉列表中选择"插入表格"选项，打开"插入表格"对话框，在"表格尺寸"选项组中的"列数"数值框和"行数"数值框中分别输入"8"和"12"，单击 确定 按钮，如图 1-97 所示。

（4）将文本插入点定位至表格的第一个单元格中，输入各项目文本和具体的项目内容（其中"金额/元"项目中的内容不填，后期通过计算得到），如图 1-98 所示。

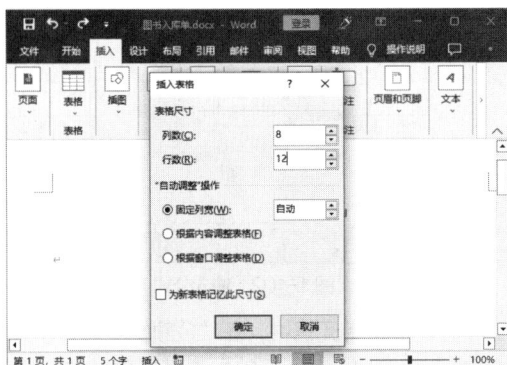

图1-97　设置表格尺寸

图书入库单

序号	书名	单位	单价/元	数量/本	金额/元	入库日期	备注
1	父与子全集	本	35	25		2023.3.20	
2	古代汉语词典	本	119.9	50		2023.3.20	
3	世界很大幸好有你	本	39	12		2023.3.20	
4	Photoshop CC 图像处理	本	48	30		2023.3.20	
5	疯狂英语900句	本	19.8	15		2023.3.20	
6	窗边的小豆豆	本	25	75		2023.3.20	
7	只属于我的视界:手机摄影自白书	本	58	23		2023.3.20	
8	黑白花意:笔尖下的87朵花之绘	本	29.8	35		2023.3.20	
9	小王子	本	20	55		2023.3.20	
10	配色设计原理	本	59	30		2023.3.20	
11	基本乐理	本	38	12		2023.3.20	

图1-98　输入表格内容

（二）编辑表格

创建表格后，用户可根据实际情况调整表格的布局和内容，这里需要为"图书入库单"表格增加一行，用以计算合计数据，其具体操作如下。

（1）将鼠标指针移至表格左下角，单击出现的"增加行"按钮⊕，如图 1-99 所示。

（2）选择新增行中的前 4 个单元格，在"表格工具-布局"/"合并"组中单击"合并"按钮▦下侧的下拉按钮 ，在弹出的下拉列表中选择"合并单元格"选项，如图 1-100 所示。

微课
编辑表格

图1-99　增加行

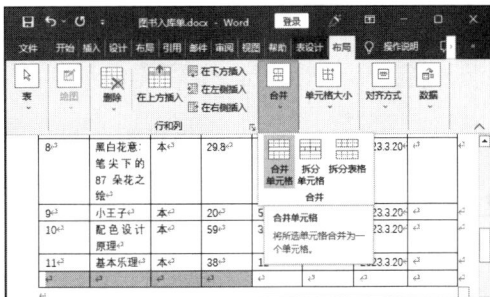

图1-100　合并单元格

（3）在合并的单元格中输入"合计"文本，并在该行的最后两个单元格中输入"/"符号。

（三）计算表格数据

Word 具备简单的计算功能，可以完成一些简单的计算操作。下面利用该功

微课
计算表格数据

能计算各图书的入库金额，以及汇总所有图书的入库数量和入库总金额，其具体操作如下。

（1）将文本插入点定位至"金额/元"项目下的第一个单元格中，在"表格工具－布局"/"数据"组中单击"数据"按钮下侧的下拉按钮，在弹出的下拉列表中选择"公式"选项，如图1-101所示。

（2）打开"公式"对话框，在"公式"文本框中输入公式"=PRODUCT(LEFT)"，表示计算左侧数量与单价的乘积，单击 确定 按钮，如图1-102所示。

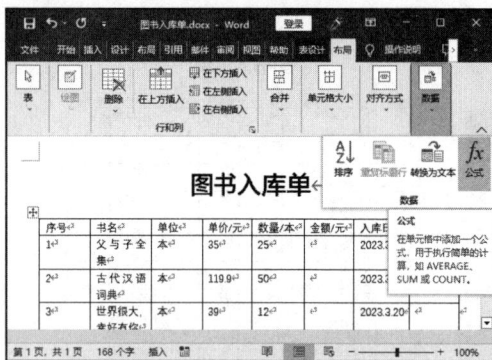

图1-101　选择"公式"选项　　　　　图1-102　输入公式（1）

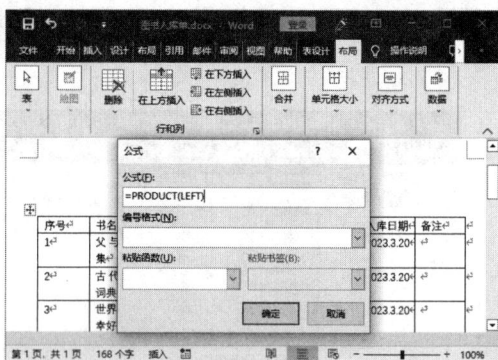

（3）复制该单元格中的计算结果，将其粘贴到下方的其他单元格中，在"金额/元"项目下的第二个单元格中单击以定位文本插入点，再单击鼠标右键，在弹出的快捷菜单中选择"更新域"命令，如图1-103所示。

（4）按照的相同方法更新其他单元格中的计算结果，快速得到其他图书的入库金额。

（5）将文本插入点定位至与"合计"单元格相邻的右侧单元格中，在"表格工具－布局"/"数据"组中单击"数据"按钮下侧的下拉按钮，在弹出的下拉列表中选择"公式"选项，打开"公式"对话框，在"公式"文本框中输入公式"=SUM(ABOVE)"，表示计算上方所有数据之和，单击 确定 按钮，如图1-104所示。

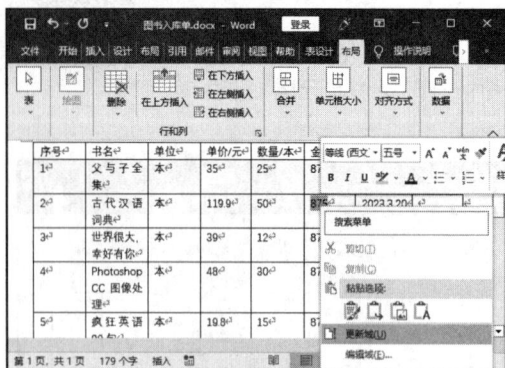

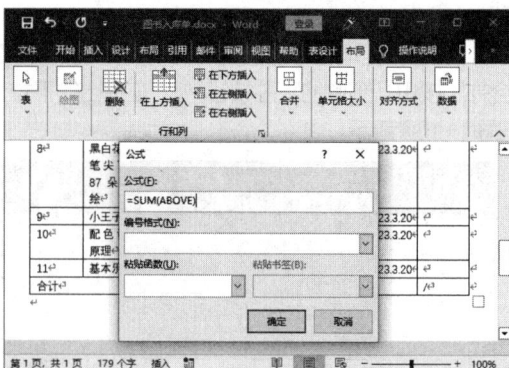

图1-103　更新域　　　　　　　图1-104　输入公式（2）

（6）复制该单元格中的计算结果，将其粘贴到与其相邻的右侧单元格中，再通过"更新域"命令更新计算结果。

（四）设置与美化表格

为了更好地发挥出表格展示内容的作用，还可以对表格进行适当的美化，从而提高表格的可读性和美观性，其具体操作如下。

（1）将鼠标指针移至表格上，单击左上角出现的"全选"按钮，在"表格工

设置与美化表格

具－表设计"/"表格样式"组中的"表格样式"下拉列表中选择"网格表"选项组中的"网格表 4－着色 1"选项，如图 1-105 所示

（2）保持整个表格处于选择状态，在"表格工具－布局"/"对齐方式"组中的"对齐方式"下拉列表中选择"水平居中"选项，如图 1-106 所示。

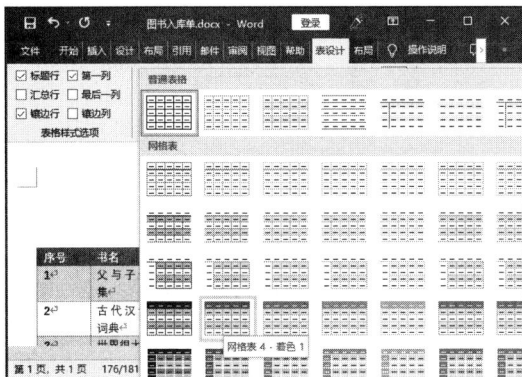

图1-105　选择表格样式

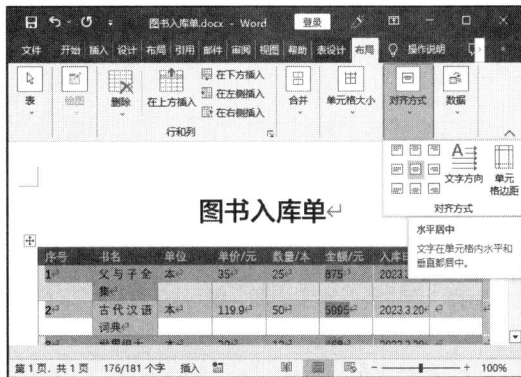

图1-106　设置对齐方式

（3）在"开始"/"字体"组中将表格字体设置为"方正宋一简体"，将鼠标指针移至"书名"项目所在列的右侧分隔线上，当其变为↔形状时，按住鼠标左键并向左拖曳以调整该列的宽度，如图 1-107 所示。

（4）按照相同的方法调整其他列的宽度，并全选表格，在"表格工具－布局"/"单元格大小"组中的"高度"数值框中输入"1 厘米"，如图 1-108 所示，按"Ctrl+S"组合键保存文档（配套资源：效果\模块一\图书入库单.docx）。

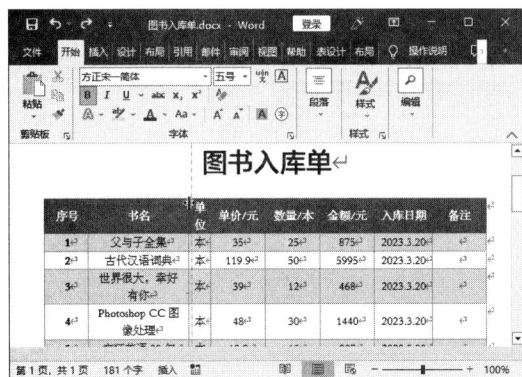

图1-107　调整列宽

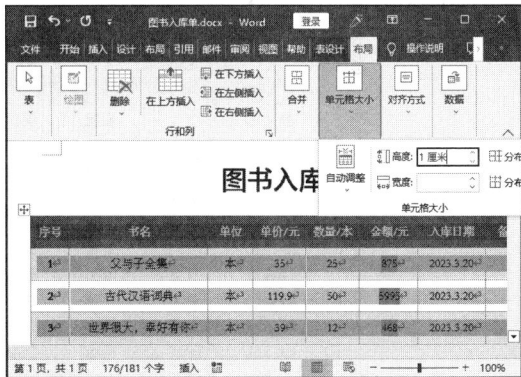

图1-108　调整行高

能力拓展

（一）排序表格

以表格中某一项目的数据为依据，可以实现对表格内容的排序。其方法如下：选择整个表格，在"表格工具－布局"/"数据"组中单击"排序"按钮↓，打开"排序"对话框，在"主要关键字"下拉列表中选择排序依据，如"季度总产量/件"，再选中"降序"单选按钮，表示按季度总产量从高到低排列数据，单击 确定 按钮，如图 1-109 所示。

图1-109　按主要关键字排列表格数据

> **提示**　若主要关键字相同，则可在"排序"对话框中设置次要关键字，以控制在主要关键字相同时表格数据的排列顺序。

（二）自主计算表格

所谓自主计算表格，是指引用表格中单元格的地址，并通过建立公式与函数来进行计算，从而摆脱"LEFT""ABOVE"等函数要求计算区域必须连续的约束。

计算时，需要为表格的每一列假设一个列标，从左到右依次为按顺序排列的大写英文字母，同时为每一行假设一个行号，从上到下依次为从小到大的阿拉伯数字，如图1-110所示。为表格假设列标和行号后，每个单元格就可以得到对应的坐标，这个坐标就是单元格的地址，根据单元格地址能实现自主计算表格数据的目的。

	A	B	C	D	E	F	G
	编号	姓名	工种	1月份	2月份	3月份	季度总产量/件
1	CJ-110	林玲	装配	500	528	519	1547
2	CJ-114	程旭	运输	516	510	528	1554
3	CJ-113	郭永熹	运输	535	498	508	1541
4	CJ-118	吴明	运输	480	502	530	1512
5	CJ-116	刘松	流水	533	523	499	1555
6	CJ-115	赵菲菲	流水	528	505	520	1553
7	CJ-117	黄鑫	流水	521	509	515	1545
8	CJ-119	韩柳	检验	530	526	524	1580
9	CJ-112	王冬	检验	570	520	486	1576
10	CJ-111	王晓	检验	515	514	527	1556

图1-110　假设的表格列标与行号

例如，若想计算"黄鑫"的季度总产量，则可以输入公式"=SUM(LEFT)"或"=SUM(D7:F7)"或"= D7+E7+F7"；若要计算工种为"流水"的员工的季度总产量，则可以输入公式"=G5+G6+G7"或"=SUM(G5:G7)"。

任务六　编辑"毕业论文"文档

任务描述

毕业论文考查的是学生对所学知识的掌握能力和应用能力，也是学生多年学习成果的最终体现。编写毕业论文能锻炼学生的实践能力，提高学生的写作水平，为学生进入社会奠定基础。毕业论文的编写需要经过开题报告、论文编写、论文上交评定、论文答辩及论文评分 5 个环节，其中论文编写环节是指在准备好相关资料后，用 Word 将资料录入并将其编辑成电子文档，对其进行设置后，最终得到一篇格式规范的论文。本任务将在 Word 中编辑"毕业论文"文档，介绍在 Word 中应用样式、设置页面、使用分隔符等操作。

技术分析

（一）认识各种分隔符

分隔符的作用是控制文档内容在页面中的显示位置。Word 2019 为用户提供了两类分隔符，分别是分页符（包括分页符、分栏符、自动换行符）和分节符。在编辑文档时，若要分隔文档，则可在"布局"/"页面设置"组中单击"分隔符"按钮，在弹出的下拉列表中选择需要的分隔符。下面简要介绍各种分隔符的作用。

- 分页符：将分页符后的内容强制显示到下一页。
- 分栏符：若已将文档分栏，则该分栏符后的内容将显示至下一栏；若未分栏，则该分栏符后的内容将显示至下一页。
- 自动换行符：对文档中的文本实现"软回车"的换行效果，可直接按"Shift+Enter"组合键快速实现。插入自动换行符后，文本虽然会换行显示，但换行后的文本仍然属于上一段，它们具有相同的段落属性。
- 分节符：包括"下一页""连续""偶数页""奇数页"等类型，插入相应的分节符后，可使文本或段落分节，同时余下的内容将根据所选分节符类型在下一页、本页、下一偶数页或下一奇数页中显示。

（二）页面设置

页面设置主要是指对页面的纸张大小、纸张方向和页边距等进行设置。Word 默认的页面纸张大小为 A4（21 厘米×29.7 厘米），纸张方向为纵向，页边距为常规。根据制作文档的实际需要，用户可在"布局"/"页面设置"组中通过单击相应的按钮来对这些设置进行修改。

- 单击"纸张大小"按钮，在弹出的下拉列表中可选择其他预设的页面尺寸。若选择"其他纸张大小"选项，则可在打开的"页面设置"对话框中自行设置文档页面的宽度和高度。
- 单击"纸张方向"按钮，在弹出的下拉列表中可选择"纵向"或"横向"选项，以调整页面的显示方向。
- 单击"页边距"按钮，在弹出的下拉列表中可选择其他预设的页边距选项。若选择"自定义页边距"选项，则可在打开的"页面设置"对话框中自定义页面版心与文档上、下、左、右边缘的距离。

示例演示

本任务编辑的"毕业论文"文档的参考效果如图 1-111 所示。其中文档的各级标题应用了特定的样式，文档的页面大小和页边距做了一定的调整，并利用分页符控制了每页的显示内容，最后为文档添加了页面边框，起到了一定的美化作用。

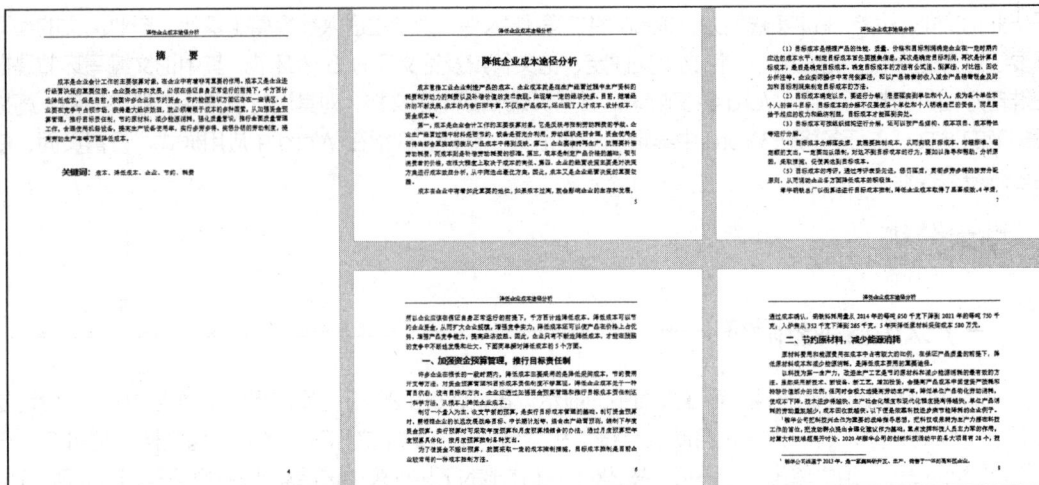

图1-111 "毕业论文"文档的参考效果

任务实现

（一）使用样式快速设置文档内容

样式是预设了一定格式的对象，为文本或段落应用样式，可以快速对其进行格式设置。下面在"毕业论文.docx"文档中设置并应用样式，其具体操作如下。

（1）打开"毕业论文.docx"文档（配套资源：素材\模块一\毕业论文.docx），在"开始"/"样式"组中"样式"下拉列表中的"标题"选项上单击鼠标右键，在弹出的快捷菜单中选择"修改"命令，如图1-112所示。

（2）打开"修改样式"对话框，单击 格式(O)▼ 按钮，在弹出的下拉列表中选择"字体"选项，如图1-113所示。

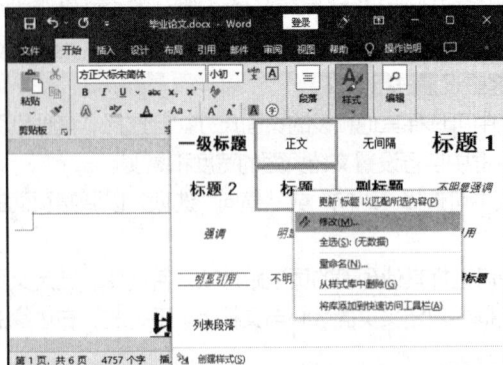

微课
使用样式快速
设置文档内容

图1-112 修改样式

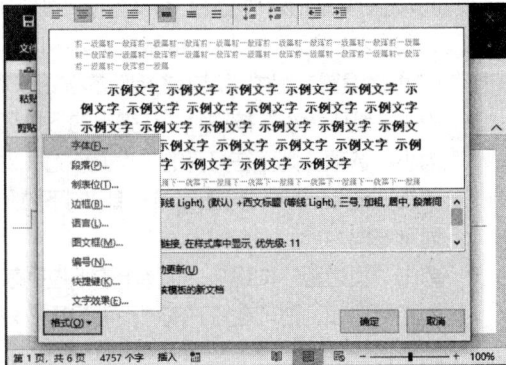

图1-113 选择"字体"选项

（3）打开"字体"对话框，在"字体"选项卡的"中文字体"下拉列表中选择"方正兰亭中黑简体"选项，在"字号"下拉列表中选择"一号"选项，在"下画线线型"下拉列表中选择图1-114所示的下画线选项。

（4）选择"高级"选项卡，在"字符间距"选项组中的"间距"下拉列表中选择"加宽"选项，在其右侧的"磅值"数值框中输入"5磅"，单击 确定 按钮，如图1-115所示。

图1-114　设置字体格式

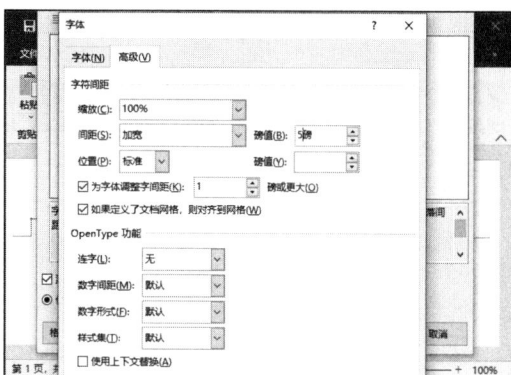

图1-115　设置字符间距

（5）返回"修改样式"对话框，单击 格式(O)▼ 按钮，在弹出的下拉列表中选择"段落"选项，打开"段落"对话框，在"缩进和间距"选项卡的"缩进"选项组中设置"特殊"为"（无）"，在"间距"选项组中设置"段前"和"段后"均为"12磅"，如图1-116所示，依次单击 确定 按钮完成"标题"样式的修改。

（6）选择标题"毕业论文"，在"开始"/"样式"组中的"样式"下拉列表中选择"标题"选项，为该文本应用修改后的样式，如图1-117所示。

图1-116　设置段落格式

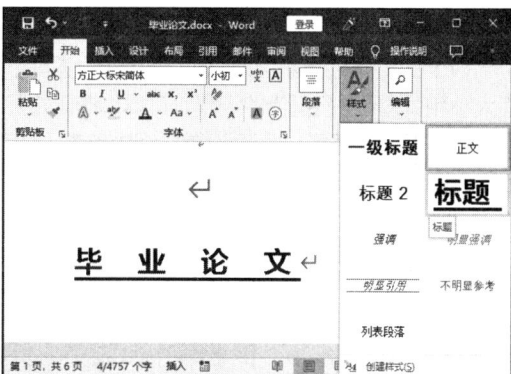

图1-117　应用样式

（7）同时选择第2页的"提纲""目录""摘要"文本和第3页的"降低企业成本途径分析"文本，为它们应用"副标题"样式。

（8）在"开始"/"样式"组中的"样式"下拉列表中选择"创建样式"选项，打开"根据格式化创建新样式"对话框，在"名称"文本框中输入新样式的名称"二级标题"后，单击 修改(M)... 按钮，如图1-118所示。

（9）打开"根据格式化创建新样式"对话框，在"格式"选项组中设置字体为"方正兰亭中黑简体"，字号为"四号"，再单击"左对齐"按钮 三，如图1-119所示。

（10）在该对话框中单击 格式(O)▼ 按钮，在弹出的下拉列表中选择"段落"选项，打开"段落"对话框，在"缩进和间距"选项卡中设置"特殊"为"首行"，"缩进值"为"2字符"，"段前"和"段后"均为"0磅"，"行距"为"单倍行距"，依次单击 确定 按钮完成"二级标题"样式的新建。

（11）同时选择"一、加强资金预算管理，推行目标责任制""二、节约原材料，减少能源消耗""三、强化质量意识，推行全面质量管理工作""四、合理使用机器设备，提高生产设备使用率""五、实行多劳多得、奖惩分明的劳动制度，提高劳动生产率"5个标题段落，为它们应用新建的"二级标题"样式。

图1-118 新建样式

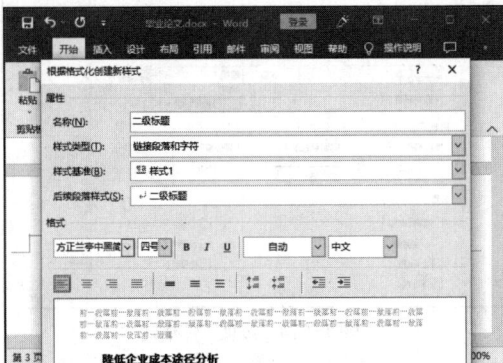

图1-119 设置样式格式

提示 如果用户在设置样式时进行了误操作，则可选择将其清除，其方法如下：选择应用样式后的文本，在"开始"/"样式"组中的"样式"下拉列表中选择"清除格式"选项，清除所选内容的所有格式，只保留普通的、无格式的文本。

（二）调整文档的页面大小和页边距

Word 文档的页面可以根据需要自行设置。下面对"毕业论文.docx"文档的页面大小和页边距进行适当的调整，其具体操作如下。

（1）在"布局"/"页面设置"组中单击"纸张大小"按钮，在弹出的下拉列表中选择"其他纸张大小"选项，如图 1-120 所示。

（2）打开"页面设置"对话框，在"纸张"选项卡中的"纸张大小"选项组中将"高度"设置为"14 厘米"，如图 1-121 所示。

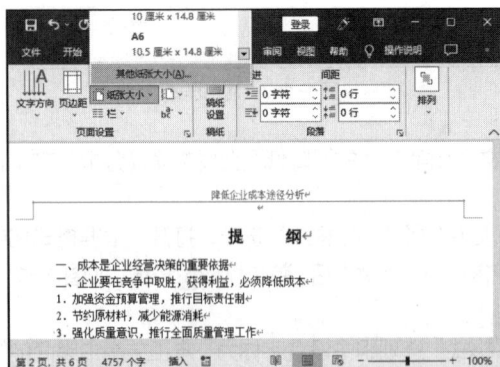

微课
调整文档的页面
大小和页边距

图1-120 选择"其他纸张大小"选项

图1-121 设置页面高度

（3）选择"页边距"选项卡，在"页边距"选项组中的"右"数值框中输入"4 厘米"，如图 1-122 所示，单击 确定 按钮。

（4）返回文档后，可查看调整文档页面大小和页边距后的效果，如图 1-123 所示。

图 1-122　设置页边距

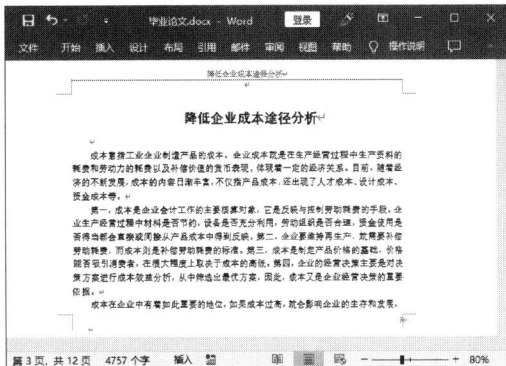

图 1-123　查看文档效果

（三）利用分页符控制页面内容

分页符可以控制文档内容，从而按需求调整页面。下面在"毕业论文.docx"文档中插入分页符，其具体操作如下。

（1）将文本插入点定位至第二页"目录"文本前，在"布局"/"页面设置"组中单击"分隔符"按钮，在弹出的下拉列表中选择"分页符"选项组中的"分页符"选项，如图 1-124 所示。

（2）插入分页符后，"目录"文本及"目录"文本下方的所有内容将从新的一页开始显示，分页效果如图 1-125 所示。

（3）按照相同的方法在第 3 页的"摘要"文本前插入分页符，使"摘要"文本及"摘要"文本下方的所有内容从新的一页开始显示。

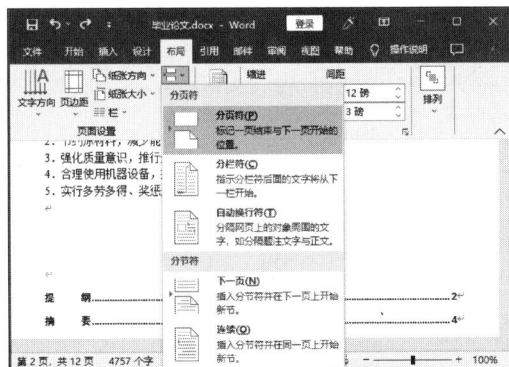

微课

利用分页符
控制页面内容

图 1-124　插入分页符

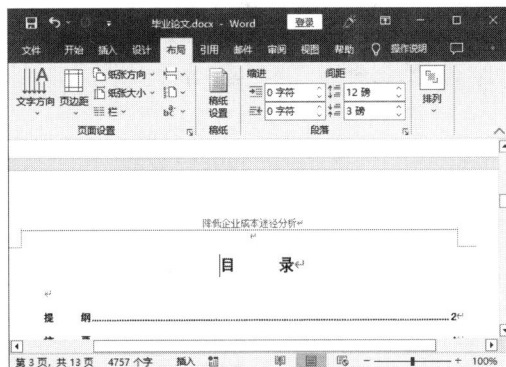

图 1-125　分页效果

（四）为文档添加脚注

脚注是对文档中的某些词汇或者内容进行补充性说明的注文，一般添加在当前页面的底部。脚注由两个关联的部分组成：注释引用标记及其对应的注释文本。下面为"毕业论文.docx"文档添加脚注，其具体操作如下。

（1）在第 8 页最后一段文本的起始位置单击以定位文本插入点，在"引用"/"脚注"组中单击"插入脚注"按钮 AB^1，如图 1-126 所示。

（2）此时，文本插入点将自动跳转至当前页面的底部，并标注好编码，输入具体的注释内容，如图 1-127 所示，完成脚注的添加操作。

微课

为文档添加
脚注

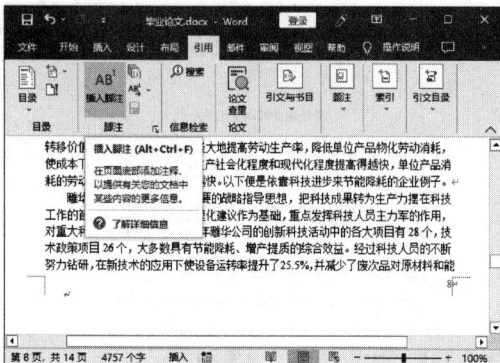

图1-126　单击"插入脚注"按钮

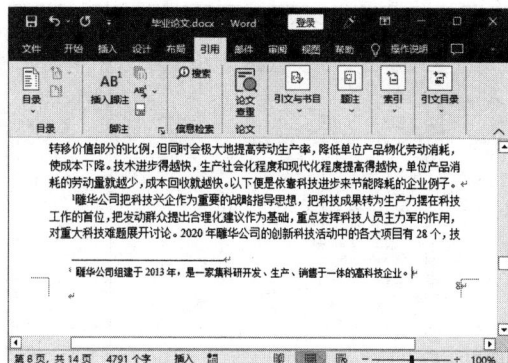

图1-127　输入注释内容

（3）确认文档内容无误后，按"Ctrl+S"组合键进行保存（配套资源：效果\模块一\毕业论文.docx）。

能力拓展

（一）设置页面背景

在"设计"/"页面背景"组中单击"页面颜色"按钮，在弹出的下拉列表中为页面设置某种已有的颜色，如图1-128所示。在"页面颜色"下拉列表中选择"其他颜色"选项，可在打开的"颜色"对话框中自定义页面颜色。在"页面颜色"下拉列表中选择"填充效果"选项，可在打开的"填充效果"对话框中为页面背景设置渐变、纹理、图案和图片等效果，如图1-129所示。

图1-128　设置背景颜色

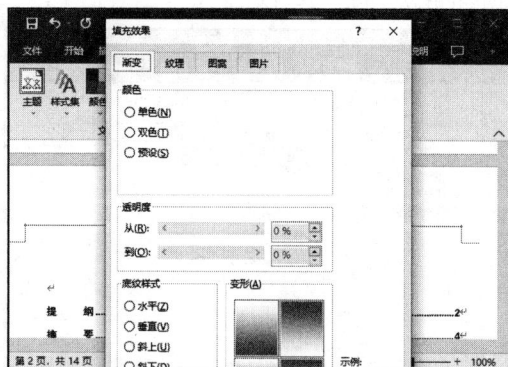

图1-129　设置页面填充效果

（二）为页面添加水印

水印的作用是有效防止文档内容被非法使用，也有助于提醒文档使用者使用该文档的要求等。为文档添加水印后，每一页都将显示水印内容。为页面添加水印的方法如下：在"设计"/"页面背景"组中单击"水印"按钮，在弹出的下拉列表中选择某种已有的水印效果，如图1-130所示。另外，也可在"水印"下拉列表中选择"自定义水印"选项，打开"水印"对话框，选中"图片水印"单选按钮，可通过单击 选择图片(P)... 按钮创建图片样式的水印效果；选中"文字水印"单选按钮，可通过"语言（国家/地区）""文字""字体""字号""颜色""版式"等选项设置水印的格式，设置完成后单击 确定 按钮，如图1-131所示。

图1-130　添加水印

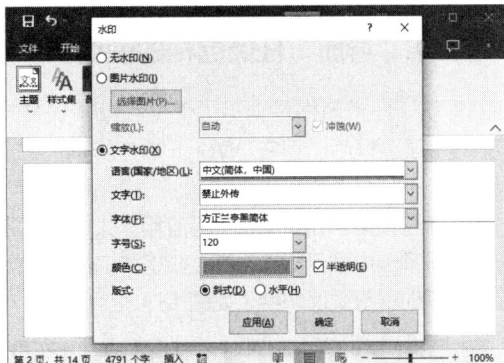

图1-131　设置文字水印

任务七　编辑"采购手册"文档

任务描述

企业为了保证生产和经营活动的正常开展，通常会从供应市场获取产品或服务作为企业资源，这个行为就是采购。为了保证采购的质量和效率，企业可以建立"采购手册"文档，用以规范采购环节中的各个流程。这类文档的篇幅一般较大，下面利用 Word 的长文档编辑功能，介绍编辑"采购手册"文档的方法，以及大纲级别的设置、页眉页脚的插入、目录的创建及多人协同编辑文档等操作。

技术分析

（一）认识不同的文档视图

为了满足不同用户的编辑需求，Word 提供了多种视图模式，不同的视图模式有不同的特点。切换视图模式的方法如下：在"视图"/"视图"组中单击相应的视图模式按钮可快速切换到不同的视图模式。各视图的作用如下。

- 阅读视图。此视图采用的是图书翻阅样式，可一屏或多屏同时显示文档内容，适合在浏览文档时使用。切换到该视图后，文档将自动切换为全屏显示状态。要想退出该视图模式，则可按"Esc"键。
- 页面视图。此视图是 Word 默认的视图，也是用户常用的视图，它可以显示文档的打印效果外观（包括页眉、页脚、图形对象、分栏设置、页面边距等），是最接近打印效果的视图，便于用户更加直观地编辑文档内容。
- Web 版式视图。此视图以网页的形式显示文档内容。如果文档内容是准备发送的电子邮件或网页内容，那么可以利用该视图来查看文档版式等情况。
- 大纲视图。此视图适用于设置文档的标题层级和调整文档结构等，特别是对于长文档而言，利用该视图可以更加方便地控制文档内容的层级和排列顺序。
- 草稿视图。此视图取消了页面边距、分栏设置、页眉、页脚和图片等的显示，仅显示标题和正文，可有效节省计算机的硬件资源。

> **提示**　状态栏中的"显示比例"滑块左侧有 3 个视图模式按钮，分别是最左侧的"阅读视图"按钮、中间的"页面视图"按钮和最右侧的"Web 版式视图"按钮，单击这些按钮也可进行不同视图模式的切换。

（二）"导航"任务窗格的使用

"导航"任务窗格是浏览、查看和编辑长文档的有效工具，在"视图"/"显示"组中选中"导航窗格"复选框后，可在 Word 操作界面的左侧打开该任务窗格，利用它可以进行定位、搜索等操作。

- 定位段落。如果文档中有应用了大纲级别的段落，那么该段落将在"导航"任务窗格的"标题"选项卡中显示出来。在该窗格中选择某个标题选项后，文本插入点将快速定位至对应的段落中，同时进行页面切换，如图 1-132 所示。

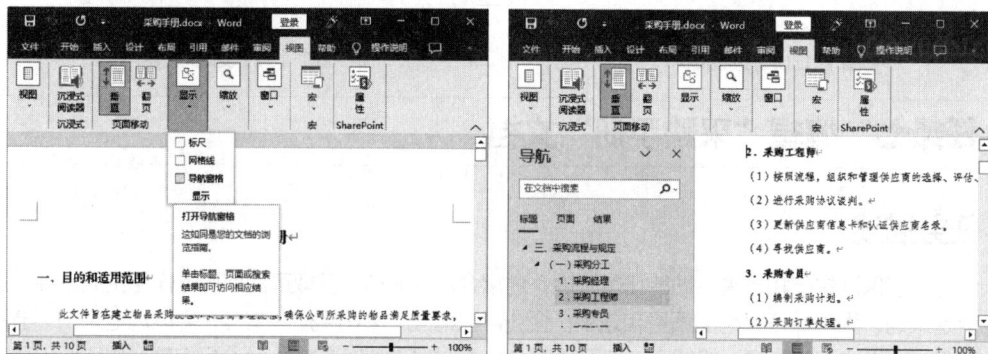

图1-132　在"导航"任务窗格中定位段落

- 定位页面。在"导航"任务窗格中选择"页面"选项卡，下方将显示文档中所有页面的缩略图，单击某个缩略图可快速将文本插入点定位至该页面中，同时进行页面切换，如图 1-133 所示。

- 搜索文本。在"导航"任务窗格中选择"结果"选项卡，在其上方的文本框中输入需要搜索的文本内容后，"导航"任务窗格会把搜索到的结果显示在该文本框的下方，选择某个选项可快速定位至对应的文本位置，同时进行页面切换，如图 1-134 所示。

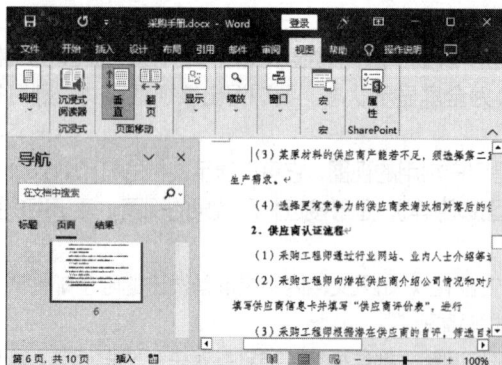

图1-133　在"导航"任务窗格中定位页面

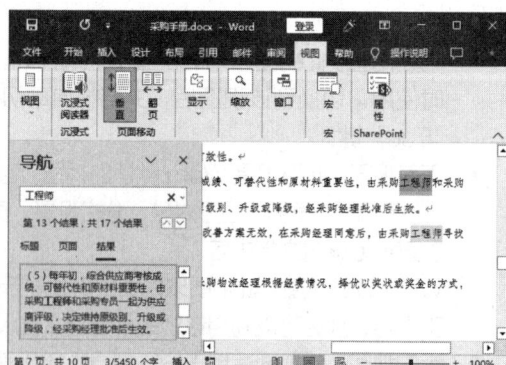

图1-134　在"导航"任务窗格中定位搜索文本

示例演示

本任务编辑的"采购手册"文档的参考效果如图 1-135 所示。其中文档的各级标题应用了对应的大纲级别，并为文档插入了页眉、页脚等对象，为了完善"采购手册"文档的结构，还为其添加了目录和封面，最后通过多人协同编辑操作功能进一步完成了此文档的编辑。

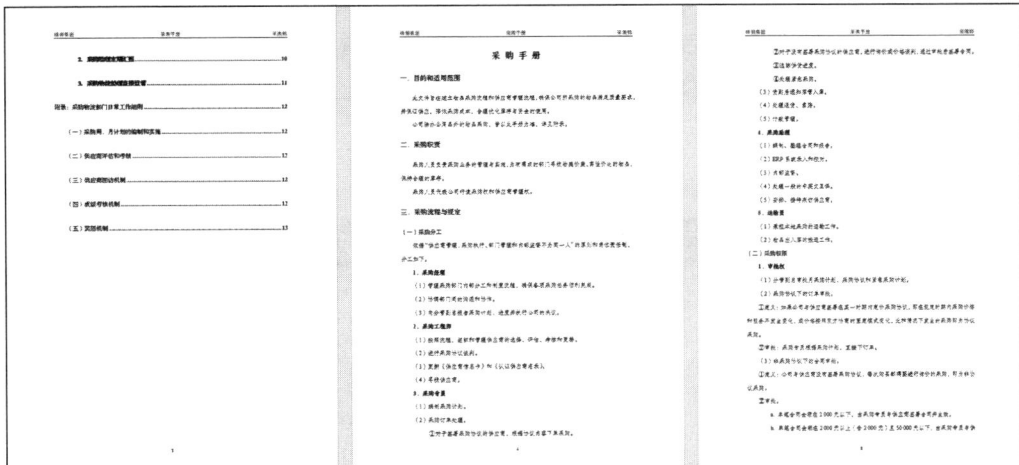

图1-135 "采购手册"文档的参考效果

任务实现

（一）设置段落的大纲级别

在编辑长文档时，需要特别注意各级标题的大纲级别是否正确，因为这会直接影响后续目录的插入。下面利用大纲视图调整文档中错误的大纲级别，其具体操作如下。

（1）打开"采购手册.docx"文档（配套资源：素材\模块一\采购手册.docx），在"视图"/"视图"组中的"视图"下拉列表中选择"大纲"选项，如图1-136所示。

（2）在"大纲显示"/"大纲工具"组中的"显示级别"下拉列表中选择"1级"选项，发现编号为"二、"的标题段落没有显示出来，这说明该标题段落的大纲级别有错，如图1-137所示。

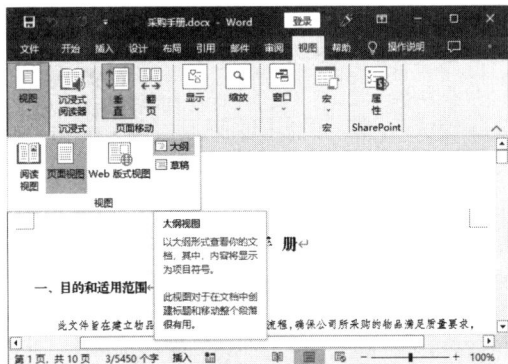

微课

设置段落的
大纲级别

图1-136 选择"大纲"选项

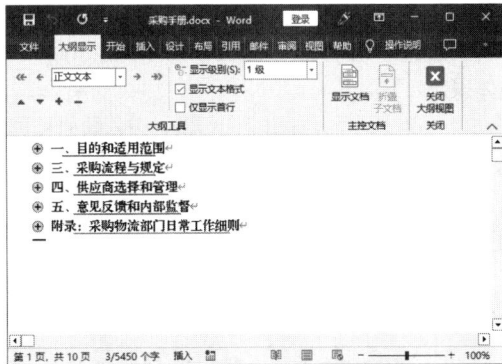

图1-137 显示"1级"大纲级别

提示 进入大纲视图后，如果没有显示"大纲显示"选项卡，则需要在"Word 选项"对话框的"自定义功能区"中选中"大纲显示"复选框，其方法与添加"背景消除"选项卡的方法一样。

（3）重新在"大纲显示"/"大纲工具"组中的"显示级别"下拉列表中选择"所有级别"选项，如图1-138所示。

> **提示** 选择需要设置大纲级别的段落，打开"段落"对话框，在"常规"选项组中的"大纲级别"下拉列表中也可以设置段落的大纲级别。

（4）将文本插入点定位至"二、采购职责"段落中，在"大纲显示"/"大纲工具"组中单击两次"升级"按钮✦，将该段落的大纲级别调整为"1级"，如图1-139所示。

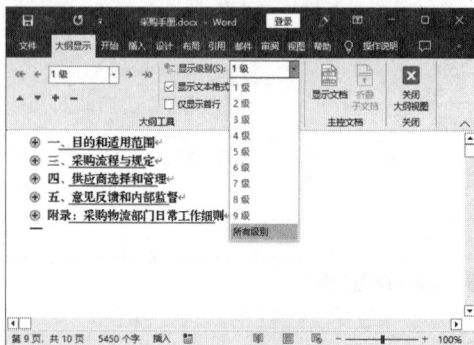

图1-138　选择大纲级别

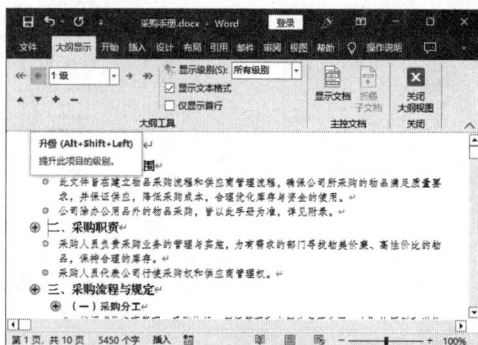

图1-139　调整大纲级别

（5）按照相同的方法检查其他段落的大纲级别，确认无误后，在"大纲显示"/"关闭"组中单击"关闭大纲视图"按钮✕，退出大纲视图。

> **提示** 在大纲视图中拖曳某个段落左侧的"展开"标记⊕或小圆圈标记〇，可以调整对应段落在文档中的位置，当整个级别中内容的位置都出现错误时，可以利用这种方法进行快速调整。例如，假设"二、采购职责"段落下所有内容的位置都出现了错误，则直接拖曳标记即可调整其下所有内容的位置。

（二）插入页眉、页脚和页码

　　页眉和页脚一般是指文档上方和下方的区域，文档制作者可以在这些区域中添加一些辅助内容，如文档名称、公司名称、部门名称、页码等，使读者可以更加全面地了解文档的基本情况。下面在"采购手册.docx"文档中插入页眉、页脚和页码，其具体操作如下。

微课

插入页眉、页脚和页码

　　（1）双击页面上方的空白区域，进入页眉和页脚的编辑状态，在"页眉和页脚工具-页眉和页脚"/"选项"组中选中"首页不同"复选框，如图1-140所示。

　　（2）选择第一页页眉区域中的段落标记，在"开始"/"段落"组中单击"边框"按钮▦右侧的下拉按钮▾，在弹出的下拉列表中选择"无框线"选项，取消框线，如图1-141所示。

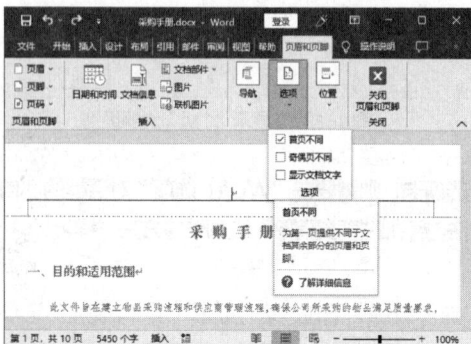

图1-140　选中"首页不同"复选框

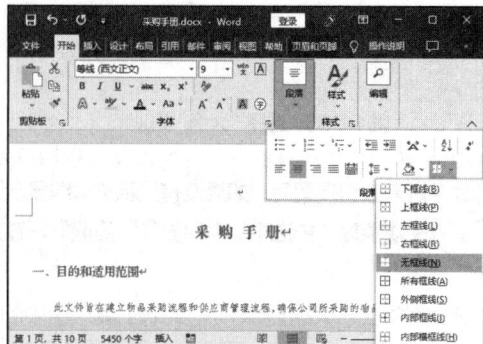

图1-141　取消框线

（3）将文本插入点定位至第二页的页眉区域，在"页眉和页脚工具-页眉和页脚"/"页眉和页脚"组中单击"页眉"按钮🔳，在弹出的下拉列表中选择"空白（三栏）"选项，如图 1-142 所示。

（4）在该页页眉区域出现的 3 个文本输入区域中依次输入企业名称、文档名称和制作部门，如图 1-143 所示。

图1-142　选择页眉样式

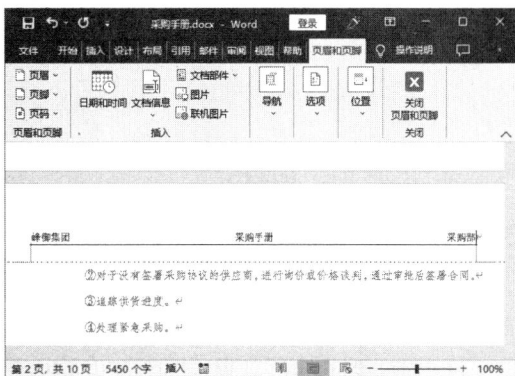

图1-143　输入页眉内容

（5）在"页眉和页脚工具-页眉和页脚"/"页眉和页脚"组中单击"页码"按钮🔳，在弹出的下拉列表中选择"页面底端"选项组中的"普通数字 2"选项，如图 1-144 所示。

（6）完成页码的插入后，在"页眉和页脚工具-页眉和页脚"/"关闭"组中单击"关闭页眉和页脚"按钮🔳，退出页眉和页脚的编辑状态，如图 1-145 所示。

图1-144　插入页码

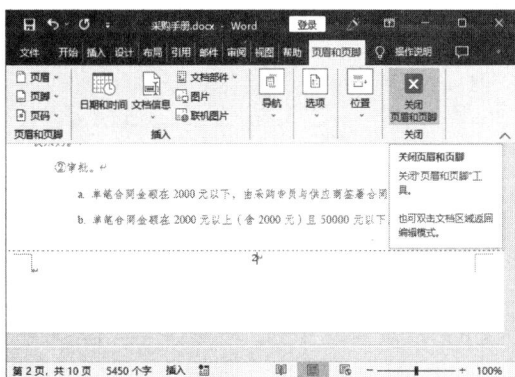

图1-145　退出页眉和页脚的编辑状态

（三）创建目录

长文档往往需要插入目录，以便读者更好地了解和定位文档内容。因为大纲级别已经预先设置好了，所以这里只需要直接插入目录，并为文档添加封面，其具体操作如下。

（1）在"插入"/"页面"组中单击"封面"按钮🔳，在弹出的下拉列表中选择"边线型"选项，在插入的封面中依次输入企业名称、文档标题、制作者名称和日期等内容，最后删除副标题文本框，如图 1-146 所示。

（2）在文档标题"采购手册"文本前插入分页符，使正文内容从新的一页开始。

微课
创建目录

（3）在"引用"/"目录"组中单击"目录"按钮📑，在弹出的下拉列表中选择"自动目录1"选项，如图1-147所示。

图1-146 插入封面

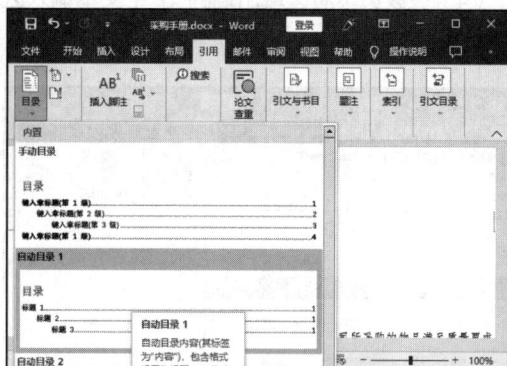

图1-147 插入目录

（4）因为之前设置了页脚，此时插入的页码并不正确，所以需要更新页码。在"引用"/"目录"组中单击"更新目录"按钮📄，打开"更新目录"对话框，选中"更新整个目录"单选按钮后，单击 确定 按钮，如图1-148所示。

（5）选择插入的"目录"文本，将其字体格式设置为"方正粗黑宋简体，三号"，段落格式设置为"居中对齐，段后间距1行"，并在"目录"文本之间输入2个空格；选择其他目录文本，设置其字体为"方正仿宋简体，五号"，行距为"多倍行距2.7"，效果如图1-149所示。

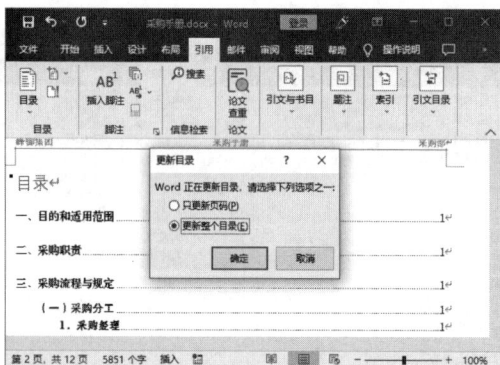

图1-148 更新目录

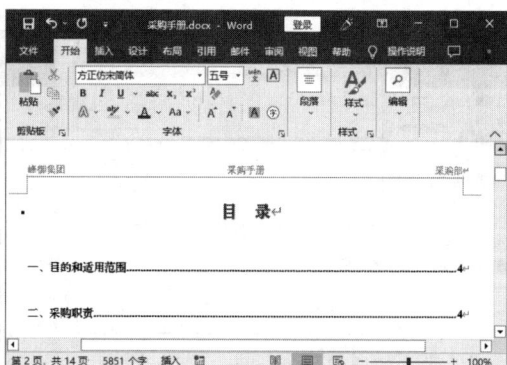

图1-149 目录的效果

（四）实现多人协同编辑文档的操作

当文档内容较多，或需要其他相关人员协助编辑时，就可以利用Word的修订功能实现多人协同编辑文档，其具体操作如下。

（1）在"审阅"/"修订"组中单击"修订"按钮📝，进入修订状态，如图1-150所示。

（2）按"Ctrl+S"组合键保存文档，关闭"采购手册.docx"文档，利用QQ等即时通信工具将文档发送给其他人员。

（3）待其他人员对文档进行编辑并保存后，接收其回传的文档并打开，此时在"审阅"/"更改"组中的"更改"下拉列表中选择"下一处"选项，定位至修订的位置，如图1-151所示。

微课

实现多人协同
编辑文档的操作

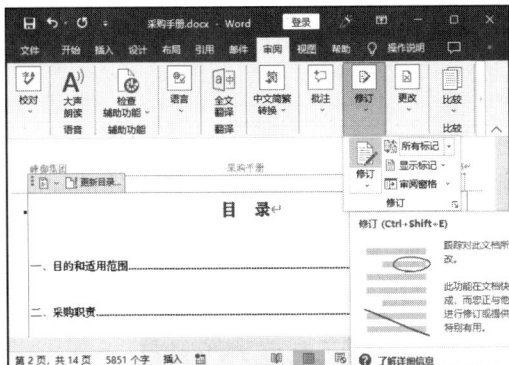

图1-150 进入修订状态

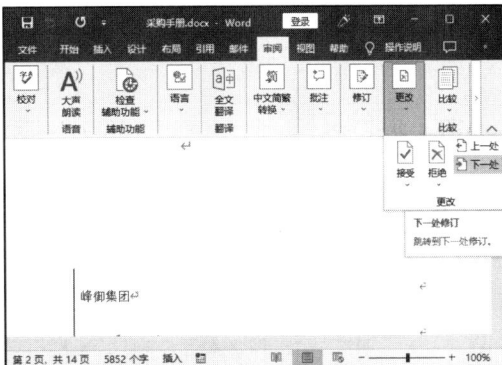

图1-151 选择"下一处"选项

（4）如果觉得修订无误，则可在"审阅"/"更改"组中的"更改"下拉列表中选择"接受"选项组中的"接受并移到下一处"选项，以接受修订，如图1-152所示。

（5）此时Word将接受修改的内容并定位至下一个修订的位置。若修订无误，则继续选择"接受"选项组中的"接受并移到下一处"选项，以此类推。

（6）若发现修订的内容有误，则可在"审阅"/"更改"组中的"更改"下拉列表中选择"拒绝"选项组中的"拒绝并移到下一处"选项，以拒绝修订，如图1-153所示。

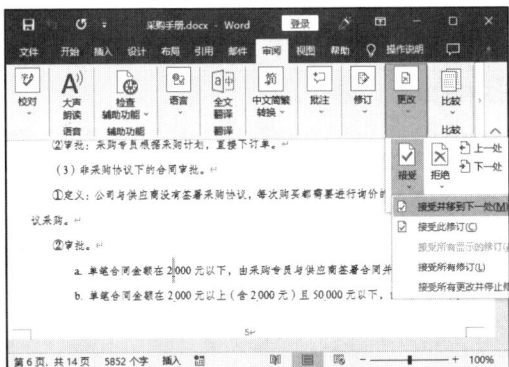

图1-152 接受修订

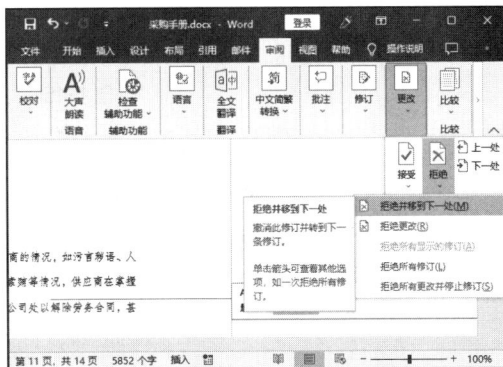

图1-153 拒绝修订

（7）完成所有修订后，Word将打开提示对话框，单击 确定 按钮，完成修订，如图1-154所示。

（8）在"审阅"/"修订"组中单击"修订"按钮，退出修订状态，如图1-155所示，并保存文档（配套资源：效果\模块一\采购手册.docx）。

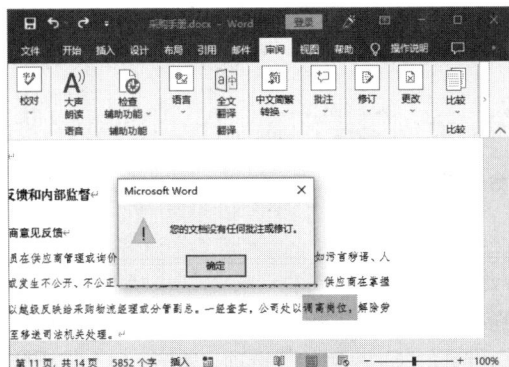

图1-154 完成修订

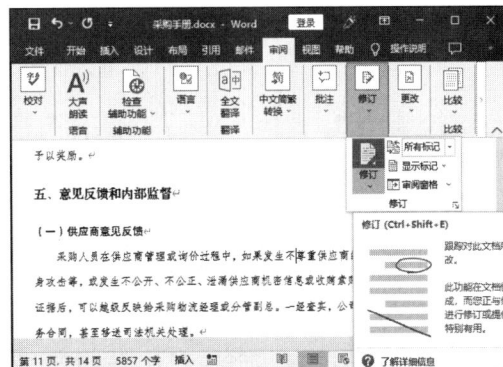

图1-155 退出修订状态

能力拓展

（一）拆分文档

在 Word 中编辑的长文档可以拆分为多个子文档，从而达到多人同时编辑文档不同部分的目的。其方法如下：进入大纲视图，选择需要拆分为子文档的标题段落，在"大纲"/"主控文档"组中单击"显示文档"按钮，再单击"创建"按钮。按照相同的方法处理其他需要拆分为子文档的标题段落，效果如图 1-156 所示。此后将文档另存到其他位置后，所选的标题段落将自动保存为多个 Word 文档。

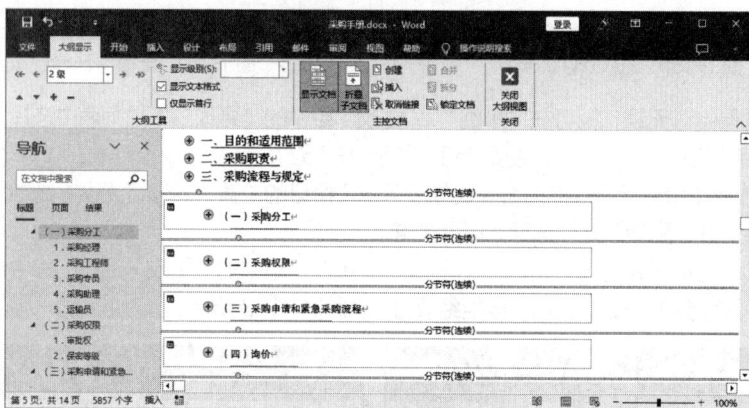

图 1-156　拆分文档的效果

> **提示**　当多人编辑了多个子文档后，可以通过合并操作将这些文档合并到一个文档中。其方法如下：将需要合并的所有子文档存放在同一个文件夹中，新建 Word 文档或打开已有的文档，在"插入"/"文本"组中单击"对象"按钮右侧的下拉按钮，在弹出的下拉列表中选择"文件中的文字"选项，打开"插入文件"对话框，选择需要合并的多个子文档，再单击 插入(S) 按钮，如图 1-157 所示。

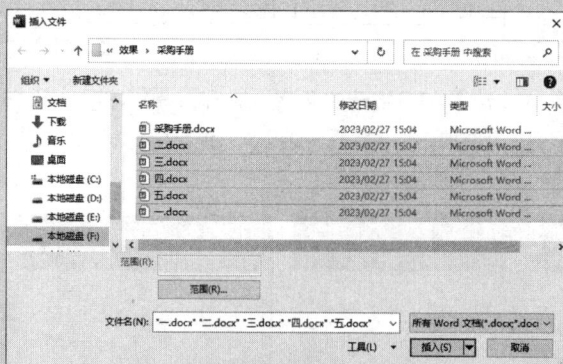

图 1-157　合并文档

（二）多人在线同时编辑文档

如果将 Word 文档共享到网络中，那么可以实现多人在线同时编辑一个文档的操作。其方法如下：选择"文件"/"另存为"命令，打开"另存为"界面，选择"OneDrive"选项，单击 登录 按钮登录

Microsoft Office 账号（若无账号，则可单击"注册"超链接注册账号），如图 1-158 所示。

成功登录后，将文档另存到 OneDrive 中。文档保存成功后的界面如图 1-159 所示。

图 1-158　登录 OneDrive

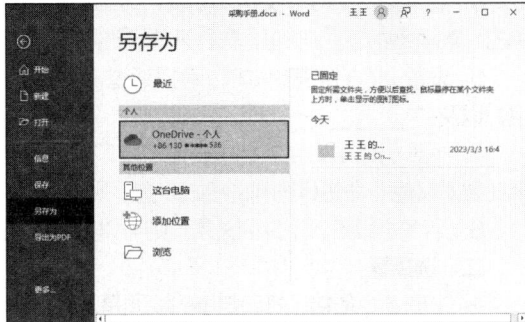

图 1-159　文档保存成功后的界面

选择"文件"/"共享"命令，打开"共享"界面，选择"与人共享"选项，再单击"与人共享"按钮👥，如图 1-160 所示。

此时将在 Word 的操作界面中打开"共享"任务窗格，在"邀请人员"文本框中可输入对应人员的电子邮件地址（多个地址之间用";"分隔），在 可编辑▼ 按钮下方的文本框中可输入邀请信息，完成后单击 共享 按钮，如图 1-161 所示。

共享操作完成后，受到邀请的人员将收到一封电子邮件，其中包含指向共享文档的超链接，当他们单击了该超链接后，共享的文档将在受邀人员的 Word 或 Word 网页版中打开，从而达到多人在线同时编辑文档的目的。

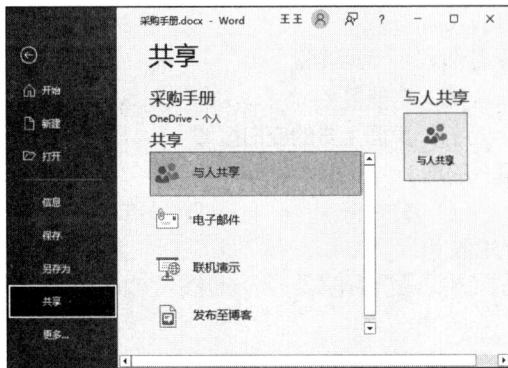

图 1-160　与人共享文档

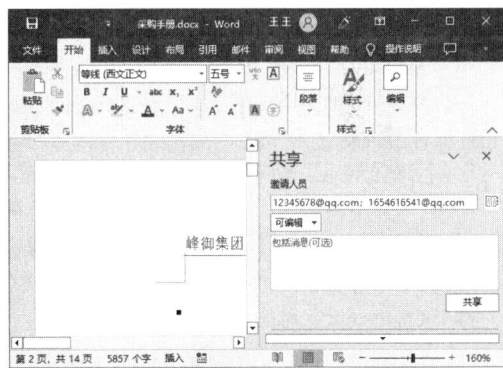

图 1-161　邀请人员

课后练习

一、填空题

1. 编辑 Word 文档时，若需要将 A 文档的一部分内容复制到 B 文档中的指定位置，可采用如下方法：打开 A 文档和 B 文档，在 A 文档中找到相应的内容，在起始位置按住鼠标_____键并_____鼠标，选择需插入的内容，按"Ctrl+_____"组合键将内容复制到剪贴板中。切换到 B 文档，在目标位置_____定位插入点，按"Ctrl+_____"组合键粘贴内容。

2. 在 Word 环境下，打开已有文档的快捷键为"_____"。

3. 在 Word 环境下，移动文本的操作如下：选择文本，将鼠标指针移至所选的文本区域上，按住_____并拖曳文本至目标位置后释放鼠标左键。

4. 在 Word 中，要选择文档中的某个段落，可将鼠标指针移至文本左侧，当其变为⚟形状时，_____，也可在段落中_____快速选择当前段落。

5. 若需要将 Word 文档加密发布为 PDF 格式的文件，则需要在"发布为 PDF 或 XPS"对话框中单击 选项(O)... 按钮，在打开的"选项"对话框中选中"_____"复选框。

6. 设置文本的字符格式时，可以通过_____工具栏、"_____"选项卡中的"_____"组，以及"_____"对话框来完成。

7. 假设已在 Word 文档中设置了 6 段文本，其中第 1 段已经按要求设置好了文本字体和段落格式，现在要对其他 5 段进行同样的格式设置，则使用_____最简便。

8. 若多个段落属于并列关系，则可以为这些段落添加_____来提高文档的可读性。

二、选择题

1. Word 中最接近打印结果的视图是（　　）。
   A. 阅读视图　　　　　B. 页面视图　　　　　C. 大纲视图　　　　　D. Web 版式视图

2. 若需要创建结构复杂的表格，则更好的操作方法是（　　）。
   A. 通过快速插入功能插入表格　　　　B. 通过"插入表格"对话框进行精确设置
   C. 手动绘制表格　　　　　　　　　　D. 以上方法均正确

3. 下面有关"查找和替换"功能的说法中，正确的是（　　）。
   A. 该功能只能对文字进行查找和替换
   B. 该功能可以对指定格式的文本进行查找和替换
   C. 该功能不能对制表符进行查找和替换
   D. 该功能不能对段落格式进行查找和替换

4. 当要在 Word 文档中加选多个形状对象时，应配合（　　）键进行操作。
   A. "Alt"　　　　　　B. "Ctrl"　　　　　　C. "Enter"　　　　　　D. "Tab"

5. 要快速进入页眉和页脚的编辑状态，可通过双击（　　）来实现。
   A. 文本编辑区　　　　　　　　　　B. 功能区
   C. 标尺　　　　　　　　　　　　　D. 页面上方的空白区域

6. 若想强制将某些内容显示到下一页，则应该插入的是（　　）。
   A. 分页符　　　　　　B. 自动换行符　　　　C. 分栏符　　　　　　D. 分节符

7. 在 Word 中，按（　　）组合键可快速新建空白文档。
   A. "Ctrl+N"　　　　　B. "Ctrl+O"　　　　　C. "Ctrl+S"　　　　　D. "Ctrl+P"

8. 下列说法不正确的是（　　）。
   A. 每次保存文档时都要设置文档名称
   B. 文档既可以保存在磁盘中，又可以保存到 U 盘中
   C. 另存文档时，需要设置文档的保存位置、名称、保存类型等
   D. 在第一次保存文档时会打开"另存为"对话框

9. 当需要调整文档内容的层级和排列顺序时，最方便的视图是（　　）。
   A. 阅读视图　　　　　B. 页面视图　　　　　C. Web 版式视图　　　D. 大纲视图

10. 在文档中选择插入的图片对象后，不能通过该图片上出现的控制点进行的操作是（　　）。
    A. 调整图片高度　　　B. 调整图片宽度　　　C. 移动图片　　　　　D. 缩放图片

三、操作题

1. 启动 Word 2019，按照下列要求对"公司新闻.docx"文档进行操作，其参考效果如图 1-162 所示。
（1）新建空白文档，将其重命名为"公司新闻.docx"并保存，在文档中输入相应的文本内容（配套资源：素材\模块一\公司新闻.txt）。

图1-162 "公司新闻"文档的参考效果

（2）在文档起始位置插入 3 个换行符，在文档中插入"填充－黑色，文本 1，轮廓－背景 1，清晰阴影－背景 1"效果的艺术字，在文本框中输入"季度工作会议圆满召开"，并调整艺术字的位置。

（3）插入图片"会议.jpg"（配套资源：素材\模块一\会议.jpg），调整图片大小和位置，对图片应用"映像圆角矩形"样式，并将图片的环绕文字方式设置为"穿越型环绕"。

（4）将正文字体设置为"华文中宋"，并对段落进行首行缩进设置。对最后一段文本进行右对齐设置。

（5）更改文本颜色并为文本添加边框后，保存文档（配套资源：效果\模块一\公司新闻.docx）。

2. 打开"活动安排.docx"文档（配套资源：素材\模块一\活动安排.docx），按照下列要求对文档进行操作，其参考效果如图 1-163 所示。

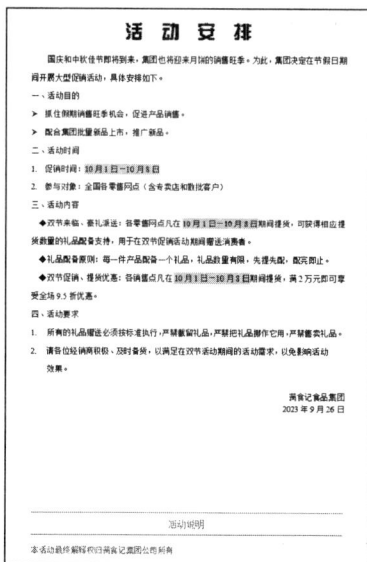

图1-163 "活动安排"文档的参考效果

（1）为文档中的文本"10 月 1 日—10 月 8 日"添加底纹。

（2）为"活动目的""活动内容"下方的段落添加项目符号，为"活动时间""活动要求"下方的段落添加编号。

（3）插入"花丝提要栏"样式的文本框，并输入相应的文本内容。

（4）将文档的保护密码设置为"123"（配套资源：效果\模块一\活动安排.docx）。

3. 新建一个空白文档，将其重命名为"员工招聘申请表.docx"并保存文档，按照下列要求对文档进行操作，其参考效果如图1-164所示。

（1）输入标题文本，并设置其格式为"汉仪中宋简，三号，居中"，间距为"段后1行"。

（2）插入一个4列13行的表格。

（3）合并第1行的第3列和第4列单元格，合并第2行的第2列~第4列单元格。

（4）按照相同的操作方法，继续合并表格中其他行的单元格。

（5）在"表格工具-布局"/"单元格大小"组中将第11行单元格的高度调整为"2厘米"，并将其他单元格的高度统一调整为"1厘米"。

员工招聘申请表

申请日期：	申请部门：	部门经理：	
岗位：			
兼职（ ）名	专职（ ）名	专职、兼职不限（ ）名	
人数：	男（ ）名	女（ ）名	
年龄：			
学历			
①专科及以上	②本科及以上	③硕士及以上	
工作经验			
①应届毕业生	②一年以上	③两年以上	④三年以上
具体要求			
期望到岗时间：			
主管经理签字：		总经理签字：	

图1-164 "员工招聘申请表"文档的参考效果

（6）在表格中输入相应的文本，并为第6行、第8行、第10行单元格填充"蓝色，个性色1，淡色80%"底纹，最后将表格中文字的对齐方式设置为"两端对齐"（配套资源：效果\模块一\员工招聘申请表.docx）。

4. 打开"公司考勤制度.docx"文档（配套资源：素材\模块一\公司考勤制度.docx），按照下列要求对文档进行操作，其参考效果如图1-165所示。

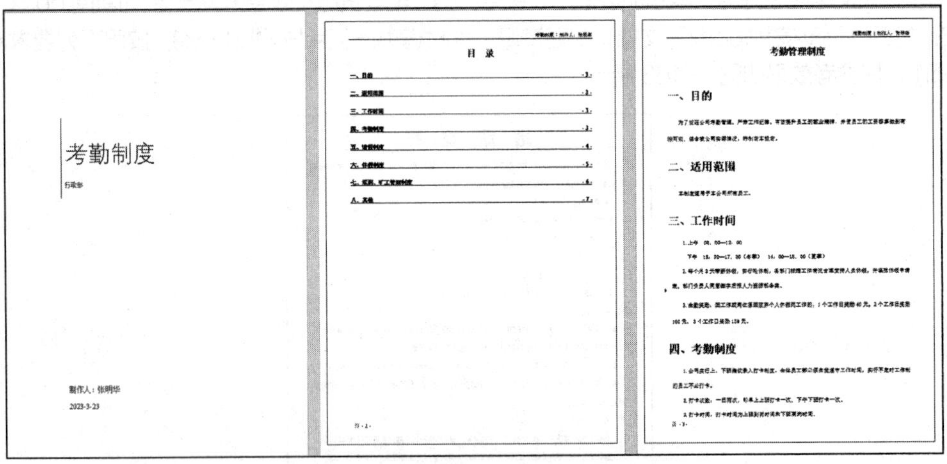

图1-165 "公司考勤制度"文档的参考效果

（1）为文档插入"边线型"封面，在"标题""副标题""作者""日期"文本框中输入相应的文本，将其他文本框删除。

（2）为整个文档应用"画廊"主题。

（3）在文档中为每一节的标题应用"标题1"样式。

（4）使用大纲视图显示两级大纲内容，并退出大纲视图模式。

（5）将插入点定位至"考勤管理制度"文本前面，插入一个分页符，并在分页符的起始位置输入文本"目录"，按"Enter"键。

（6）添加目录，并设置目录格式为"流行"。

（7）为文档添加"花丝"样式的页眉，并添加"奥斯汀"样式的页脚（配套资源：效果\模块一\公司考勤制度.docx）。

模块二
电子表格处理

02

电子表格既可以用来输入、输出数据，又可以对复杂数据进行计算；同时，还能将大量枯燥无味的数据转变为色彩丰富的商业图表。例如，在学习中，利用电子表格可以对某一时段的学习成绩进行汇总与分析，以此来制订合理的学习计划；在工作中，可以利用电子表格来分析产品的销售额，以便制订合理的销售计划。目前，常用的电子表格处理软件有 WPS 表格、Excel 等。本模块将通过创建"财务报表"工作簿这个典型任务，全面介绍 Excel 2019 中的各种数据处理操作。

课堂学习目标

- 知识目标：掌握 Excel 的各种基本操作，如工作簿和工作表的操作、数据的输入与编辑、单元格的格式设置、公式与函数的使用、图表的创建与编辑等。

- 技能目标：能够利用 Excel 制作和分析电子表格中的数据。

- 素质目标：增强学习能力，明白理论与实践结合的重要性，并不断提升数据处理能力。

//// **任务一** 创建"财务报表"工作簿

任务描述

财务报表是反映企业某一特定时期财务状况、经营成果、现金流量等会计信息的报表。财务报表提供的会计信息有利于投资者、债权人和其他关联方掌握企业的财务状况、经营成果及现金流量等情况。下面通过 Excel 2019 创建"财务报表"工作簿，重点介绍电子表格的各种基本操作。

> **提示** 财务报表是企业向外传递会计信息的主要途径，因此，正确、公允的财务报表可以有效保护债权人和投资者的合法权益，并维护资本市场的正常秩序，同时为国家进行宏观调控和制定经济政策提供科学的依据。

技术分析

（一）了解电子表格处理在工作中的应用场景

Excel 作为 Microsoft Office 办公软件的重要组件之一，功能非常强大，其基本功能是对数据进行记录、计算与分析。在实际应用中，Excel 小到可以充当一般的计算器，如计算个人收支情况等；大到可以进行专业的科学统计运算与分析，为公司财务政策的制定提供有效参考。Excel 主要应用于财务管理、人力资源管理和销售管理等多个领域。

- 财务管理。Excel 是财务管理中使用较为广泛的办公软件之一，它可以使财务人员从烦琐的手工劳动中解放出来，实现对复杂数据的计算、整理和分析等。例如，利用 Excel 计算财务报表比率，以此来分析和评估企业以往的绩效，并对未来的盈利能力进行估算。

- 人力资源管理。Excel 在数据处理方面具有强大的功能，相关人员利用 Excel 可以进行有效的人力资源管理。例如，提前提醒管理人员公司员工的生日、合同到期时间、退休日期等信息，以及动态了解公司员工的流入和流出情况等。Excel 可以有效提高企事业单位工作人员的工作效率，促使企事业单位持续发展。

- 销售管理。无论是工业企业，还是商业企业，销售都是企业赖以生存的重要环节之一。相关人员利用 Excel 可以科学、合理地对企业未来的销售量进行评估和预测，使企业的销售策略得以更好地实施。

（二）熟悉 Excel 2019 的操作界面

Excel 2019 的操作界面与 Word 2019 的操作界面基本相似，除了有与 Word 2019 相同的部分外，还包括名称框、编辑栏、行号、列标、工作表编辑区和工作表标签等不同的部分，如图 2-1 所示。下面主要介绍这些不同部分的作用。

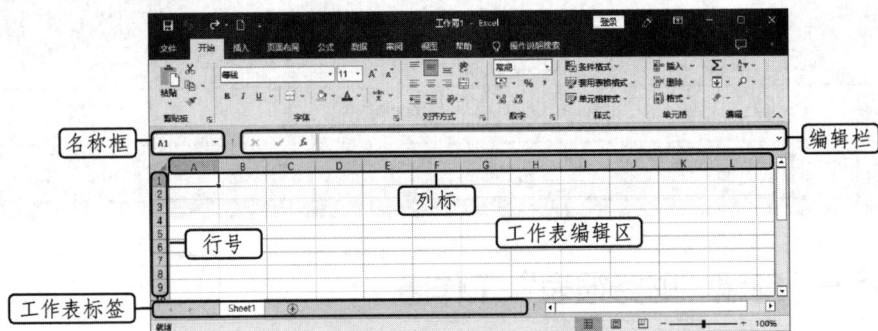

图 2-1　Excel 2019 的操作界面

1. 名称框

名称框用来显示当前单元格的地址或函数名称。例如，在名称框中输入"A3"后，按"Enter"键会自动选中 A3 单元格。

2. 编辑栏

编辑栏用来显示和编辑当前活动单元格中的数据或公式。单击"取消"按钮✕，可取消当前所选单元格中输入的内容；单击"输入"按钮✓，可确认当前所选单元格中输入的内容；单击"插入函数"按钮 fx，打开"插入函数"对话框，可在其中选择需要应用的函数。

3. 行号

行号用来显示工作表中的行，以 1、2、3、4……的形式编号。

4. 列标

列标用于显示工作表中的列，以 A、B、C、D……的形式编号。

5. 工作表编辑区

工作表编辑区是 Excel 中编辑数据的主要场所，由一个个单元格组成，每个单元格都拥有由行号和列标组成的唯一的单元格地址。

6. 工作表标签

工作表标签用来显示工作表的名称，Excel 2019 默认只包含一张工作表。单击"新工作表"按钮⊕，将新建一张工作表。当工作簿中包含多张工作表时，可单击任意一个工作表标签进行工作表的切换。

（三）工作簿的基本操作

工作簿用于保存数据，只有在掌握了工作簿的基本操作后，才能顺利地对工作表及其中的单元格进行管理。工作簿的基本操作主要包括工作簿的新建、保存、打开、关闭等。

1. 工作簿的新建

启动 Excel 2019 后，系统会自动新建一个空白工作簿。若需要手动新建工作簿，则可采用以下 3 种方法。

- "文件"菜单。选择"文件"/"新建"命令，打开"新建"界面，在其中选择"空白工作簿"选项，系统将新建一个空白工作簿。
- 快速访问工具栏。单击快速访问工具栏右侧的"自定义快速访问工具栏"按钮，在弹出的下拉列表中选择"新建"选项，将"新建"按钮添加到快速访问工具栏中，如图 2-2 所示，此时单击该按钮将新建一个空白工作簿。

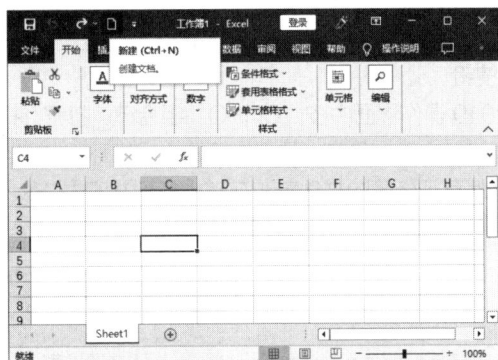

图 2-2　将"新建"按钮添加到快速访问工具栏中

- 快捷键。在 Excel 2019 操作界面中按"Ctrl+N"组合键，也可快速新建一个空白工作簿。

2. 工作簿的保存

为了避免重要数据或信息丢失，用户应该在制作电子表格时随时对工作簿进行保存。下面介绍保存新建的工作簿及另存工作簿的方法。

- 保存新建的工作簿。选择"文件"/"保存"命令，或单击快速访问工具栏中的"保存"按钮，或直接按"Ctrl+S"组合键，打开"另存为"界面，在其中选择"浏览"选项，打开"另存为"对话框，在左侧的导航窗格中选择表格的保存路径，在"文件名"文本框中输入表格名称，单击 保存(S) 按钮，如图 2-3 所示。

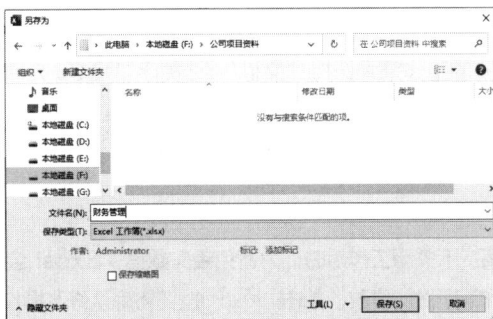

图 2-3　保存新建的工作簿

- 另存工作簿。另存工作簿是指将工作簿以不同的名称或不同的位置保存在计算机中。选择"文件"/"另存为"命令，打开"另存为"界面，在其中选择"浏览"选项后，按照保存新建工作簿的方法设置工作簿的保存位置和名称。

需要注意的是，要想进行工作簿的另存操作，且不想改变工作簿的名称，则必须改变工作簿的保存位置；若不想改变工作簿的保存位置，则必须改变工作簿的名称。

> **提示** 对工作簿进行另存操作主要是为了备份数据，这样做的好处主要体现在两个方面。第一，当源文件损坏或丢失时，可以使用另存的工作簿进行操作；第二，当不确定操作是否正确或是否安全时，可以利用备份的工作簿来进行相关操作，避免源文件出错。因此，对于一些特别重要的工作簿，用户应对其进行另存操作。

3. 工作簿的打开

打开工作簿的方法主要有以下 3 种。

- "文件"菜单。选择"文件"/"打开"命令，打开"打开"界面，在其中选择"浏览"选项后，打开"打开"对话框，在地址栏中选择工作簿的保存位置，在下方的列表框中选择需要打开的工作簿，单击 打开(O) 按钮。
- 快捷键。在 Excel 2019 操作界面中按"Ctrl+O"组合键，打开"打开"界面，在其中选择"浏览"选项后，按照通过"文件"菜单打开工作簿的方式打开工作簿。
- 双击文件。双击打开保存工作簿的文件夹，在其中找到并双击 Excel 文件后，系统将自动启动 Excel 并打开该工作簿，如图 2-4 所示。

图 2-4　通过双击文件打开工作簿

4. 工作簿的关闭

关闭工作簿是指将当前编辑的工作簿关闭，但并不退出 Excel 2019。关闭工作簿的方法主要有以下两种。

- "文件"菜单。在打开的工作簿中选择"文件"/"关闭"命令。
- 快捷键。在 Excel 2019 操作界面中按"Ctrl+W"组合键。

如果用户想在关闭工作簿的同时退出 Excel 2019，则应在打开的工作簿中单击控制按钮区域的"关闭"按钮▣。

> **提示** 在未保存工作簿的情况下关闭工作簿时，为避免丢失数据，Excel 会打开提示对话框，提醒用户是否需要保存对工作簿所做的修改，单击 保存(S) 按钮将确认修改操作；单击 不保存(N) 按钮将不保存修改内容并关闭工作簿；单击 取消 按钮将取消关闭操作。

（四）工作表的基本操作

工作表是存储和管理各种数据信息的场所，只有在熟悉了工作表的基本操作后，才能更好地使用 Excel 制作电子表格。工作表的基本操作包括选择、插入、删除、移动和复制等。

1. 工作表的选择

当工作簿中存在多张工作表时，就会涉及工作表的选择操作，下面介绍 4 种选择工作表的方法。

- 选择单张工作表。单击相应的工作表标签可选择对应的工作表。
- 选择多张不相邻的工作表。选择第一张工作表后，按住"Ctrl"键，再单击其他工作表标签，可同时选择多张不相邻的工作表。
- 选择连续的工作表。选择第一张工作表后，按住"Shift"键，再单击其他工作表标签，可同时选择这两张工作表及其之间的所有工作表。
- 选择所有工作表。在任意工作表标签上单击鼠标右键，在弹出的快捷菜单中选择"选定全部工作表"命令，可选择当前工作簿中的所有工作表。

> **提示** 在工作簿中选择多张工作表后，标题栏中将显示"***[组]"的字样。若要取消选择多张工作表，则可单击任意一张没有被选择的工作表，也可在被选择的工作表标签上单击鼠标右键，在弹出的快捷菜单中选择"取消组合工作表"命令。

2. 工作表的插入

Excel 2019 默认只包含一张工作表，因此当用户需要在该工作簿中创建其他工作表时，就需要手动插入新工作表。插入工作表的方法有以下 4 种。

- 工作表标签右侧的按钮。单击工作表标签右侧的"新工作表"按钮⊕，可在该按钮左侧插入一张空白工作表。
- 鼠标右键。在工作表标签上单击鼠标右键，在弹出的快捷菜单中选择"插入"命令，打开"插入"对话框，在"常用"选项卡中双击"工作表"选项（见图 2-5），可创建一张空白工作表；在"电子表格方案"选项卡中双击某个选项可创建具有相应模板的工作表。
- 功能区。在"开始"/"单元格"组中的"单元格"下拉列表中选择"插入"选项组中的"插入工作表"选项（见图 2-6），此时将在当前工作表左侧插入一张空白工作表。
- 快捷键。直接按"Shift+F11"组合键可在当前工作表左侧插入一张空白工作表。

图 2-5 双击"工作表"选项　　　　　图 2-6 选择"插入工作表"选项

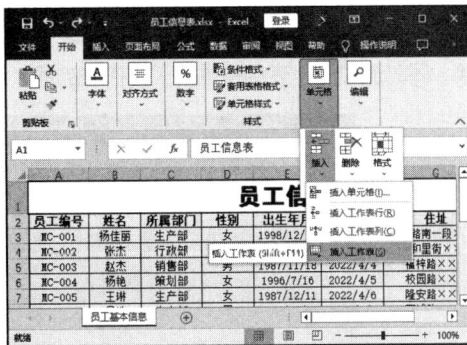

3. 工作表的删除

对于不需要的工作表，可及时将其从工作簿中删除。删除工作表的方法有以下两种。

- 功能区。选择需要删除的工作表，在"开始"/"单元格"组中的"单元格"下拉列表中选择"删除"选项组中的"删除工作表"选项。
- 鼠标右键。在需要删除的工作表标签上单击鼠标右键，在弹出的快捷菜单中选择"删除"命令。

4. 工作表的移动和复制

工作表在工作簿中的位置并不是固定不变的，通过移动或复制工作表等操作可以有效提高电子表格的编制效率。在工作簿中移动和复制工作表的具体操作如下。

（1）选择要移动或复制的工作表，在"开始"/"单元格"组中的"单元格"下拉列表中选择"格式"选项组中的"移动或复制工作表"选项，打开"移动或复制工作表"对话框，如图2-7所示。

（2）在"工作簿"下拉列表中选择当前打开的任意一个目标工作簿，在"下列选定工作表之前"列表框中选择工作表移动或复制到的位置，选中"建立副本"复选框表示复制工作表，取消选中该复选框则表示移动工作表，单击 确定 按钮。

微课

工作表的移动
和复制

图2-7　移动或复制工作表

（3）返回操作界面后，"员工信息表.xlsx"工作簿中的"Sheet1"工作表左侧将新增一张工作表。

提示　在工作表标签上按住鼠标左键进行水平拖曳，当出现黑色的下三角形标记时释放鼠标左键，便可将工作表移动到该标记所在的位置。如果在拖曳鼠标的同时按住"Ctrl"键，则可实现工作表的复制。

示例演示

本任务创建的"财务报表"电子表格的参考效果如图2-8所示。其中通过"文件"菜单保存了新建的工作簿，同时通过工作表标签进行了工作表的插入与删除、移动与复制、重命名等操作。

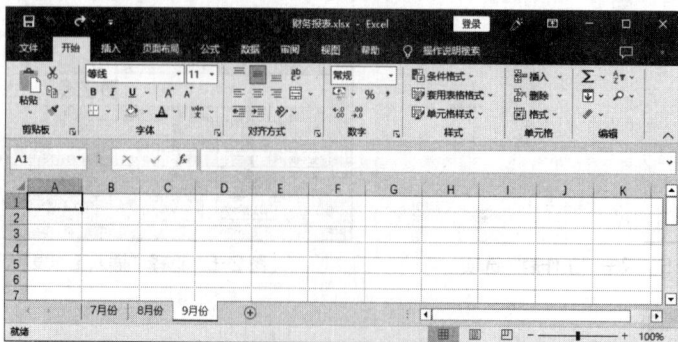

图2-8　"财务报表"电子表格的参考效果

任务实现

（一）新建并保存工作簿

启动 Excel 后，系统将自动新建名为"工作簿 1"的空白工作簿。为了满足实际需要，用户还可新建更多的空白工作簿，其具体操作如下。

（1）选择"开始"/"Excel"命令，启动 Excel 2019 后，在打开的界面中选择"空白工作簿"选项（见图 2-9），系统将新建名为"工作簿 1"的空白工作簿。

（2）选择"文件"/"保存"命令，打开"另存为"界面，在其中选择"浏览"选项，打开"另存为"对话框，在左侧的导航窗格中选择文件的保存路径，在"文件名"文本框中输入"财务报表"文本，单击 保存(S) 按钮，如图 2-10 所示。

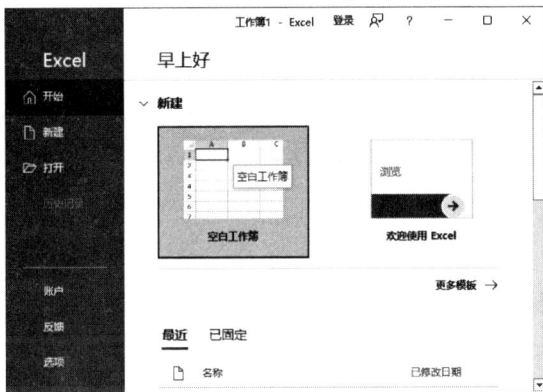

微课

新建并保存
工作簿

图 2-9　选择"空白工作簿"选项　　　　图 2-10　保存工作簿

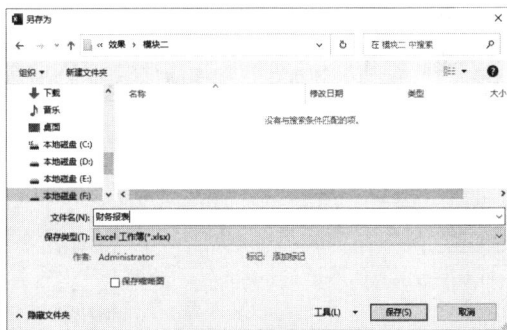

> **提示**　在桌面或文件夹的空白处单击鼠标右键，在弹出的快捷菜单中选择"新建"/"Microsoft Excel 工作表"命令也可以新建空白工作簿。

（二）插入与删除工作表

工作簿中默认的一张工作表显然不能满足实际的表格制作需求，因此下面介绍插入新的工作表，并对多余的工作表进行删除操作，其具体操作如下。

（1）在"财务报表.xlsx"工作簿中的"Sheet1"工作表标签上单击鼠标右键，在弹出的快捷菜单中选择"插入"命令。

（2）打开"插入"对话框，在"常用"选项卡的列表框中选择"工作表"选项，单击 确定 按钮，如图 2-11 所示。

微课

插入与删除
工作表

（3）返回操作界面后，"Sheet1"工作表左侧将插入一张名为"Sheet2"的空白工作表。

（4）单击"Sheet1"工作表标签右侧的"新工作表"按钮⊕，插入一张空白工作表，按照相同的方法继续插入另外两张空白工作表。

（5）按住"Ctrl"键，同时选择"Sheet1""Sheet3""Sheet4"工作表，在"开始"/"单元格"组中的"单元格"下拉列表中选择"删除"选项组中的"删除工作表"选项，如图 2-12 所示。

（6）返回工作表后，可看到"Sheet1""Sheet3""Sheet4"工作表已被删除，效果如图 2-13 所示。

图2-11　插入工作表

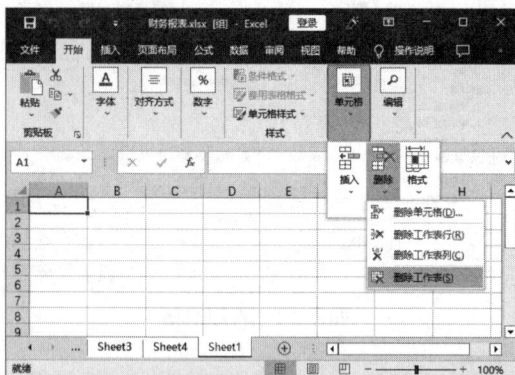

图2-12　删除工作表

图2-13　删除工作表后的效果

提示　若要删除有数据的工作表，则系统将弹出询问是否永久删除此工作表的提示对话框，单击 删除 按钮将删除工作表和工作表中的数据，单击 取消 按钮将取消删除工作表的操作。

（三）移动与复制工作表

为了避免重复制作相同的工作表，用户可根据需要移动或复制工作表，即在原工作表的基础上改变工作表的位置或快速添加多张相同的工作表。下面在"财务报表.xlsx"工作簿中移动并复制工作表，其具体操作如下。

（1）在"Sheet5"工作表标签上单击鼠标右键，在弹出的快捷菜单中选择"移动或复制"命令，如图 2-14 所示。

（2）打开"移动或复制工作表"对话框，保持"工作簿"下拉列表中的默认设置，在"下列选定工作表之前"列表框中选择"Sheet2"选项，选中"建立副本"复选框，单击 确定 按钮，如图 2-15 所示。

（3）返回工作表后，可看到"Sheet2"工作表左侧插入了一张名为"Sheet5（2）"的空白工作表。

微课

移动与复制
工作表

图 2-14 选择"移动或复制"命令

图 2-15 选择移动位置并复制工作表

（四）重命名工作表

工作表的名称默认为"Sheet1""Sheet2"……，为了便于查询，用户可以重命名工作表。下面介绍在"财务报表.xlsx"工作簿中重命名工作表的方法，其具体操作如下。

（1）双击"Sheet5 (2)"工作表标签，或在"Sheet5 (2)"工作表标签上单击鼠标右键，在弹出的快捷菜单中选择"重命名"命令，此时被选中的工作表标签将呈可编辑状态，且该工作表的名称会自动呈灰底黑字状态显示。

（2）直接输入"7月份"文本，按"Enter"键或在工作表的任意位置单击以退出编辑状态。

（3）按照相同的方法将"Sheet2"工作表和"Sheet5"工作表分别重命名为"8月份"和"9月份"，如图 2-16 所示。选择"文件"/"关闭"命令关闭该工作簿（配套资源：效果\模块二\财务报表.xlsx）。

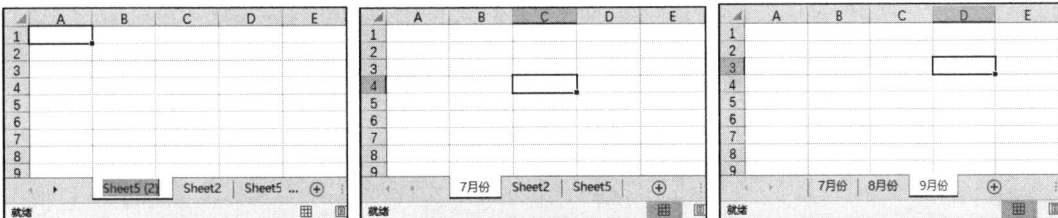

微课

重命名工作表

图 2-16 重命名工作表

提示 如果不想让他人查看工作簿中的某一张工作表，则可以将其隐藏。其方法如下：选择要隐藏的工作表，在"开始"/"单元格"组中的"单元格"下拉列表中选择"格式"选项组中的"隐藏和取消隐藏"/"隐藏工作表"选项。

能力拓展

（一）冻结窗格

对于比较复杂的电子表格，常需要在滚动浏览表格时固定显示表头标题行（或标题列），此时使用 Excel 提供的"冻结窗格"功能便可轻松实现此效果。冻结窗格的方法如下：选择要冻结的工作表，在"视图"/"窗口"组中单击"冻结窗格"按钮，在弹出的下拉列表中选择相应选项后便可冻结指定的窗格。若要取消窗格的冻结，则可再次单击"冻结窗格"按钮，在弹出的下拉列表中选择"取消冻结窗格"选项，如图2-17所示。

- 冻结窗格。选择某个单元格后，选择"冻结窗格"选项，工作表将按所选单元格的位置冻结窗格。此时，向右或向下拖曳时，工作表的行和列均保持不变，如图2-18所示。

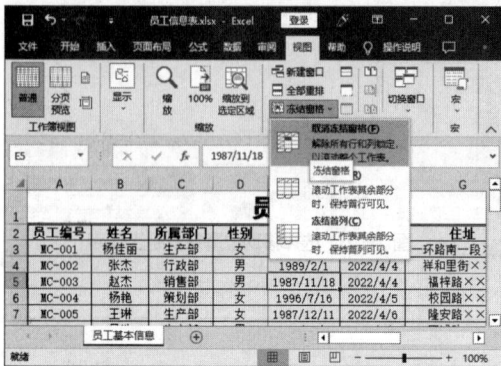

图2-17　取消冻结窗格

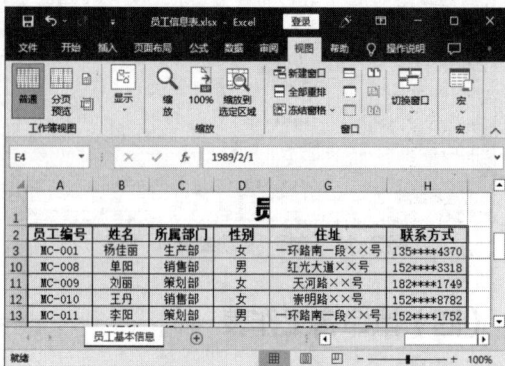

图2-18　冻结窗格后的效果

- 冻结首行。选择"冻结首行"选项后，向下滚动工作表的其余部分时，工作表首行的表头保持不变，如图2-19所示。
- 冻结首列。选择"冻结首列"选项后，向右滚动工作表的其余部分时，工作表首列的表头保持不变，如图2-20所示。

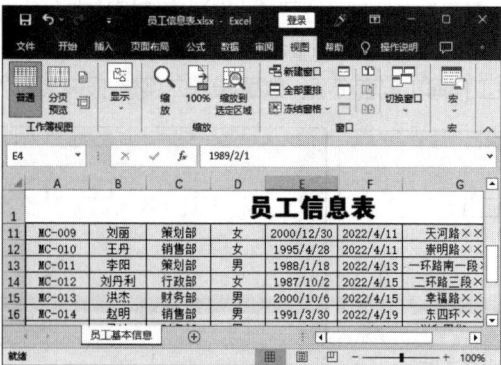

图2-19　冻结首行后的效果

图2-20　冻结首列后的效果

（二）一次性复制多张工作表

在制作工作簿时，经常会遇到需要插入多张工作表的情况，用前面介绍的方法只能一张一张地插入，既麻烦又浪费时间。此时，可使用一次性复制多张工作表的方法来提高工作效率。一次性复制多张工作表的方法如下：选择当前工作簿中的所有工作表，打开"移动或复制工作表"对话框，选择将复制的工作表移动到的目标位置后，选中"建立副本"复选框，单击 确定 按钮，完成复制多张工作表的操作。

（三）固定工作簿

一般情况下，用户可以通过"打开"对话框或双击快捷图标的方式打开某一工作簿，如果需要经常使用某个或多个工作簿，则可以选择将其固定，待需要使用时在"已固定"选项组中将其打开。固定工作簿的方法如下：启动 Excel 后，在"开始"界面的"最近"选项组中显示了最近使用过的工作簿，将鼠标指针移至需要固定的工作簿名称上，单击"将此项目固定到列表"按钮，即可将该工作簿固定。此时，在"已固定"选项组中可以看到刚刚固定的工作簿，如图 2-21 所示。

固定工作簿后，下次再打开该工作簿时，可以直接在"已固定"选项组中单击将其打开。

图 2-21　固定工作簿

任务二　输入并设置财务报表

任务描述

财务报表中显示的数据有利于经营管理者了解本单位各项任务指标的完成情况或评价管理人员的经营业绩，以便发现问题并及时调整经营方向。因此，财务报表中的数据一定要真实、准确，这样才能有效提高会计信息的使用价值。下面在"财务报表.xlsx"工作簿中输入并设置数据。

技术分析

（一）单元格的基本操作

单元格是表格中行与列的交叉部分，它是组成表格的最小单位。用户对单元格的基本操作包括选择、插入、删除、合并与拆分等。

1. 选择单元格

想要在表格中输入数据，首先需要选择输入数据的单元格。在工作表中选择单元格的方法有以下6 种。

- 选择单个单元格。单击单元格，或在名称框中输入单元格的行号和列标，按"Enter"键选择所需单元格。
- 选择所有单元格。单击行号和列标左上角交叉处的"全选"按钮，或按"Ctrl+A"组合键选择工作表中的所有单元格。
- 选择相邻的多个单元格。选择起始单元格后，按住鼠标左键并拖曳到目标单元格，或在按住"Shift"键的同时单击目标单元格，以选择相邻的多个单元格。
- 选择不相邻的多个单元格。在按住"Ctrl"键的同时依次单击需要选择的单元格，以选择不相邻的多个单元格。
- 选择整行。将鼠标指针移至需要选择行的行号上，当鼠标指针变为➡形状时，单击将选择该行。
- 选择整列。将鼠标指针移至需要选择列的列标上，当鼠标指针变为⬇形状时，单击将选择该列。

2. 插入单元格

在表格中可以插入单个单元格，也可以插入一行或一列单元格。插入单元格的方法有以下两种。

微课
插入单元格

- 选择单元格，在"开始"/"单元格"组中的"单元格"下拉列表中选择"插入"选项组中的"插入工作表行"选项或"插入工作表列"选项，可插入整行或整列单元格。
- 选择任意一个单元格，在"插入"选项组中选择"插入单元格"选项，打开"插入"对话框，选中"活动单元格右移"单选按钮或"活动单元格下移"单选按钮后，单击 确定 按钮，将在所选单元格的左侧或上方插入单元格；选中"整行"单选按钮或"整列"单选按钮后，单击 确定 按钮，将在所选单元格的上方或左侧插入整列单元格。

3. 删除单元格

在表格中可以删除单个单元格，也可以删除一行或一列单元格。删除单元格的方法有以下两种。

微课
删除单元格

- 选择要删除的单元格，在"开始"/"单元格"组中的"单元格"下拉列表中选择"删除"选项组中的"删除工作表行"选项或"删除工作表列"选项，可删除整行或整列单元格。
- 选择要删除的单元格，在"删除"选项组中选择"删除单元格"选项，打开"删除"对话框，如图 2-22 所示，选中对应的单选按钮后，单击 确定 按钮，可删除所选单元格，并使不同位置的单元格代替所选单元格。

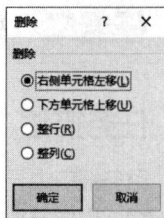
图 2-22 "删除"对话框

4. 合并与拆分单元格

当默认的单元格样式不能满足表格的实际需求时，用户便可通过合并与拆分单元格的方法来进行设置。

- 合并单元格。选择需要合并的多个单元格，在"开始"/"对齐方式"组中单击"合并后居中"按钮，可以合并所选单元格，并使其中的内容居中显示。除此之外，单击"合并后居中"按钮右侧的下拉按钮，还可以在弹出的下拉列表中选择"跨越合并""合并单元格""取消单元格合并"等选项。
- 拆分单元格。拆分单元格的方法与合并单元格的方法完全相反，在拆分单元格时需要先选择合并后的单元格，再单击"合并后居中"按钮；或按"Ctrl+!"组合键，打开"设置单元格格式"对话框，如图 2-23 所示，在"对齐"选项卡中的"文本控制"选项组中取消选中"合并单元格"复选框，单击 确定 按钮，可拆分已合并的单元格。

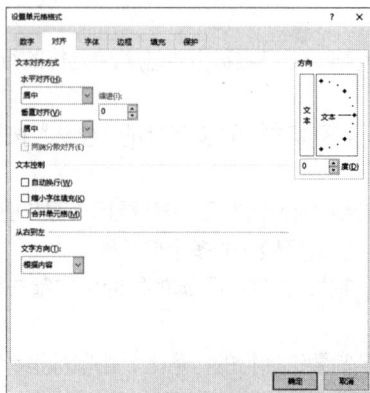
图 2-23 "设置单元格格式"对话框

（二）数据的录入技巧

输入数据是制作电子表格的基础，Excel 支持输入不同类型的数据，具体的输入方法有以下 3 种。

- 选择单元格，直接输入数据后按"Enter"键，单元格中原有的数据将被覆盖。
- 双击单元格，此时单元格中将出现文本插入点，按方向键可调整文本插入点的位置，直接输入数据并按"Enter"键完成录入操作。
- 选择单元格，在编辑栏中单击以定位文本插入点，在其中输入数据后按"Enter"键。

在 Excel 的单元格中可以输入文本、正数、负数、小数、百分数、日期、时间、货币等各种类型的数据，它们的输入方法与显示格式如表 2-1 所示。

表 2-1　不同类型数据的输入方法与显示格式

类型	举例	输入方法	单元格显示格式	编辑栏显示格式
文本	员工编号	直接输入	员工编号，左对齐	员工编号
正数	99	直接输入	99，右对齐	99
负数	-99	先输入负号"-"，再输入数据 99，即"-99"；或输入英文状态下的括号"( )"，并在其中输入数据，即"(99)"	-99，右对齐	-99
小数	5.2	依次输入整数位、小数点和小数位	5.2，右对齐	5.2
百分数	60%	依次输入数据和百分号，其中百分号利用"Shift+5"组合键输入	60%，右对齐	60%
日期	2021 年 6 月 18 日	依次输入年、月、日数据，中间用"-"或"/"隔开	2021-6-18，右对齐	2021-6-18
时间	10 点 25 分 16 秒	依次输入时、分、秒数据，中间用英文状态下的冒号":"隔开	10:25:16，右对齐	10:25:16
货币	$88	依次输入货币符号和数据，其中在英文状态下按"Shift+4"组合键可输入美元符号；在中文状态下按"Shift+4"组合键可输入人民币符号	$80，右对齐	$80

> **提示**　当用户需要在单元格中使用某些特殊符号（如五角星等）时，就可以利用 Excel 提供的"符号"功能进行插入。其使用方法如下：选择需要输入符号的单元格，在"插入"/"符号"组中单击"符号"按钮Ω，打开"符号"对话框，在其中的"符号"选项卡或"特殊字符"选项卡中选择所需符号后，单击 插入(I) 按钮便可将该符号插入指定的单元格中。

（三）数据验证的应用

数据验证是指为单元格中录入的数据添加一定的限制条件。例如，用户通过设置基本的数据验证可以使单元格中只能录入整数、小数或时间等，也可以创建下拉列表进行数据的录入。设置数据验证的方法如下：在工作表中选择要设置数据验证的单元格或单元格区域，在"数据"/"数据工具"组中单击"数据验证"按钮✍，打开"数据验证"对话框，在"设置"选项卡的"允许"下拉列表中选择相应选项，如整数、小数、序列、日期、时间等，如图 2-24 所示，根据提示信息进行相关设置，并单击 确定 按钮，便可对所选单元格或单元格区域进行数据验证的应用。

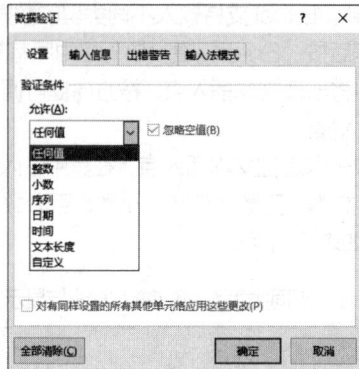

图 2-24 "数据验证"对话框

（四）认识条件格式

Excel 内置了多种类型的条件格式，能够对电子表格中的内容进行指定条件的判断，并返回预先指定的格式。如果内置的条件格式不能满足制作需求，则用户还可以新建条件格式规则。设置条件格式的具体操作如下。

（1）选择需要设置条件格式的单元格或单元格区域，在"开始"/"样式"组中单击"条件格式"按钮，在弹出的下拉列表中选择需要的条件格式，如突出显示单元格规则、最前/最后规则、数据条、色阶、图标集等，如图 2-25 所示。选择其中任意一个选项，并在弹出的子下拉列表中选择对应选项后，便可为所选单元格或单元格区域应用内置的条件格式。

（2）在"条件格式"下拉列表中选择"新建规则"选项，打开"新建格式规则"对话框，如图 2-26 所示。在其中选择规则类型，并根据提示信息编辑规则后，单击 确定 按钮完成操作。

图 2-25 内置的条件格式

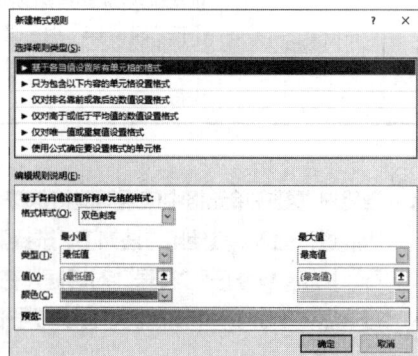

图 2-26 "新建格式规则"对话框

示例演示

本任务输入并设置的"财务报表"电子表格的参考效果如图 2-27 所示。其中包含数据输入与设置操作，如打开工作簿，输入数据并设置单元格格式和条件格式等，通过插入表格、输入内容，以及编辑和计算表格数据等操作制作表格。

图 2-27 "财务报表"电子表格的参考效果

任务实现

（一）打开工作簿

若要查看或编辑保存在计算机中的工作簿，则需要先打开该工作簿，其具体操作如下。

（1）启动 Excel 2019，选择"文件"/"打开"命令，或按"Ctrl+O"组合键，打开"打开"界面，其中显示了最近编辑过的工作簿和打开过的文件夹。若要打开最近使用过的工作簿，则只需选择"最近"选项组中的相应文件；若要打开计算机中保存的工作簿，则需要选择"浏览"选项。

微课

打开工作簿

（2）这里选择"浏览"选项，在打开的"打开"对话框中选择"财务报表.xlsx"工作簿（配套资源：素材\模块二\财务报表.xlsx），如图 2-28 所示，单击 打开(O) ▼ 按钮即可打开选择的工作簿。

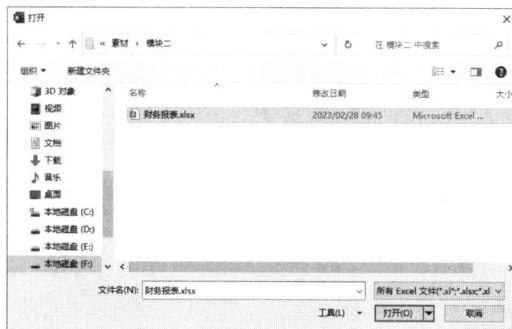

图 2-28 打开工作簿

（二）输入工作表数据

输入数据是制作表格的基础，Excel 2019 支持输入各种类型的数据，如文本和数字等，其具体操作如下。

（1）选择"7月份"工作表，再选择 A1 单元格，在其中输入"员工工资表"文本后，按"Enter"键切换到 A2 单元格，并在其中输入"员工编号"文本。

（2）按"Tab"键或"→"键切换到 B2 单元格，在其中输入"姓名"文本，再按照相同的方法依次在右侧的单元格中输入"所在部门""基本工资"等文本。

微课

输入工作表数据

（3）选择 A3 单元格，在其中输入"2021015"，将鼠标指针移至该单元格右下角，当鼠标指针变为
✛形状时，按住"Ctrl"键的同时将鼠标指针向下拖曳至 A24 单元格，此时 A4:A24 单元格区域会自动
生成序号，如图 2-29 所示。

（4）选择 B3 单元格，输入"张明丽"文本后按"Enter"键，再继续输入其他员工的姓名。

（5）按照相同的方法，在"7月份"工作表中输入其他数据信息，包括"加班补助""业务提成""交
通补贴""应扣社保""应扣考勤"等内容，如图 2-30 所示。

图 2-29　自动填充数据

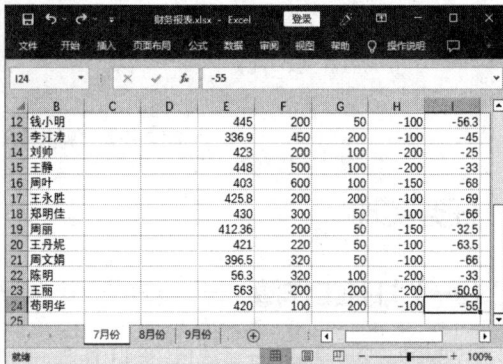

图 2-30　输入其他数据信息

（三）设置数据验证

为单元格或单元格区域设置数据验证后，可保证输入的数据在指定的范围内，从
而降低出错率，其具体操作如下。

微课
设置数据验证

（1）在"7月份"工作表中选择 C3:C24 单元格区域，在"数据"/"数据工具"
组中单击"数据验证"按钮，打开"数据验证"对话框，在"设置"选项卡的"允
许"下拉列表中选择"序列"选项，在"来源"参数框中输入"销售,客服,运营"，单
击 确定 按钮，如图 2-31 所示。

（2）返回工作表后，单击 C3 单元格右侧显示的下拉按钮，在弹出的下拉列表中选择对应的部门
名称，如图 2-32 所示。按照相同的方法完成 C4:C24 单元格区域中数据的输入。

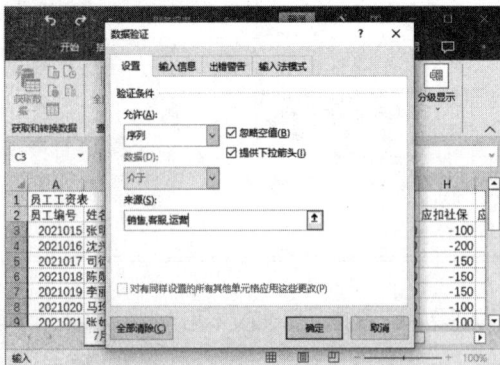

图 2-31　设置验证条件（1）

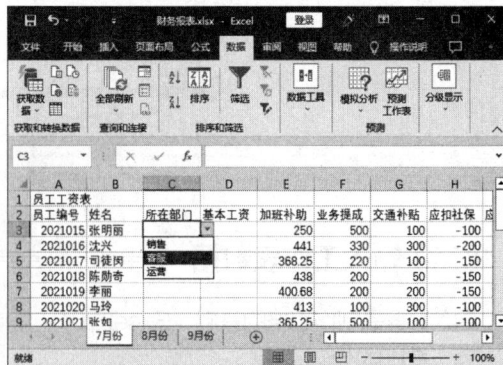

图 2-32　选择部门名称

（3）选择 D3:D24 单元格区域，再次打开"数据验证"对话框，在"设置"选项卡的"允许"下拉
列表中选择"整数"选项，在"数据"下拉列表中选择"介于"选项，分别在"最小值""最大值"参数
框中输入"1500""2500"，如图 2-33 所示。

（4）选择"输入信息"选项卡，在"标题"文本框中输入"注意"文本，在"输入信息"文本框中输入"请输入 1500—2500 的整数"文本，如图 2-34 所示，完成后单击 确定 按钮。

图 2-33　设置验证条件（2）

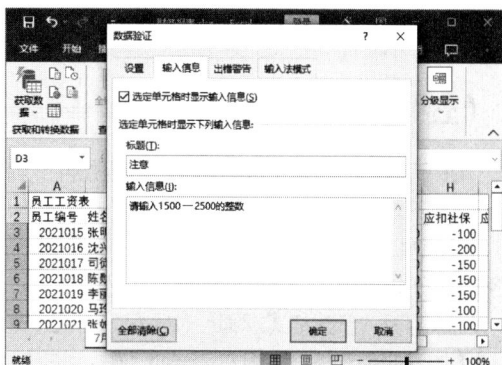

图 2-34　设置输入信息

（5）返回工作表后，用户只能在 D3:D24 单元格区域中输入数据验证范围内的数据，若输入数据不符合要求，则会打开提示对话框，提示输入正确数据。

（四）设置单元格格式

输入数据后，通常需要对单元格进行相关设置，以美化表格，其具体操作如下。

（1）选择 A1:L1 单元格区域，在"开始"/"对齐方式"组中单击"合并后居中"按钮或单击该按钮右侧的下拉按钮，在弹出的下拉列表中选择"合并后居中"选项。

微课
设置单元格格式

（2）返回工作表后，可看到所选单元格区域已合并为一个大的单元格，且其中的数据自动居中显示。

（3）保持 A1 单元格处于选择状态，在"开始"/"字体"组中的"字体"下拉列表中选择"方正兰亭粗黑简体"选项，在"字号"下拉列表中选择"18"选项。

（4）选择 A2:L24 单元格区域，设置其字体为"方正中等线简体"，字号为"12"，在"开始"/"对齐方式"组中单击"居中"按钮，效果如图 2-35 所示。

（5）选择 A2:L2 单元格区域，在"开始"/"字体"组中的"字号"下拉列表中选择"13"选项，在该组中单击"填充颜色"按钮右侧的下拉按钮，在弹出的下拉列表中选择"绿色，个性色 6，淡色 80%"选项，如图 2-36 所示。

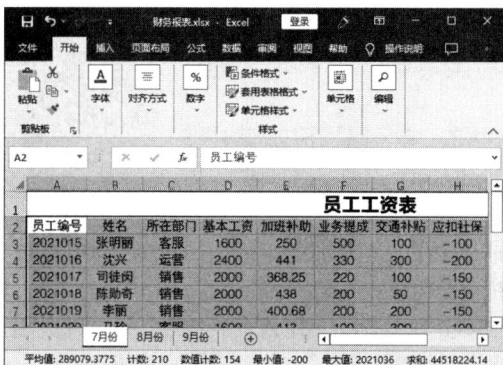

图 2-35　设置数据对齐方式的效果

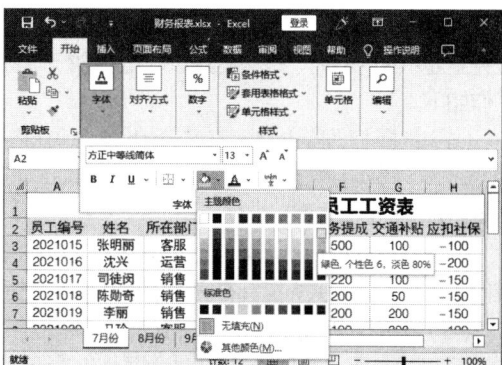

图 2-36　设置填充颜色

> **提示** 设置单元格格式时，除了可以更改字体、字号、对齐方式外，还可以为单元格添加边框效果。其方法如下：选择单元格或单元格区域后，按"Ctrl+!"组合键打开"设置单元格格式"对话框，选择"边框"选项卡，在其中选择线条样式、颜色、边框的添加位置等。

（五）设置条件格式

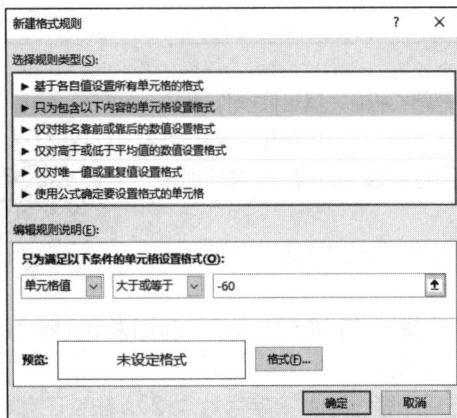

用户可以通过设置条件格式将不满足条件或满足条件的数据单独显示出来，其具体操作如下。

（1）选择 I3:I24 单元格区域，在"开始"/"样式"组中单击"条件格式"按钮，在弹出的下拉列表中选择"新建规则"选项。

（2）打开"新建格式规则"对话框，在"选择规则类型"列表框中选择"只为包含以下内容的单元格设置格式"选项，在"编辑规则说明"选项组中的第二个下拉列表中选择"大于或等于"选项，并在其右侧的参数框中输入"-60"，如图 2-37 所示。

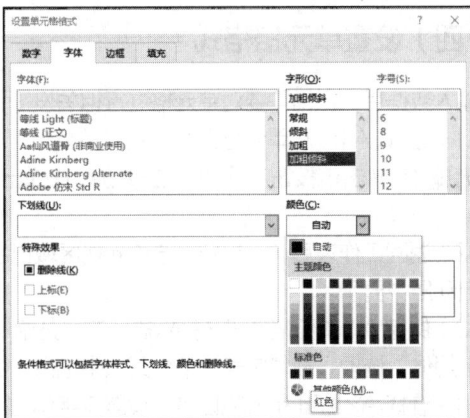

（3）单击 格式(F)... 按钮，打开"设置单元格格式"对话框，在"字体"选项卡中设置"字形"为"加粗倾斜"，"颜色"为"标准色"中的"红色"，如图 2-38 所示。

微课
设置条件格式

图 2-37 "新建格式规则"对话框　　　图 2-38 "设置单元格格式"对话框

（4）依次单击 确定 按钮返回工作表，查看设置完条件格式后的单元格区域。

（六）调整行高与列宽

在默认状态下，单元格的行高和列宽固定不变，但是当单元格中的数据太多而不能完全显示其内容时，就需要调整单元格的行高或列宽，使其更加符合要求，其具体操作如下。

微课
调整行高与列宽

（1）选择 D 列至 L 列，在"开始"/"单元格"组中的"单元格"下拉列表中选择"格式"选项组中的"自动调整列宽"选项，如图 2-39 所示。返回工作表后，可看到所选列已自动变宽。

（2）将鼠标指针移至第 1 行与第 2 行之间的行号间隔线上，当鼠标指针变为✛形状时，按住鼠标左键向下拖曳，此时鼠标指针右侧将显示具体的数据，拖曳至合适的位置后释放鼠标左键即可。

（3）选择第 2~24 行，在"开始"/"单元格"组中的"单元格"下拉列表中选择"格式"选项组中的"行高"选项，打开"行高"对话框，在"行高"数值框中输入"20"，单击 确定 按钮，如图 2-40 所示。返回工作表后，可看到第 2~24 行的高度增加了。

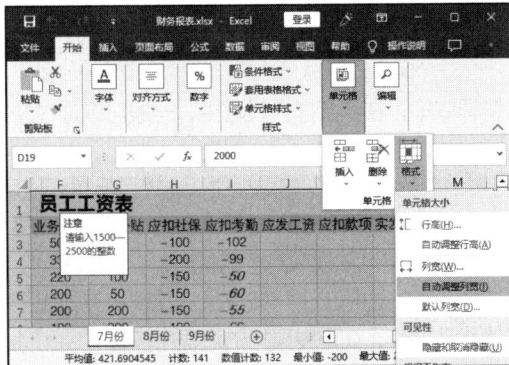

图 2-39　自动调整列宽

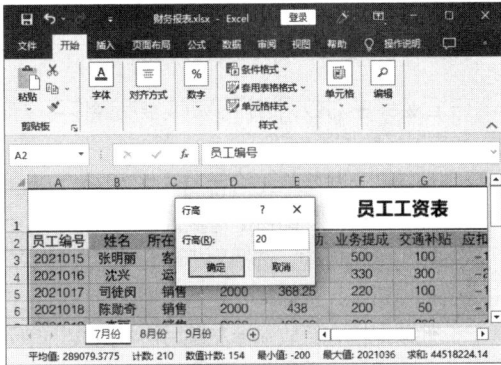

图 2-40　自定义行高

（4）选择"文件"/"另存为"命令，打开"另存为"界面，选择"浏览"选项，打开"另存为"对话框，将该工作簿以"财务报表 01"为名进行保存（配套资源: 效果\模块二\财务报表 01.xlsx）。

能力拓展

（一）批量输入数据

如果用户需要在多个单元格中输入同一数据，那么此时可以采用批量输入的方法，即先在工作表中选择需要输入数据的单元格或单元格区域（如果需要输入数据的单元格不相邻，则可按住"Ctrl"键逐一进行选择），再将文本插入点定位至编辑栏中并输入数据，完成输入后按"Ctrl+Enter"组合键，数据就会被填充到所有已选择的单元格中。

（二）自动输入小数点或零

Excel 具有自动输入固定位数的小数点或固定数量的零的功能，其方法如下: 选择"文件"/"选项"命令，打开 "Excel 选项"对话框，在左侧列表框中选择"高级"选项，在右侧的"编辑选项"选项组中选中"自动插入小数点"复选框，如图 2-41 所示。如果需要自动填充小数点，则在"小位数"数值框中输入小数点后保留的有效位数（如"2"等）；如果需要在输入的数字后面自动填充零，则在"小位数"数值框中输入减号和零的数量（如"-3"），并单击 确定 按钮。若采用的是前一种操作，则在单元格中输入 888 后将自动显示为 8.88；若采用的是后一种操作，则在单元格中输入 888 后将自动显示为888000。

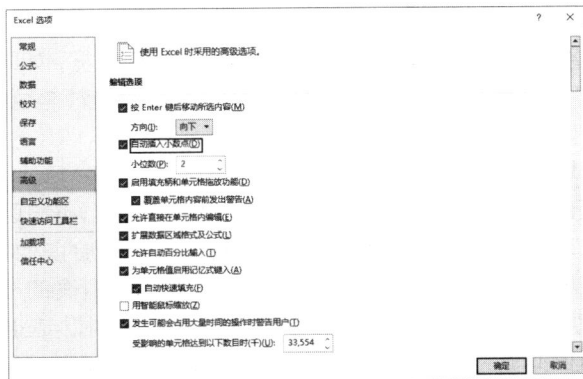

图 2-41　选中"Excel 选项"对话框

（三）快速移动或复制数据

在 Excel 中对数据进行移动或复制操作可以提高编辑效率，在实际操作过程中，一般可以通过快捷键或拖曳鼠标的方法实现。

- 快捷键。选择单元格后，按"Ctrl+X"组合键可将该单元格剪切到剪贴板中，选择目标单元格后，按"Ctrl+V"组合键可实现单元格的移动；选择单元格后，按"Ctrl+C"组合键可将该单元格复制到剪贴板中，选择目标单元格后，按"Ctrl+V"组合键可实现单元格的复制。
- 拖曳鼠标。选择单元格后，将鼠标指针定位至该单元格的边框上，再按住鼠标左键将其拖曳至其他单元格，释放鼠标左键后可快速实现单元格的移动操作；在拖曳鼠标的过程中按住"Ctrl"键，可实现单元格的复制操作。

（四）快速复制单元格格式

若要在 Excel 中快速为多个单元格设置相同的单元格格式，则可通过复制格式和使用格式刷两种方法来完成，其具体操作如下。

- 复制格式。先在工作表中选择设置好格式的单元格或单元格区域，再按"Ctrl+C"组合键进行复制，切换到需要应用相同格式的工作表中，并在需要设置相同格式的单元格或单元格区域上单击鼠标右键，在弹出的快捷菜单中选择"粘贴选项"/"格式"命令，如图 2-42 所示，即可复制单元格的格式。
- 使用格式刷。在工作表中选择设置好格式的单元格或单元格区域后，在"开始"/"剪贴板"组中单击"格式刷"按钮，切换到需要设置相同格式的工作表，在需要应用相同格式的单元格或单元格区域上单击或拖曳鼠标，如图 2-43 所示，即可应用所选的格式。

图 2-42 利用鼠标右键复制格式

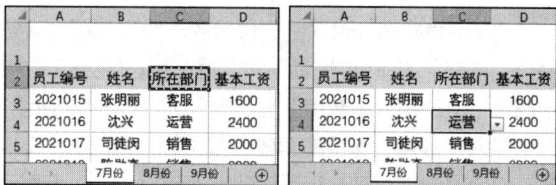

图 2-43 使用格式刷复制格式

（五）快速填充有规律的数据

在制作一些大型表格时，难免需要输入一些相同的或是有规律的数据，如果采用手动输入的方式输入，则既费时又费力。Excel 提供的"快速填充数据"功能便是专门针对这类数据的输入而设计的，用户利用此功能可以大大提高工作效率。

1. 利用"填充柄"填充

在工作表中选择单元格或单元格区域后会出现一个边框为绿色的选区，该选区右下角有一个"填充柄"■，拖曳这个"填充柄"可将所选区域中的内容有规律地填充到同行或同列的其他单元格中。利用"填充柄"填充的方法如下：在起始单元格中输入数据，将鼠标指针移至该单元格右下角的"填充柄"■上，当鼠标指针变为╋形状时，按住鼠标左键进行拖曳，直到拖曳到目标单元格后释放鼠标左键，如图 2-44 所示。

此时，系统将通过自动填充的方式进行填充。单击目标单元格右下角的"自动填充选项"按钮，在弹出的下拉列表中选中"复制单元格"单选按钮即可完成相同数据的填充操作，如图 2-45 所示。

图 2-44 拖曳鼠标填充数据

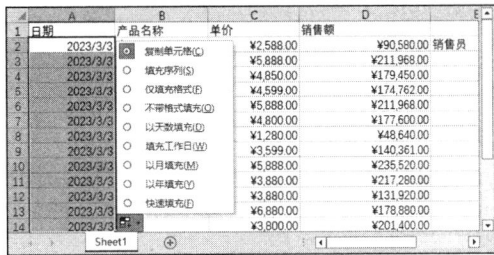

图 2-45 快速填充相同的数据

2. 利用鼠标右键填充

除了可以用填充柄填充有规律的数据外，还可以利用鼠标右键进行快速填充。其方法如下：在起始单元格中输入数据后，将鼠标指针移至该单元格右下角的"填充柄"■上，当鼠标指针变为十形状时，按住鼠标右键进行拖曳，直到拖曳到目标单元格后释放鼠标右键，在弹出的快捷菜单中显示了多种填充方式，如图 2-46 所示，用户可根据实际需要选择所需的填充方式。

图 2-46 鼠标右键快捷菜单

> **提示** 在工作表中填充有规律的数据时，除了可以使用填充柄和鼠标右键外，还可以在"开始"/"编辑"组中单击"填充"按钮⬇，在弹出的下拉列表中选择"序列"选项，打开"序列"对话框，在其中设置填充类型、步长值、终止值等参数。

任务三 计算财务报表

任务描述

仅将数据输入表格是不能体现其价值的，还需要对其进行进一步加工，如计算、分析等，才能从中提取出有用的信息。这就像我们学习知识后，要在日后的工作中加以运用，才能发挥出所学知识的作用，这也是学以致用的关键所在。本任务将对"财务报表.xlsx"工作簿中的数据进行计算，其中主要涉及一些函数的使用，包括 SUM 函数、AVERAGE 函数、MAX 函数、MIN 函数、RANK 函数等。

技术分析

（一）单元格地址与引用

Excel 2019 是通过单元格的地址来引用单元格的，单元格地址是指单元格的行号与列标的组合。例如，"=500+300+900"，数据"500"位于 B3 单元格中，其他数据依次位于 C3、D3 单元格中。通过引用单元格地址，在编辑栏中输入公式"=B3+C3+D3"，同样可以获得这3个数据的计算结果。

在计算表格中的数据时，通常会通过复制或移动公式来实现快速计算，因此会涉及不同的单元格引用方式。Excel中有相对引用、绝对引用和混合引用3种引用方式，不同的引用方式得到的计算结果也不相同。

- 相对引用。相对引用是指输入公式时直接通过单元格地址来引用单元格。相对引用单元格后，如果复制或移动公式到其他单元格中，那么公式中引用的单元格地址会根据复制或移动的目标位置发生相应改变。
- 绝对引用。绝对引用是指无论引用单元格中公式的位置如何改变，所引用的单元格均不会发生变化。绝对引用的形式是在单元格的行列号前加上符号"$"。
- 混合引用。混合引用包含了相对引用和绝对引用。混合引用有两种形式，一种是行绝对、列相对，如"B$2"表示行不发生变化，但是列会随着新的位置发生变化；另一种是行相对、列绝对，如"$B2"表示列不发生变化，但是行会随着新的位置发生变化。

（二）认识公式与函数

Excel中的公式与函数是十分快捷且实用的功能，尤其是在涉及计算表格中的数据时。下面介绍公式与函数的使用方法。

1. 公式的使用方法

Excel 2019中的公式是对工作表中的数据进行计算的等式，它以"="（等号）开始，其后是公式的表达式。公式的表达式可包含常量、运算符、单元格引用等，如图2-47所示。

图2-47 公式的组成

- 公式的输入。在Excel 2019中输入公式的方法与输入数据的方法类似，只需要将公式输入相应的单元格中，便可计算出结果。输入公式的方法如下：在工作表中选择要输入公式的单元格，在单元格或编辑栏中输入"="，接着输入公式内容，完成后按"Enter"键或单击编辑栏中的"输入"按钮✔。
- 公式的编辑。选择含有公式的单元格，将文本插入点定位至编辑栏或单元格中需要修改的位置，按"Backspace"键删除多余或错误的内容，再输入正确的内容，按"Enter"键完成对公式的编辑，Excel会自动计算新的公式。
- 公式的复制。在Excel 2019中复制公式是快速计算数据的方法之一，因为在复制公式的过程中，Excel会自动改变引用单元格的地址，可避免手动输入公式的麻烦，提高工作效率。通常使用"开始"选项卡或单击鼠标右键进行复制粘贴；也可以拖曳填充柄进行复制；还可以选择添加了公式的单元格，按"Ctrl+C"组合键进行复制，将文本插入点定位至要粘贴的目标单元格中，按"Ctrl+V"组合键进行粘贴，完成对公式的复制。

> 提示 在单元格中输入公式后，按"Enter"键可在计算出公式结果的同时选择同列的下一个单元格；按"Tab"键可在计算出公式结果的同时选择同行的下一个单元格；按"Ctrl+Enter"组合键则可在计算出公式结果后，仍保持当前单元格的选中状态。

2. 函数的使用方法

函数可以理解为Excel预定义好了某种算法的公式，它使用指定格式的参数来完成各种数据的计算。

函数同样以等号"="开始，后面包括函数名称与结构参数，如图 2-48 所示。Excel 2019 提供了多种函数，每种函数的功能、语法结构及参数的含义各不相同，除 SUM 函数和 AVERAGE 函数之外，常用的函数还有 IF 函数、MAX 函数、MIN 函数、COUNT 函数、RANK 函数（包括 RANK.EQ 函数和 RANK.AVG 函数）、SUMIF 函数等。

图 2-48　函数的组成

- SUM 函数。SUM 函数的功能是对选中的单元格或单元格区域中的数据进行求和计算，其语法结构为 SUM(number1,number2,...)，其中，number1,number2,...表示若干个需要求和的参数。填写参数时，可以使用单元格地址（如 E6,E7,E8），也可以使用单元格区域（如 E6:E8），甚至可以混合输入（如 E6,E7:E8）。

- AVERAGE 函数。AVERAGE 函数的功能是求平均值，其计算方法是先将选择的单元格或单元格区域中的数据相加，再除以单元格个数。其语法结构为 AVERAGE(number1, number2,...)，其中，number1,number2,...表示需要计算平均值的若干个参数。

- IF 函数。IF 函数是一种常用的条件函数，它能判断真假值，并根据逻辑计算得到的真假值返回不同的结果。其语法结构为 IF(logical_test,value_if_true,value_if_false)，其中，logical_test 表示计算结果为 true 或 false 的任意值或表达式；value_if_true 表示 logical_test 为 true 时要返回的值，可以是任意数据；value_if_false 表示 logical_test 为 false 时要返回的值，也可以是任意数据。

- MAX 函数、MIN 函数。MAX 函数的功能是返回所选单元格区域中所有数值的最大值，MIN 函数的功能是返回所选单元格区域中所有数值的最小值。其语法结构为 MAX/MIN(number1, number2,...)，其中，number1,number2,...表示要筛选的若干个参数。

- COUNT 函数。COUNT 函数的功能是返回包含数字及包含参数列表中数字的单元格的个数，通常利用它来计算单元格区域或数字数组中数字字段的个数。其语法结构为 COUNT(value1, value2,...)，其中，value1, value2, ...为包含或引用各种类型数据的参数（1~255 个），但只有数字类型的数据才会被计算。

- RANK.EQ 函数。RANK. EQ 函数是排名函数，RANK.EQ 函数的功能是返回需要进行排名的数字的排名。如果多个数字具有相同的排名，则返回该数字的最高排名。其语法结构为 RANK.EQ(number,ref, order)，其中，number 为需要确定排名的数字（单元格内必须为数字）；ref 为数字列表数组或对数字列表的引用；order 用于指明排名的方式，若 order 的值为 0 或省略，则对数字的排名为基于 ref 降序排列的结果，其他取值时的排名逻辑相反。

- RANK.AVG 函数。RANK.AVG 函数也是排名函数，RANK.AVG 函数的功能是返回需要进行排名的数字的排名。如果多个数字具有相同的排名，则返回它们的平均值排名。其语法结构为 RANK.AVG(number,ref, order)，其中，number 为需要确定排名的数字（单元格内必须为数字）；ref 为数字列表数组或对数字列表的引用；order 用于指明排名的方式，若 order 的值为 0 或省略，则对数字的排名为基于 ref 降序排列的结果，其他取值时的排名逻辑相反。

- SUMIF 函数。SUMIF 函数的功能是根据指定条件对若干单元格中的数据进行求和。其语法结构为 SUMIF(range,criteria,sum_range)，其中，range 为用于进行条件判断的单元格区域；criteria 为确定哪些单元格将被相加求和的条件，其形式可以为数字、表达式或文本；sum_range 为需要求和的实际单元格。

- INDEX 函数。INDEX 函数有两种形式：数组形式和引用形式。数组形式的 INDEX 函数的功能是返回数组中指定的单元格或单元格数组的数值，语法结构是 INDEX(array,row_num,column_num)，其中，array 为单元格区域或数组常数；row_num 为数组中某行的行号，函数从该行返回数值；column_num 是数组中某列的列标，函数从该列返回数值；如果省略 row_num，则必须有 column_num；如果省略 column_num，则必须有 row_num。引用形式的 INDEX 函数的功能是返回引用中指定单元格或单元格区域的引用，语法结构是 INDEX(reference,row_num,column_num,area_num)，其中，reference 是对一个或多个单元格区域的引用，如果为引用输入一个不连续的单元格区域，则必须用括号括起来；area_num 用于选择引用中的一个区域，并返回该区域中 row_num 和 column_num 的交叉区域；row_num 和 column_num 的含义及用法与数组形式中的相同。

示例演示

本任务为计算"财务报表"中的数据，其参考效果如图 2-49 所示，其中对不同函数的使用是关键。先用 SUM 函数和 AVERAGE 函数计算实发工资和平均工资，再用 MAX 和 MIN 函数查看实发工资和应发工资的最大值和最小值，最后用 RANK 函数对实发工资进行排名，以及统计实发工资人数。

员工工资表

员工编号	姓名	所在部门	基本工资	加班补助	业务提成	交通补贴	应扣社保	应扣考勤	应发工资	应扣款项	实发工资	工资排名
2021015	张明丽	客服	1600	250	500	100	−100	−102	2450	−202	2248	15
2021016	沈兴	运营	2400	441	330	300	−200	−99	3471	−299	3172	2
2021017	司徒闵	销售	2000	368.25	220	100	−150	−50	2688.25	−200	2488.25	9
2021018	陈勋奇	销售	2000	438	200	50	−150	−60	2688	−210	2478	11
2021019	李丽	销售	2000	400.68	200	200	−150	−55	2800.68	−205	2595.68	8
2021020	马玲	客服	1600	413	100	300	−100	−66	2413	−166	2247	16
2021021	张如	客服	1600	365.25	500	100	−100	−20	2565.25	−120	2445.25	12
2021022	孙水林	客服	1600	437	200	100	−100	−68	2337	−168	2169	19
2021023	李举华	运营	2400	408	300	200	−200	−66	3308	−266	3042	4
2021024	钱小明	客服	1600	445	200	50	−100	−56.3	2295	−156.3	2138.7	21
2021025	李江涛	客服	1600	336.9	450	200	−100	−45	2586.9	−145	2441.9	13
2021026	刘帅	运营	2400	423	200	100	−200	−25	3123	−225	2898	5
2021027	王静	运营	2400	448	500	100	−200	−33	3448	−233	3215	1
2021028	周叶	销售	2000	403	600	100	−150	−68	3103	−218	2885	6
2021029	王永胜	客服	1600	425.8	200	200	−100	−69	2425.8	−169	2256.8	14
2021030	郑明佳	客服	1600	430	300	50	−100	−66	2380	−166	2214	17
2021031	周丽	运营	2000	412.36	200	50	−100	−32.5	2662.36	−182.5	2479.86	10
2021032	王丹妮	客服	1600	421	220	50	−100	−63.5	2291	−163.5	2127.5	22
2021033	周文娟	客服	1600	396.5	320	50	−100	−66	2366.5	−166	2200.5	18
2021034	陈明	运营	2400	56.3	320	100	−200	−33	2876.3	−233	2643.3	7
2021035	王丽	运营	2400	563	200	200	−200	−50.6	3363	−250.6	3112.4	3
2021036	苟明华	客服	1600	420	100	200	−100	−55	2320	−155	2165	20

平均工资	2530.143
实发工资最大值	3215
应发工资最小值	2291
统计实发工资人数	22

图 2-49　计算"财务报表"中的数据的参考效果

任务实现

（一）使用 SUM 函数计算实发工资

SUM 函数主要用于计算某一单元格区域中所有的数字之和。下面使用 SUM 函数计算实发工资，其具体操作如下。

（1）打开"财务报表 01.xlsx"工作簿（配套资源：素材\模块二\财务报表 01.xlsx），选择"文件"/"另存为"命令，打开"另存为"界面，选择"浏览"选项。

（2）打开"另存为"对话框，将"文件名"设置为"计算财务报表"，并选择好文件的保存位置，单击 保存(S) 按钮。

微课

使用 SUM 函数
计算实发工资

（3）在"7月份"工作表中选择 J3 单元格，在"公式"/"函数库"组中单击"自动求和"按钮∑。此时，在 J3 单元格中插入求和函数"SUM"，同时 Excel 将自动识别函数参数"D3:I3"，如图 2-50 所示。

（4）将文本插入点定位至编辑栏中，将公式中的"I3"修改为"G3"，单击"输入"按钮✔，完成求和操作。

> **提示** 使用 SUM 函数后，目标单元格的左上角将出现一个绿色箭头，将鼠标指针移动至该单元格左侧的 🔽 图标上后，将提示"此单元格中的公式引用了有相邻附加数字的范围"。单击此图标，在弹出的下拉列表中会提示"公式省略了相邻单元格"，选择其中的"忽略错误"选项，可将绿色箭头删除。

（5）将鼠标指针移动至 J3 单元格右下角，当其变为＋形状时，按住鼠标左键向下拖曳至 J24 单元格，释放鼠标左键，系统将自动填充应发工资，如图 2-51 所示。

图 2-50　插入 SUM 函数

图 2-51　利用函数计算应发工资

（6）选择 K3 单元格，输入公式"=H3+I3"后按"Enter"键，将鼠标指针移动至 K3 单元格右下角，当其变为＋形状时，按住鼠标左键向下拖曳至 K24 单元格，接着释放鼠标左键，系统将自动填充应扣款项的金额，如图 2-52 所示。

（7）选择 L3 单元格，输入公式"=J3+K3"后，按"Enter"键，将鼠标指针移动至 L3 单元格右下角，当其变为＋形状时，按住鼠标左键向下拖曳至 L24 单元格，接着释放鼠标左键，系统将自动填充实发工资，如图 2-53 所示。

图 2-52　利用公式计算应扣款项

图 2-53　利用公式计算实发工资

（二）使用 AVERAGE 函数计算平均工资

AVERAGE 函数用来计算某一单元格区域中数据的平均值，即先将单元格区域中的数据相加再除以单元格个数。下面使用 AVERAGE 函数计算实发工资的平均值，其具体操作如下。

（1）选择 A25 单元格，输入"平均工资"文本，按"Tab"键选择 B25 单元格，在"公式"/"函数库"组中单击"自动求和"按钮Σ下侧（窗口最大化时）的下拉按钮，在弹出的下拉列表中选择"平均值"选项，如图 2-54 所示。

（2）此时，系统将在 B25 单元格中插入平均值函数"=AVERAGE()"，在文本插入点处输入单元格区域的引用地址"L3:L24"，再单击编辑栏中的"输入"按钮✔应用函数，得到计算结果，如图 2-55 所示。

图 2-54　选择"平均值"选项

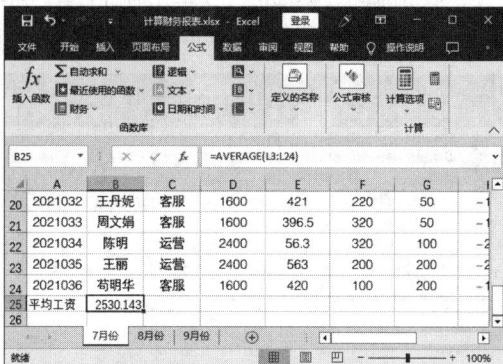

图 2-55　计算平均工资

> **提示**　在使用公式计算表格中的数据时，如果直接在公式中输入需要引用的单元格区域，则可能会出现输入错误的情况。此时，用户可在工作表中拖曳鼠标以选择需要在公式中引用的单元格或单元格区域。

（三）使用 MAX 函数和 MIN 函数查看工资的最大值和最小值

MAX 函数和 MIN 函数用于显示一组数据中的最大值和最小值。下面使用 MAX 函数计算实发工资中的最大值，使用 MIN 函数计算应发工资中的最小值，其具体操作如下。

（1）在 A26 单元格中输入"实发工资最大值"文本后，调整 A 列的宽度，再按"Tab"键选择 B26 单元格。

（2）在"公式"/"函数库"组中单击"自动求和"按钮Σ下侧（窗口最大化时）的下拉按钮，在弹出的下拉列表中选择"最大值"选项。

（3）系统将自动在 B26 单元格中插入最大值函数"=MAX()"，同时 Excel 会自动识别函数参数"B25"，此时需要手动将函数参数修改为"L3:L24"，如图 2-56 所示，单击编辑栏中的"输入"按钮✔应用函数，得到计算结果。

（4）选择 A27 单元格，输入"应发工资最小值"文本，再按"Tab"键选择 B27 单元格，在"公式"/"函数库"组中单击"自动求和"按钮Σ下侧（窗口最大化时）的下拉按钮，在弹出的下拉列表中选择"最小值"选项。

微课

使用 AVERAGE
函数计算平均
工资

微课

使用 MAX 函数和
MIN 函数查看
工资的最大值和
最小值

（5）系统将自动在 B27 单元格中插入最小值函数"=MIN()"，同时 Excel 会自动识别函数参数"B25:B26"，此时需要手动将函数参数修改为"J3:J24"，如图 2-57 所示。单击编辑栏中的"输入"按钮✔应用函数，得到计算结果。

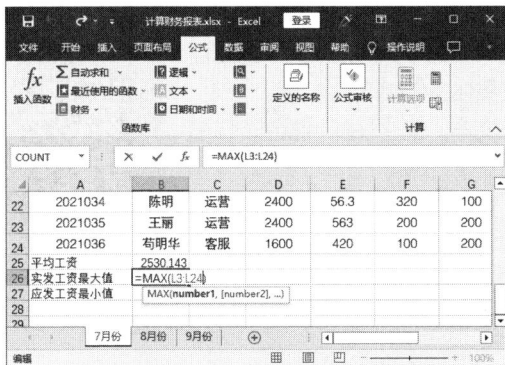

图 2-56　修改 MAX 函数的参数

图 2-57　修改 MIN 函数的参数

（四）使用 RANK 函数统计工资高低

RANK 函数用于显示某个数字在数字列表中的排名。下面使用 RANK 函数对员工的实发工资进行排序，其具体操作如下。

（1）选择 M2 单元格，输入"工资排名"文本，按"Enter"键选择 M3 单元格，接着在"公式"/"函数库"组中单击"插入函数"按钮 *fx* 或按"Shift+F3"组合键。

（2）打开"插入函数"对话框，在"或选择类别"下拉列表中选择"统计"选项，在"选择函数"列表框中选择"RANK.EQ"选项，如图 2-58 所示，然后单击 确定 按钮。

（3）打开"函数参数"对话框，在"Number"参数框中输入 L3，单击"Ref"参数框右侧的"收缩"按钮。

（4）此时该对话框将呈收缩状态，拖曳鼠标在工作表中选择要计算的 L3:L24 单元格区域，单击该对话框右侧的"展开"按钮。

（5）返回"函数参数"对话框，按"F4"键将"Ref"参数框中的单元格引用地址转换为绝对引用形式，单击 确定 按钮，如图 2-59 所示。

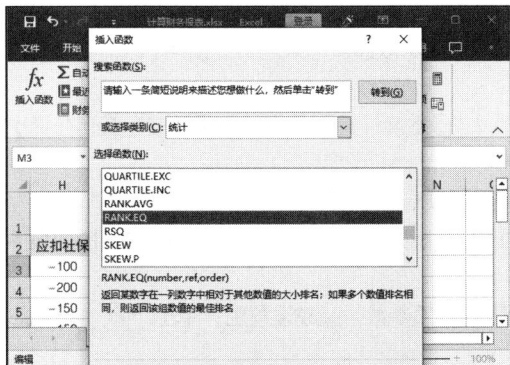

图 2-58　选择 RANK.EQ 函数

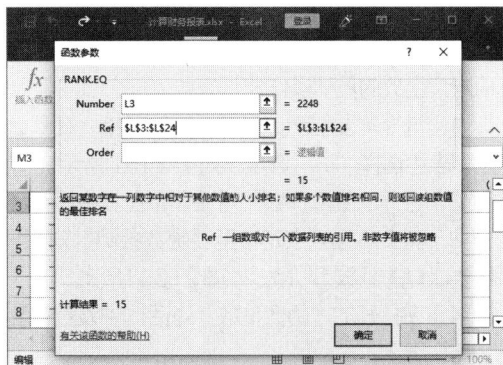

图 2-59　设置函数参数

微课

使用 RANK 函数统计工资高低

（6）返回工作表后，选择 M3 单元格，将鼠标指针移动至 M3 单元格右下角，当其变为┿形状时，按住鼠标左键向下拖曳至 M24 单元格，然后释放鼠标，查看每个员工工资的排名情况。

（五）使用 COUNT 函数统计实发工资人数

COUNT 函数用于计算单元格区域中包含数字的单元格个数，或对象中的属性个数。下面使用 COUNT 函数统计实发工资人数，其具体操作如下。

（1）在 A28 单元格中输入"统计实发工资人数"文本，按"Tab"键选择 B28 单元格。

（2）按"Shift+F3"组合键，打开"插入函数"对话框，在"或选择类别"下拉列表中选择"统计"选项，在"选择函数"列表框中选择"COUNT"选项，单击 确定 按钮，如图 2-60 所示。

（3）打开"函数参数"对话框，在"Value1"参数框中输入"L3:L24"，单击 确定 按钮，如图 2-61 所示。

（4）返回工作表后，查看实发工资人数（配套资源：效果\模块二\计算财务报表.xlsx）。

微课
使用 COUNT
函数统计实发
工资人数

图 2-60　选择 COUNT 函数

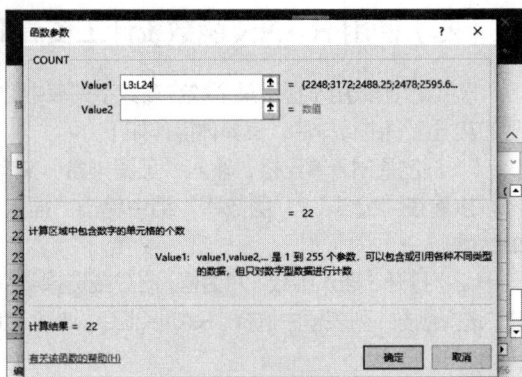

图 2-61　设置函数参数

能力拓展

（一）嵌套函数的使用

当一个函数作为另一函数的参数使用时，该函数就称为嵌套函数。嵌套函数同样可以通过直接输入的方式使用，但当遇到函数结构复杂或是不熟悉的函数时，就可以通过插入的方式使用。以 IF 函数为例，使用嵌套函数的具体操作如下。

（1）选择需要显示计算结果的单元格，在"公式"/"函数库"组中单击"逻辑"按钮，在弹出的下拉列表中选择"IF"选项，如图 2-62 所示。

（2）打开"函数参数"对话框，在其中设置函数参数信息，如图 2-63 所示。

（3）将文本插入点定位至"函数参数"对话框的"Logical_test"参数框中，在函数下拉列表中选择需要嵌套的函数 SUM，如图 2-64 所示。

（4）在打开的"函数参数"对话框中设置嵌套函数的各项参数，完成设置后，单击 确定 按钮，如图 2-65 所示。

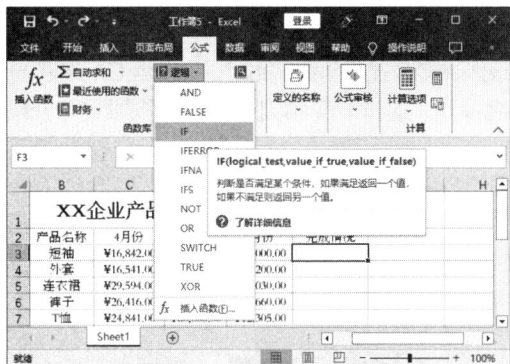
图2-62 选择"IF"选项

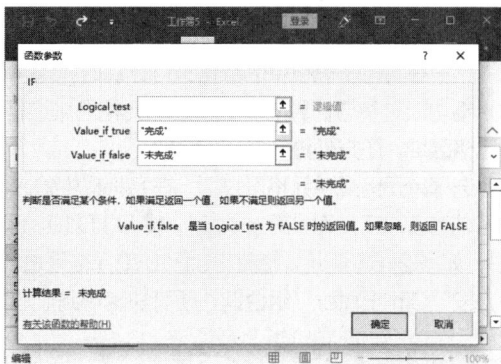
图2-63 设置函数参数信息

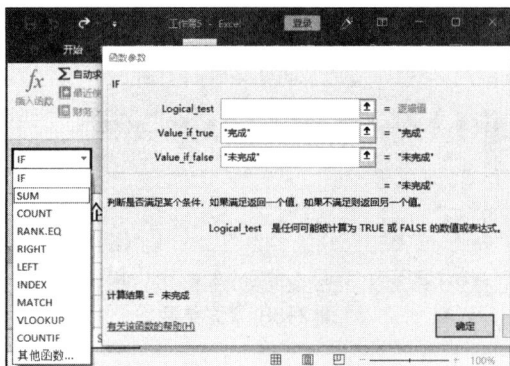
图2-64 选择嵌套函数

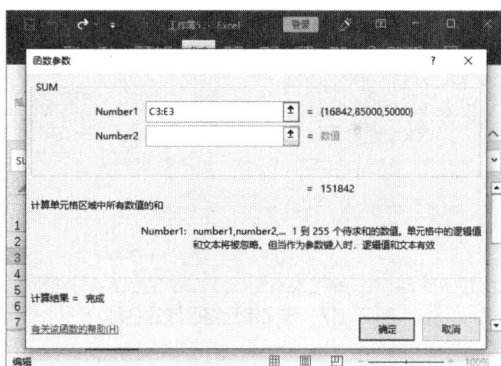
图2-65 设置嵌套函数的各项参数

（5）返回工作表后，将文本插入点定位至编辑栏中，并在嵌套函数 SUM 之后补充逻辑值的判断条件">100000"。该函数表示当 4 月份、5 月份、6 月份的销售总额大于 100000 时，判断结果为"完成"，否则判断结果为"未完成"，最后按"Enter"键查看计算结果，如图 2-66 所示。

图2-66 补充函数参数并查看计算结果

提示 将嵌套函数作为另一个函数的参数使用时，该嵌套函数返回值的类型一定要与参数使用值的类型相同，否则 Excel 会显示错误值"#VALUE!"。除此之外，Excel 允许进行多层嵌套，但最多不能超过 7 层。

（二）定义单元格

用户在对电子表格中的数据进行计算时，通常会录入许多公式或函数，此时，可使用 Excel 的定义单元格功能对参与计算的单元格或单元格区域进行命名操作，这样不仅可以快速定位至需要的单元格或单元格区域，还方便进行数组的计算。

选择单元格或单元格区域后，在名称框中输入需要的名称，并按"Enter"键确认。将 C3:C10 单元格区域的名称定义为"第一季度"，将 D3:D10、E3:E10 单元格区域的名称定义为"第二季度""第三季度"，如图 2-67 所示。选择 F3:F10 单元格区域，在编辑栏中输入"=第一季度+第二季度+第三季度"后，按"Ctrl+Enter"组合键，便可快速得到汇总结果，如图 2-68 所示。

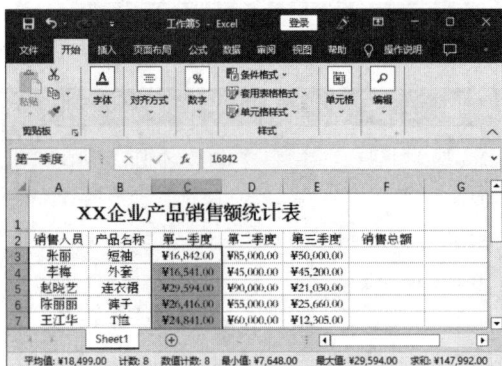

图 2-67　定义单元格区域的名称

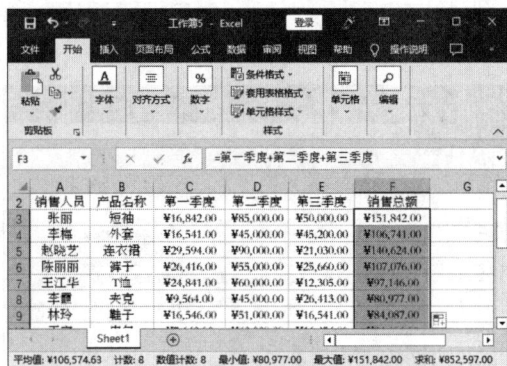

图 2-68　汇总结果

（三）不同工作表中的单元格引用

单元格引用不仅可以在同一工作表中进行，还可以在同一工作簿的不同工作表中进行，甚至可以在不同工作簿的工作表中进行。需要注意的是，在不同工作簿中引用单元格时，需要先将这些工作簿打开，再进行引用操作。在不同工作表中进行单元格引用的方法有以下两种。

- 直接引用单元格中的数据。在单元格中输入"="后，切换到相应工作表中，选择需要引用的单元格，按"Enter"键或"Ctrl+Enter"组合键。
- 以参数形式引用单元格中的数据。在单元格中输入"="后，切换到相应工作表中，选择需要引用的单元格后输入运算符，并继续设置公式的其他内容。

（四）公式的审核

在公式结构与函数的参数设置都正确的情况下，若产生了错误值，则说明公式或函数引用的单元格中有错误。此时，用户可利用 Excel 提供的"公式审核"功能检查公式与单元格之间的关系，并快速找到出错的原因。

1. 追踪引用单元格和追踪从属单元格

利用"追踪引用单元格"功能和"追踪从属单元格"功能可以快速、准确地定位当前公式引用的单元格或从属于哪些单元格，并用蓝色箭头标注出来，从而便于分析公式的整体结构。这里以"计算财务报表.xlsx"为例介绍这两种功能的使用。

- 追踪引用单元格。选择公式所在的单元格，在"公式"/"公式审核"组中单击"追踪引用单元格"按钮，即可追踪引用单元格。图 2-69 所示为 J3 单元格引用其他单元格的情况。

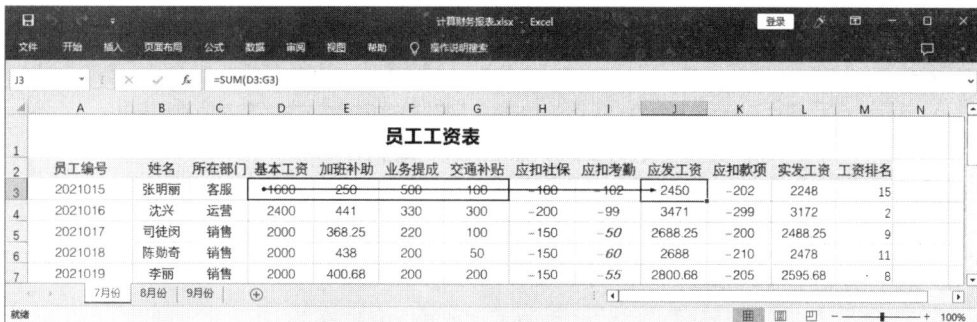

图2-69 J3单元格引用其他单元格的情况

- 追踪从属单元格。选择参与公式计算的单元格，在"公式"/"公式审核"组中单击"追踪从属单元格"按钮，即可追踪其从属的单元格。图2-70所示为L3单元格从属于其他单元格的情况。

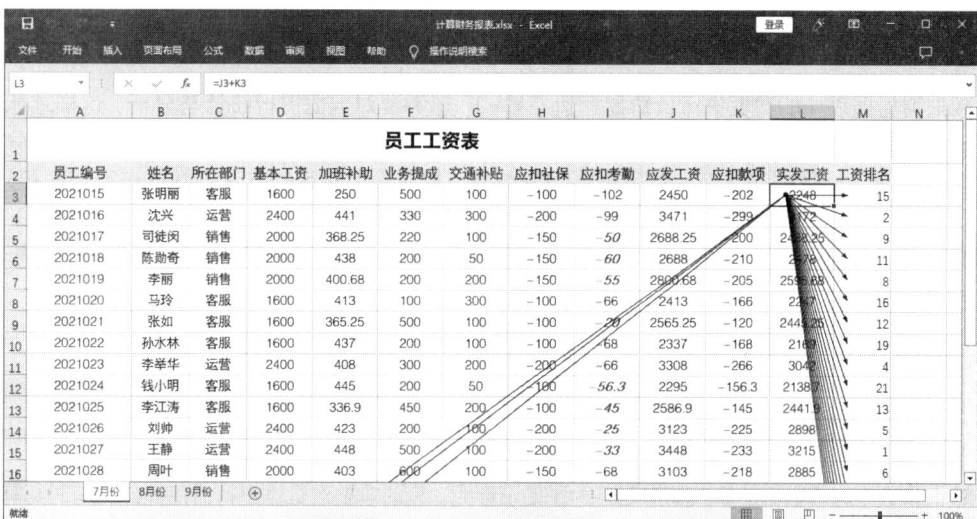

图2-70 L3单元格从属于其他单元格的情况

> **提示** 在"公式"/"公式审核"组中单击"删除箭头"按钮，可以同时取消引用单元格和从属单元格的追踪箭头。单击该按钮右侧的下拉按钮，在弹出的下拉列表中可以进一步选择需要取消的箭头类型。

2. 检查公式错误

公式出错后会返回错误值，不同的错误值有不同的出错原因。表2-2所示为常见的公式错误值及其错误原因。

表2-2 常见的公式错误值及其错误原因

错误值	错误原因
#VALUE!	① 公式使用标准算术运算符计算单元格中的数据，但这些单元格中包含文本； ② 使用的数学函数的公式包含的参数是文本而不是数字； ③ 工作簿使用了数据链接，而该链接不可用

续表

错误值	错误原因
#REF!	① 删除了其他公式引用的单元格，或将单元格粘贴到其他公式引用的其他单元格中； ② 存在指向当前未运行的程序的对象链接和嵌入链接； ③ 链接到了不可用的动态数据交换主题； ④ 工作簿中可能有一个宏在工作表中输入了返回值为"#REF!"的函数
#NUM!	① 可能在需要数字参数的函数中提供了错误的数据类型； ② 公式可能使用了进行迭代计算的函数，但函数无法得到结果； ③ 公式产生的结果的数字可能太大或太小，以至于无法表示

任务四 统计与分析财务报表

任务描述

仅对财务报表中的数据进行计算是远远不够的，还需要对数据进行统计与分析，这样才能帮助用户从中发现规律或得出相关结论。数据的统计与分析是一个循序渐进的过程，首先要明确分析目标，清楚每个原始数据的含义；然后需要清洗数据；最后通过特定的方法对数据进行整理和分析。这与人们学习知识非常相似，学习也是一个日积月累、循序渐进的过程，不可能一蹴而就。下面通过排序和筛选、图表等功能来分析财务报表中的数据，介绍使用 Excel 进行数据统计与分析的一系列操作。

技术分析

（一）数据的排序和筛选

在工作表中完成数据的录入操作后，为了便于查阅，有时需要对数据进行排序操作，有时则需要显示数据中某一类特定的信息。此时，用户可以使用 Excel 的"排序和筛选"功能来实现相应操作。下面介绍数据排序和筛选的具体方法。

1. 数据排序

数据排序是统计工作中的一项重要内容，在 Excel 中可将数据按照指定的规律排序。一般情况下，数据排序分为以下 3 种情况。

- 单列数据排序。单列数据排序是指在工作表中以一列单元格中的数据为依据，对工作表中的所有数据进行排序。
- 多列数据排序。在对多列数据进行排序时，需要以某个数据为基础进行排列，该数据就称为"关键字"。以关键字排序，其他列中的单元格数据将随之发生变化。对多列数据进行排序时，先要选择多列数据对应的单元格区域，再选择关键字，Excel 会自动根据该关键字进行排序，未选择的单元格区域将不参与排序。图 2-71 所示为多列数据排序效果，先根据主要关键字"成交/套"进行升序排列，成交套数相同时，再按次要关键字"成交面积/平方米"进行升序排列。
- 自定义排序。使用自定义排序可以设置多个关键字对数据进行排序，并可以使用其他关键字对相同的数据进行排序。图 2-72 所示为自定义关键字"高层,多层,小高层"的排序效果。

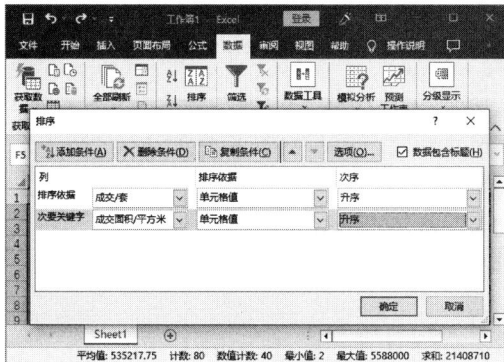

图 2-71　多列数据排序效果

图 2-72　自定义关键字的排序效果

2. 数据筛选

数据筛选是对数据进行分析时常用的操作之一。数据筛选分为以下 3 种情况。

- 自动筛选。自动筛选数据即根据用户设定的筛选条件，自动将表格中符合条件的数据显示出来，而表格中的其他数据将会被隐藏。
- 自定义筛选。自定义筛选是在自动筛选的基础上进行的，即先对数据进行自动筛选操作，再单击字段名称右侧的"筛选"按钮 ，在弹出的下拉列表中选择相应的筛选条件，在打开的"自定义自动筛选"对话框中进行相关设置，如图 2-73 所示。

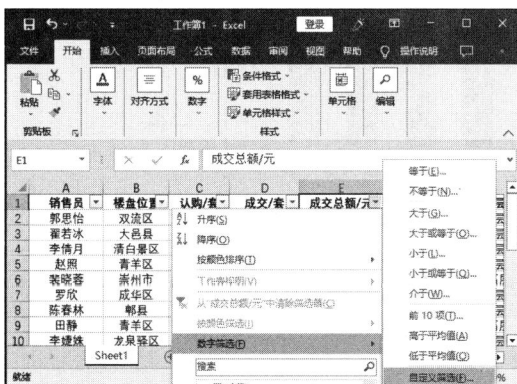

图 2-73　自定义筛选

- 高级筛选。若需要根据自己设置的筛选条件对数据进行筛选，则需要使用高级筛选功能。高级筛选功能可以筛选出同时满足两个或两个以上条件的数据。

（二）数据的分类汇总

数据的分类汇总就是将性质相同或相似的一类数据放到一起，使它们成为"一类"，并对这类数据进行各种统计计算。这样不仅能使电子表格的数据结构更加清晰，还能有针对性地对数据进行汇总。

选择要进行分类汇总的字段，并对该字段进行排序设置，在"数据"/"分级显示"组中单击"分类汇总"按钮▦，打开"分类汇总"对话框，如图 2-74 所示，在其中设置好分类字段、汇总方式、选定汇总项、汇总结果的显示位置等后，单击 确定 按钮完成分类汇总操作。

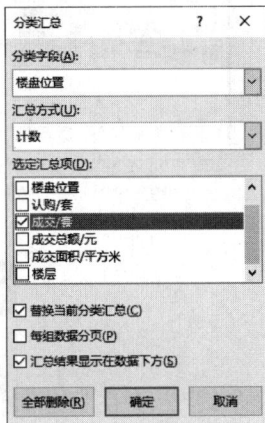

图 2-74 "分类汇总"对话框

（三）图表的种类

利用图表可将抽象的数据直观地表现出来，而将电子表格中的数据与图形联系起来，可以让数据更加清楚、更容易被理解。Excel 提供了 10 多种标准类型和多种自定义类型的图表，如柱形图、折线图、条形图、饼图等。

- 柱形图。柱形图主要用于显示一段时间内的数据变化情况或对数据进行对比分析。在柱形图中，通常沿水平坐标轴显示类别，沿垂直坐标轴显示数值。
- 折线图。折线图可直观地显示数据的变化趋势，因此，折线图一般适用于显示在相等时间间隔下数据的变化趋势。在折线图中，沿水平坐标轴均匀分布的是类别数据，沿垂直坐标轴分布的是所有值。
- 条形图。条形图主要用于显示各项目之间的比较情况，使得项目之间的对比关系一目了然。如果表格中的数据是持续型的，那么选择条形图是非常合适的。
- 饼图。饼图用于显示相应数据项占该数据系列总和的比例值，饼图中的数据为数据项的占有比例。饼图通常应用于市场份额分析、市场占有率分析等场合，它能直观地表达出每一块区域所占的比例大小。

图表中包含许多元素，默认情况下只显示其中部分元素，其他元素可根据需要添加。图表元素主要包括图表区、图表标题、坐标轴（水平坐标轴和垂直坐标轴）、图例、绘图区、数据系列等。图 2-75 所示为一个簇状柱形图。

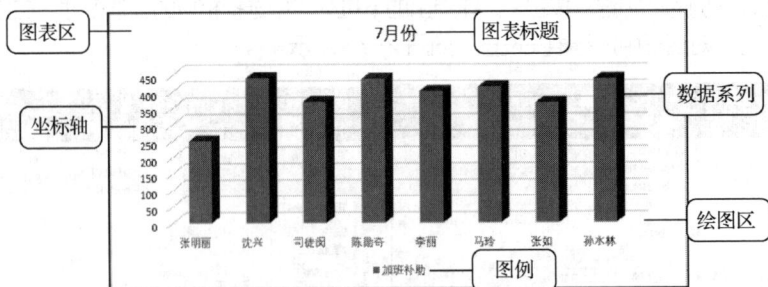

图 2-75 簇状柱形图

- 图表区。图表区是指包含整个图表及全部图表元素的区域。图表区的设置包括对图表区的背景进行填充、对图表区的边框进行设置，以及对三维格式进行设置等。
- 图表标题。图表标题是一段文本，对图表起补充说明作用。创建图表时，系统一般会自动添加图表标题。若图表中未显示标题，则可以手动添加，并将其放在图表上方或下方。
- 坐标轴。坐标轴用于对数据进行度量和分类，它包括水平坐标轴和垂直坐标轴，在垂直坐标轴中显示图表数据，在水平坐标轴中显示数据分类。
- 图例。图例是一个方框，用于标识图表中的数据系列或分类指定的图案或颜色，一般显示在图表区的右侧，但图例的位置不是固定不变的，而是可以根据需要进行移动。

- 绘图区。绘图区是由坐标轴界定的区域，在二维图表中，绘图区包括所有数据系列。而在三维图表中，绘图区除了包括所有数据系列外，还包括分类名、刻度线标志和坐标轴标题。
- 数据系列。数据系列即在图表中绘制的相关数据，这些数据来源于工作表的行或列。图表中的每个数据系列都具有唯一的颜色或图案且表示在图表的图例中。可以在图表中绘制一个或多个数据系列。

（四）认识数据透视表

数据透视表可以对大量数据进行快速汇总并建立交叉列表，它能够清晰地反映出电子表格中的数据信息。数据透视表是一个动态汇总报表，用户通过它可以对数据信息进行分析和处理。从结构上看，数据透视表由 4 部分组成，如图 2-76 所示，各部分的作用如下。

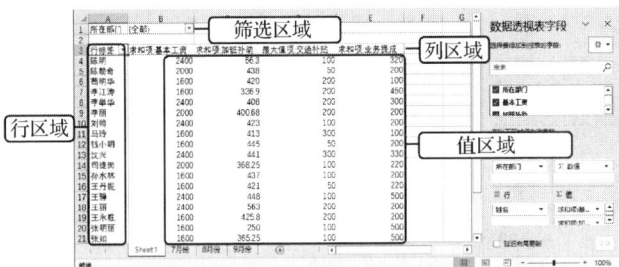

图 2-76　数据透视表的组成

- 筛选区域。该区域中的字段将作为数据透视表中的报表筛选字段。
- 行区域。该区域中的字段将作为数据透视表的行标签。
- 列区域。该区域中的字段将作为数据透视表的列标签。
- 值区域。该区域中的字段将作为数据透视表中显示的汇总数据。值的汇总方式默认为"求和"，可以根据需要将其更改为"计数""平均值""最大值""最小值"等。

将字段添加到数据透视表中的操作很简单，在"数据透视表字段"窗格中选中要添加字段对应的复选框即可。除此之外，还可以使用以下两种方法来快速添加字段。

- 鼠标右键。在"数据透视表字段"窗格中要添加的字段上单击鼠标右键，在弹出的快捷菜单中选择添加字段的位置，如图 2-77 所示。这种方法适用于用户自定义筛选模式。
- 拖曳鼠标。将鼠标指针定位至要添加的字段上，按住鼠标左键将其拖曳至目标区域中，如图 2-78 所示。这种方法便于用户根据自己的需求自定义数据透视表的字段。

图 2-77　通过鼠标右键添加字段　　图 2-78　通过拖曳鼠标添加字段

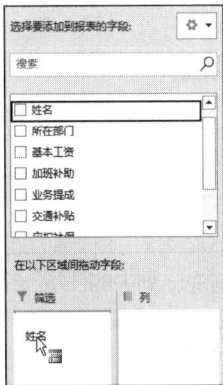

示例演示

本任务为统计与分析"财务报表"中的数据，参考效果如图 2-79 所示。其中，利用"排序和筛选"功能对工资数据进行分析，利用"分类汇总"功能和图表对部门工资进行汇总与分析，利用数据透视表和数据透视图动态分析工资数据。

员工编号	姓名	所在部门	基本工资	加班补助	业务提成	交通补贴	应扣社保	应扣考勤	应发工资	应扣款项	实发工资	工资排名
2021024	钱小明	客服	1600	445	200	50	-100	-56.3	2295	-156.3	2138.7	23
2021022	孙水林	客服	1600	437	200	100	-100	-68	2337	-168	2169	21
2021030	郑明佳	客服	1600	430	300	50	-100	-66	2380	-166	2214	19
2021029	王永胜	客服	1600	425.8	200	200	-100	-69	2425.8	-169	2256.8	15
2021032	王丹妮	客服	1600	421	220	50	-100	-63.5	2291	-163.5	2127.5	24
2021036	荀明华	客服	1600	420	100	200	-100	-55	2320	-155	2165	22
2021020	马玲	客服	1600	413	100	300	-100	-66	2413	-166	2247	17
2021033	周文娟	客服	1600	396.5	320	50	-100	-66	2366.5	-166	2200.5	20
2021021	张如	客服	1600	365.25	500	100	-100	-20	2445.25	-120	2445.25	13
2021025	李江涛	客服	1600	336.9	450	200	-100	-45	2586.9	-145	2441.9	14
2021015	张明丽	客服	1600	250	500	100	-100	-102	2450	-202	2248	16
		客服 平均值									2241.241	
		客服 汇总		4340.45	3090	1400						
2021018	陈勖奇	销售	2000	438	200	50	-150	-60	2688	-210	2478	12
2021031	周丽	销售	2000	412.36	200	50	-150	-32.5	2662.36	-182.5	2479.86	11
2021028	周叶	销售	2000	403	600	100	-150	-68	2380	-218	2885	6
2021019	李丽	销售	2000	400.68	200	100	-150	-55	2800.68	-205	2595.68	8
2021017	司徒闵	销售	2000	368.25	220	100	-150	-50	2688.25	-200	2488.25	10
		销售 平均值									2585.358	
		销售 汇总		2022.29	1420	500						
2021035	王丽	运营	2400	563	200	100	-200	-50.6	3363	-250.6	3112.4	3
2021027	王静	运营	2400	448	500	100	-200	-33	3448	-233	3215	1
2021016	沈兴	运营	2400	441	330	300	-200	-99	3471	-299	3172	2
2021026	刘帅	运营	2400	423	200	100	-200	-25	3123	-225	2898	5
2021023	李举华	运营	2400	408	200	100	-200	-66	3308	-266	3042	4
2021034	陈明	运营	2400	56.3	320	100	-200	-33	2876.3	-233	2643.3	7
		运营 平均值									3013.783	
		运营 汇总		2339.3	1850	1000						
		总计平均值									2530.143	
		总计		8702.04	6360	2900						

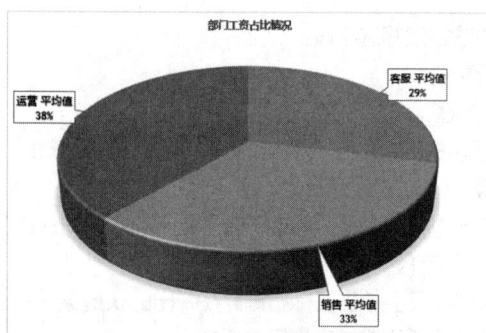

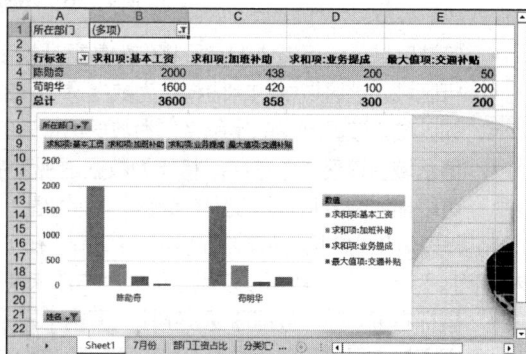

部门工资占比   分类汇总   9月份

部门工资占比情况

运营 平均值 38%
客服 平均值 29%
销售 平均值 33%

所在部门	(多项)
行标签	求和项:基本工资	求和项:加班补助	求和项:业务提成	最大值项:交通补贴
陈勖奇	2000	438	200	50
荀明华	1600	420	100	200
总计	3600	858	300	200

Sheet1   7月份   部门工资占比   分类[...]

图2-79 统计与分析"财务报表"中数据的参考效果

任务实现

（一）排序工资数据

使用 Excel 中的数据排序功能对工资数据进行排序，有助于直观地显示、组织和查找所需数据。下面在"财务报表 02.xlsx"工作簿中对工资数据进行简单排序和自定义排序，其具体操作如下。

（1）打开"财务报表 02.xlsx"工作簿（配套资源：素材\模块二\财务报表 02.xlsx），在"7 月份"工作表中选择 E 列中的任意一个单元格，在"数据"/"排序和筛选"组中单击"降序"按钮，使表中的数据按"加班补助"列由高到低排列，效果如图 2-80 所示。

（2）选择工作表中包含数据的任意一个单元格，在"数据"/"排序和筛选"组中单击"排序"按

微课
排序工资数据

钮[图], 打开"排序"对话框, 在"列"下拉列表中选择"所在部门"选项, 在"次序"下拉列表中选择"自定义序列"选项, 如图 2-81 所示。

图 2-80 按"加班补助"列降序排列效果

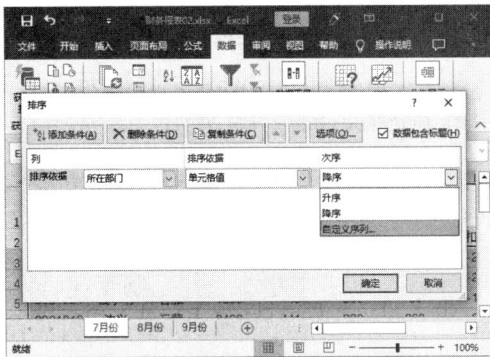

图 2-81 选择"自定义序列"选项

（3）打开"自定义序列"对话框, 在"输入序列"文本框中输入图 2-82 所示的内容, 依次单击 添加(A) 按钮和 确定 按钮。

（4）返回"排序"对话框,"次序"下拉列表中将显示设置的自定义序列, 确认无误后单击 确定 按钮。

（5）返回工作表后, 工作表中的数据将按照"所在部门"列中的自定义序列进行排序, 效果如图 2-83 所示。

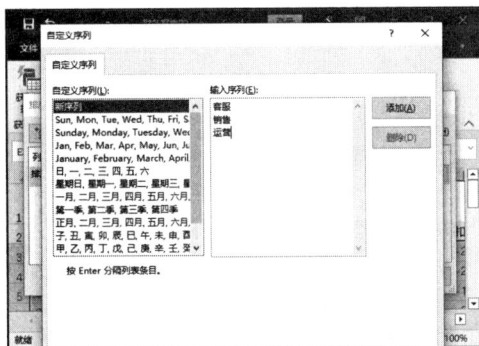

图 2-82 输入序列

图 2-83 自定义序列的排序效果

提示 用户在对数据进行排序时, 如果第一个关键字的数据相同, 则可以添加第二个关键字进行排序。进行多关键字排序的方法如下: 打开"排序"对话框, 单击 添加条件(A) 按钮, 在"次要关键字"选项组中设置排序依据、次序后, 单击 确定 按钮。

（二）筛选工资数据

Excel 中的筛选数据功能可以根据需要显示满足某个或某几个条件的数据, 而隐藏其他数据。

1. 自动筛选

"自动筛选"功能可以在工作表中快速显示出指定字段的数据并隐藏其他数据。下面在"财务报表 02.xlsx"工作簿中筛选出"客服"部的数据信息, 其具体操作如下。

微课

筛选工资数据

（1）选择"7月份"工作表中的任意一个单元格，在"数据"/"排序和筛选"组中单击"筛选"按钮 ▼，进入筛选状态，列标题中的各单元格右侧将显示"筛选"按钮 ▼。

（2）在C2单元格中单击"筛选"按钮 ▼，在弹出的下拉列表中取消选中"销售""运营"复选框，仅选中"客服"复选框，单击 确定 按钮，如图2-84所示。

（3）返回工作表后，工作表中将只显示"所在部门"为"客服"的数据信息，而其他部门的数据将被隐藏，筛选结果如图2-85所示。

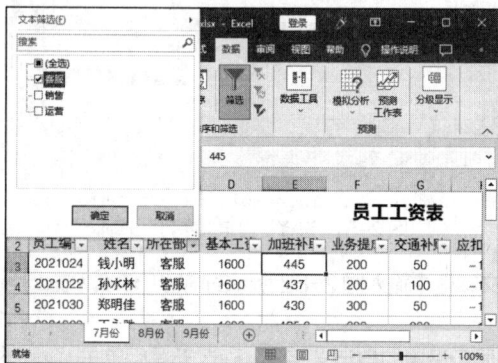

图2-84　选择要筛选的字段　　　图2-85　筛选结果

提示　在Excel 2019中还能通过颜色、数字和文本等对数据进行筛选，但是在筛选前需要设置好表格中的数据。

2. 自定义筛选

自定义筛选多用于筛选数值数据，设定筛选条件可以将满足指定条件的数据筛选出来，而隐藏其他数据。下面在"财务报表02.xlsx"工作簿中筛选出"实发工资"大于2200的员工信息，其具体操作如下。

微课
自定义筛选

（1）在"数据"/"排序和筛选"组中单击"清除"按钮 ，清除工作表中的筛选条件。

（2）在L2单元格右侧单击"筛选"按钮 ▼，在弹出的下拉列表中选择"数字筛选"/"大于"选项。

（3）打开"自定义自动筛选"对话框，在"实发工资"选项组的"大于"下拉列表右侧的下拉列表中输入"2200"，单击 确定 按钮，如图2-86所示。

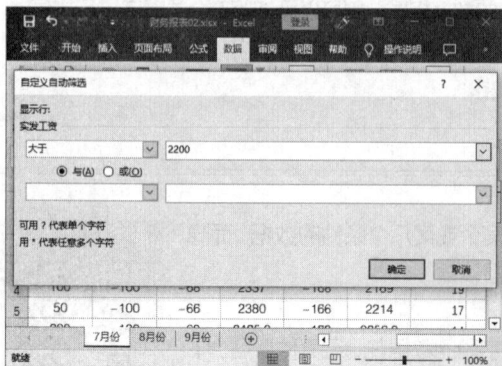

图2-86　自定义筛选

提示 筛选并查看数据后，在"数据"/"排序和筛选"组中单击"筛选"按钮▼，可直接退出筛选状态，并返回筛选前的工作表。如果想清除筛选条件，但又不想退出表格的筛选状态，则可单击"数据"/"排序和筛选"组中的"清除"按钮▼。

3. 高级筛选

用户通过"高级筛选"功能可以自定义筛选条件，并在不影响当前工作表的情况下显示筛选结果。因此，对于较为复杂的筛选，可以通过"高级筛选"功能来实现。下面在"财务报表 02.xlsx"工作簿中筛选出业务提成大于"300"，且应发工资大于"2500"的员工信息，其具体操作如下。

（1）在"数据"/"排序和筛选"组中单击"筛选"按钮▼，退出工作表的筛选状态。

（2）选择 O3 单元格并输入筛选序列"业务提成"，在 O4 单元格中输入筛选条件">300"；选择 P3 单元格并输入筛选序列"应发工资"，在 P4 单元格中输入筛选条件">2500"，如图 2-87 所示。

（3）选择包含数据的任意单元格，这里选择 M3 单元格，在"数据"/"排序和筛选"组中单击"高级"按钮▼。

（4）打开"高级筛选"对话框，在"方式"选项组中选中"将筛选结果复制到其他位置"单选按钮，在"列表区域"参数框中输入"$A$2:$M$24"，在"条件区域"参数框中输入"'7 月份'!$O$3:$P$4"，在"复制到"参数框中输入"'7 月份'!$O$7"，单击 确定 按钮，如图 2-88 所示。

（5）返回工作表后，查看筛选结果。

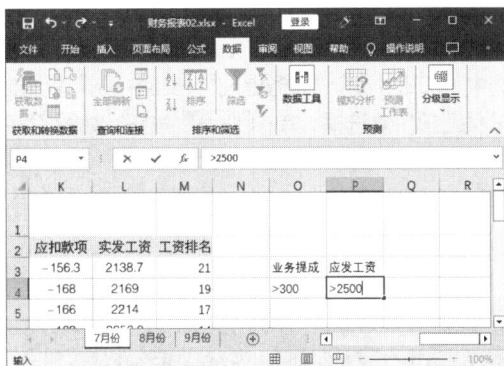

图 2-87　输入高级筛选条件　　　图 2-88　设置高级筛选方式

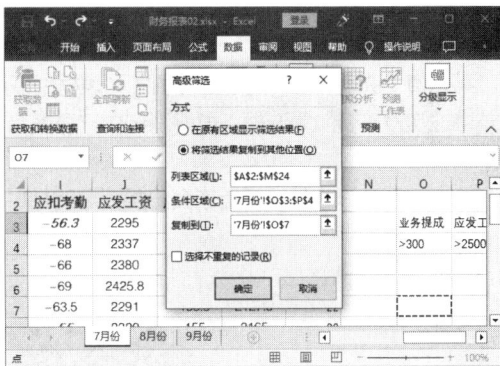

（三）按部门分类汇总工资

Excel 的"分类汇总"功能可以对表格中的同类数据进行统计，使工作表中的数据更加清晰、直观。下面在"财务报表 02.xlsx"工作簿中按部门分类汇总员工工资，其具体操作如下。

（1）在"7 月份"工作表中选择 A2:M24 单元格区域，按"Ctrl+C"组合键进行复制，切换到"8 月份"工作表，在其中选择 A2 单元格，按"Ctrl+V"组合键进行粘贴。

（2）双击"8 月份"工作表标签，将该工作表重命名为"分类汇总"。

（3）选择"分类汇总"工作表中 C 列的任意一个单元格，在"数据"/"分级显示"组的"分级显示"下拉列表中选择"分类汇总"选项，如图 2-89 所示。

（4）打开"分类汇总"对话框，在"分类字段"下拉列表中选择"所在部门"选项，在"汇总方式"下拉列表中选择"求和"选项，在"选定汇总项"列表框中选中"加班补助""业务提成""交通补贴"复选框，单击 确定 按钮，如图2-90所示。

（5）此时可对表格中的数据进行分类汇总，同时直接在表格中显示汇总结果。

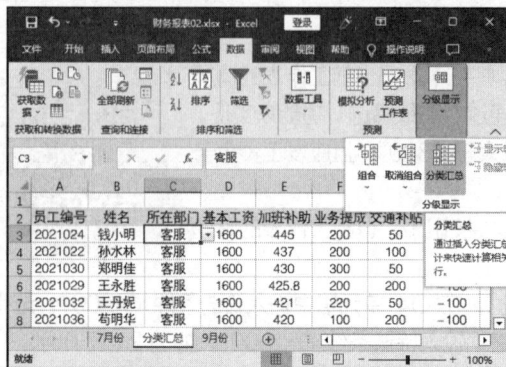

图2-89 选择"分类汇总"选项

图2-90 设置分类汇总参数

> **提示** 分类汇总实际上就是分类加汇总，其操作过程是先用"排序"功能对数据进行分类排序，再按照分类进行汇总。如果没有进行分类排序，则汇总的结果没有意义。所以，在汇总之前，应先对数据进行分类排序，且分类排序的条件最好是需要分类汇总的相关字段，这样汇总的结果才会更加清晰。

（6）在C列中选择任意一个单元格，再次打开"分类汇总"对话框，在"汇总方式"下拉列表中选择"平均值"选项，在"选定汇总项"列表框中取消选中"加班补助""业务提成""交通补贴"复选框，并选中"实发工资"复选框，再取消选中"替换当前分类汇总"复选框，单击 确定 按钮，如图2-91所示。

（7）返回工作表后，查看嵌套分类汇总的结果，如图2-92所示。

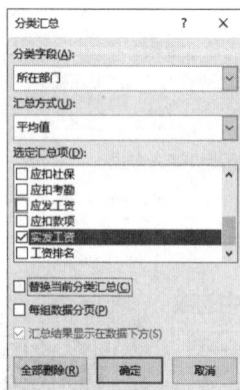

图2-91 设置"汇总方式"和
"选定汇总项"

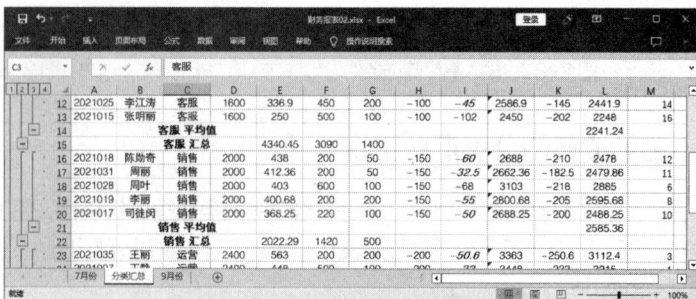

图2-92 嵌套分类汇总的结果

> **提示** 打开已经进行了分类汇总的工作表后，选择任意一个单元格，打开"分类汇总"对话框，直接单击 全部删除(R) 按钮可将表格中已创建的分类汇总效果删除。

（四）利用图表分析部门工资占比

图表可以将工作表中的数据以图例的方式展现出来。下面在"财务报表 02.xlsx"工作簿中用饼图分析各部门的工资占比情况，其具体操作如下。

（1）选择"分类汇总"工作表，在按住"Ctrl"键的同时，依次选择 C14、L14、C21、L21、C29、L29 共 6 个不连续的单元格。

（2）在"插入"/"图表"组中单击"插入饼图或圆环图"按钮，在弹出的下拉列表中选择"三维饼图"/"三维饼图"选项，如图 2-93 所示。

（3）此时可在当前工作表中创建一个饼图，其中显示了各部门工资的平均值情况。将鼠标指针移动至饼图中的某一数据系列上，便可查看该数据系列对应部门的工资平均值占比情况，如图 2-94 所示。

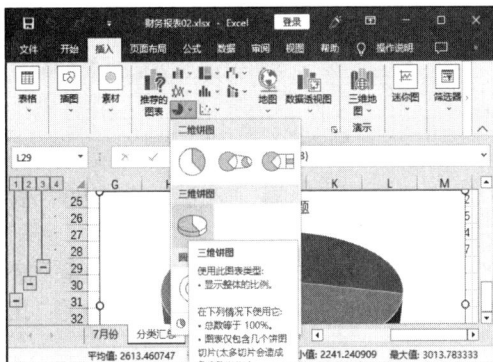

图 2-93　选择"三维饼图"选项

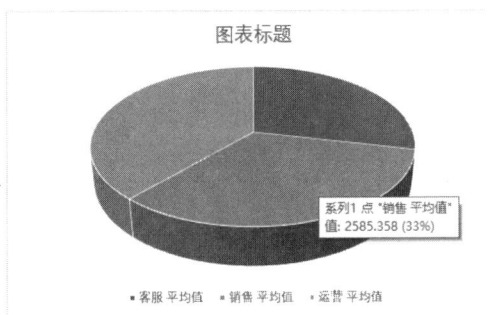

图 2-94　查看数据系列

（4）在"图表工具－图表设计"/"位置"组中单击"移动图表"按钮，打开"移动图表"对话框，选中"新工作表"单选按钮，并在其右侧的文本框中输入工作表的名称"部门工资占比"，单击 确定 按钮，如图 2-95 所示。

（5）此时图表将移动到新工作表中，图表将自动调整为适合工作表区域的大小。

（6）在"图表工具－图表设计"/"图表布局"组中单击"快速布局"按钮，在弹出的下拉列表中选择"布局 4"选项，如图 2-96 所示。

图 2-95　选择放置图表的位置

图 2-96　选择"布局 4"选项

提示　在 Excel 2019 中，如果不选择数据而直接插入图表，则图表将显示为空白。这时可在"图表工具－图表设计"/"数据"组中单击"选择数据"按钮，打开"选择数据源"对话框，在其中设置与图表数据对应的单元格区域，从而在图表中添加数据。

（7）在"图表工具–图表设计"/"图表布局"组中单击"添加图表元素"按钮，在弹出的下拉列表中选择"图表标题"/"图表上方"选项，并将图表标题修改为"部门工资占比情况"，如图 2-97 所示。

（8）保持图表标题处于选择状态，在"图表工具–图表设计"/"图表样式"组中的"快速样式"下拉列表中选择"样式 8"选项，如图 2-98 所示。

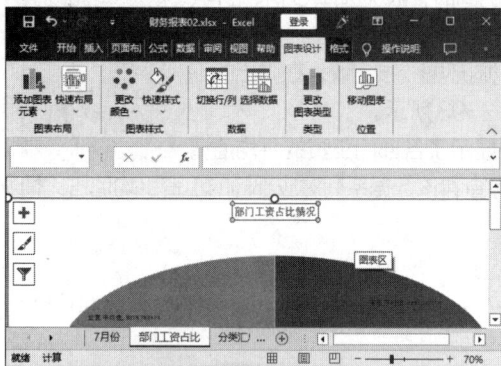

图 2-97　添加图表标题

图 2-98　选择图表样式

（9）在"图表工具–图表设计"/"图表布局"组中单击"添加图表元素"按钮，在弹出的下拉列表中选择"数据标签"选项组中的"数据标注"选项，如图 2-99 所示。

（10）选择图表中的数据标签，在"图表工具–格式"/"艺术字样式"组中的"样式"下拉列表中选择"填充：黑色，文本色 1；阴影"选项，在"开始"/"字体"组中将数据标签的字号设置为"16"，效果如图 2-100 所示。

图 2-99　选择"数据标注"选项

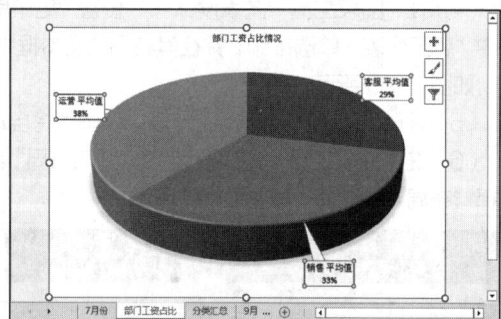

图 2-100　设置数据标签的艺术字样式和字号的效果

（五）创建并编辑数据透视表

数据透视表是一种交互式的数据报表，它可以快速汇总大量数据，同时对汇总结果进行筛选，以查看源数据的不同统计结果。下面在"财务报表 02.xlsx"工作簿中创建并编辑数据透视表，其具体操作如下。

（1）切换到"7月份"工作表，选择 A2:I24 单元格区域，在"插入"/"表格"组中单击"数据透视表"按钮，打开"来自表格或区域的数据透视表"对话框。

（2）由于已经选择了数据区域，只需设置放置数据透视表的位置，这里选中"新工作表"单选按钮，单击 确定 按钮，如图 2-101 所示。

（3）此时系统将新建一张工作表，并在其中显示空白的数据透视表，其右侧则打开"数据透视表字

微课

创建并编辑数据
透视表

段"任务窗格。

（4）在"数据透视表字段"任务窗格中将"所在部门"字段拖曳到"筛选"下拉列表中，按照同样的方法将"姓名"字段拖曳到"行"下拉列表中，将"基本工资""加班补助""业务提成""交通补贴"等字段拖曳到"值"下拉列表中，如图2-102所示。

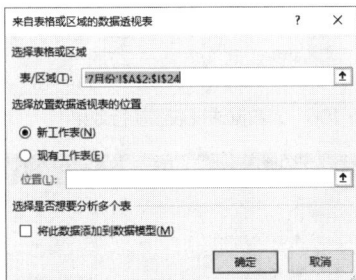

图2-101　设置放置数据透视表的位置

图2-102　拖曳字段到指定区域

（5）在创建好的数据透视表中单击"所在部门"字段右侧的下拉按钮▼，在弹出的下拉列表中选中"选择多项"复选框，取消选中"运营"复选框，并单击 确定 按钮，如图2-103所示。

（6）返回工作表后，数据透视表中将自动筛选出"客服""销售"这两个部门的员工数据。

（7）单击"行标签"字段右侧的下拉按钮▼，在弹出的下拉列表中选择"值筛选"/"大于或等于"选项，如图2-104所示。

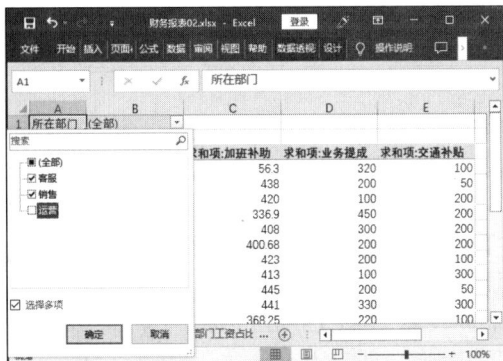

图2-103　筛选多项数据

图2-104　根据值筛选数据

（8）打开"值筛选（姓名）"对话框，在第一个下拉列表中选择"求和项：加班补助"选项，在第二个下拉列表中选择"大于或等于"选项，在最后一个文本框中输入"400"，单击 确定 按钮，如图2-105所示。

（9）返回工作表后，数据透视表中将自动筛选出加班补助值大于400的员工信息，在"数据透视表工具－设计"/"数据透视表样式选项"组中选中"镶边行"复选框，如图2-106所示。

（10）在"数据透视表字段"任务窗格中的"值"下拉列表中选择"求和项：交通补贴"选项，单击该窗格右侧的 ⚙ 按钮，在弹出的下拉列表中选择"值字段设置"选项，如图2-107所示。

（11）打开"值字段设置"对话框，在"值汇总方式"选项卡的"计算类型"列表框中选择"最大值"选项，单击 确定 按钮，如图2-108所示。

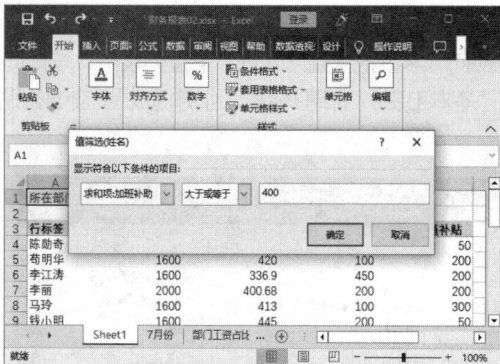

图2-105　设置值筛选参数

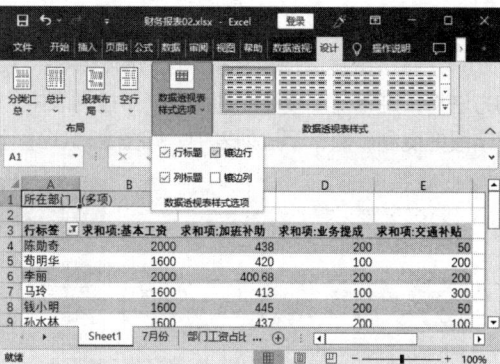

图2-106　为数据透视表添加行效果

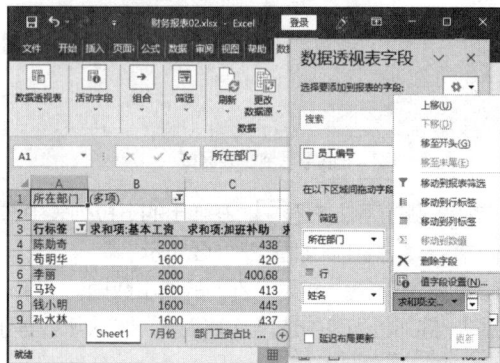

图2-107　选择"值字段设置"选项

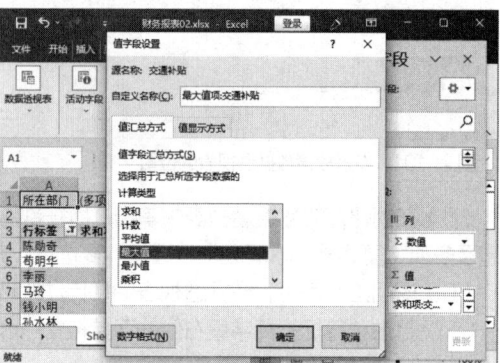

图2-108　选择值字段的计算类型

（六）创建并编辑数据透视图

使用数据透视表分析数据后，为了更加直观地查看数据情况，用户还可以根据数据透视表制作数据透视图。下面在"财务报表 02.xlsx"工作簿中创建并编辑数据透视图，其具体操作如下。

（1）选择数据透视表中的任意一个单元格，在"数据透视表工具－数据透视表分析"/"工具"组中单击"数据透视图"按钮，打开"插入图表"对话框。

（2）在左侧的列表框中选择"柱形图"选项，在右侧选择"簇状柱形图"选项，单击 确定 按钮，返回工作表后，便可查看添加的数据透视图，如图2-109示。

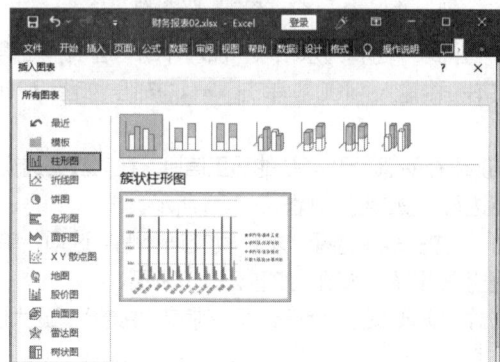

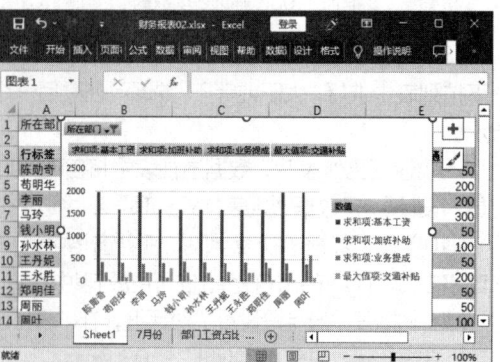

微课

创建并编辑数据
透视图

图2-109　添加数据透视图

> **提示** 数据透视图和数据透视表是相互关联的，改变数据透视表中的内容，数据透视图中将发生相应的变化。另外，数据透视表中的字段可拖曳到数据透视图中的 4 个区域：筛选区域，可用于进行自动筛选，是所在数据透视表的条件区域，该区域内的所有字段都将作为筛选数据区域中内容的条件；行和列两个区域，用于将数据横向或纵向显示，与"分类汇总"选项的分类字段作用相同；值区域，主要用于显示数据内容。

（3）在数据透视图中单击 姓名 ▼ 按钮，在弹出的下拉列表中取消选中"全选"复选框，选中"陈勋奇""苟明华"两个复选框，单击 确定 按钮。返回工作表后，便可在数据透视图中看到这两名员工的相关信息，同时数据透视表中的数据发生了相应的变化，如图 2-110 所示（配套资源：效果\模块二\财务报表 02.xlsx）。

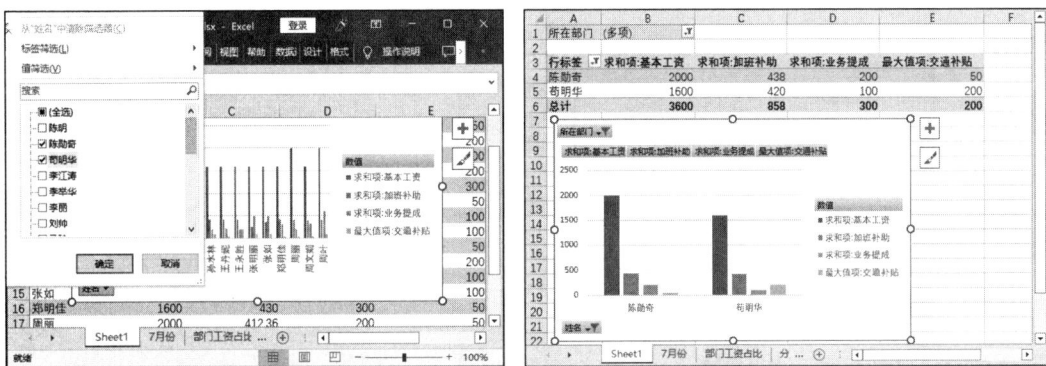

图 2-110　筛选数据透视图中的"姓名"字段

能力拓展

（一）使用切片器

Excel 2019 为用户提供了切片器功能，使用切片器不仅能筛选数据，还能快速且直观地查看筛选信息。切片器其实就是一组筛选按钮，其中包括切片器标题、筛选按钮列表、"清除筛选器"按钮、"多选"按钮等，如图 2-111 所示。

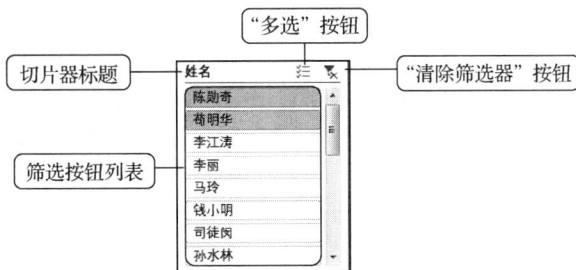

图 2-111　切片器的组成

- 切片器标题。切片器标题用于显示数据透视表的行区域中的字段名称。
- 筛选按钮列表。筛选按钮列表用于显示数据透视表中的项目类别。其中，深蓝色按钮表示对应项目处于筛选状态；白色按钮表示对应项目未处于筛选状态。

- "清除筛选器"按钮▽。单击该按钮可以清除筛选按钮列表中的筛选状态。
- "多选"按钮 。单击该按钮可以同时选中切片器中的多个筛选按钮，若未单击该按钮，则只能选择切片器筛选按钮列表中的一个按钮。

先在工作表中创建一张数据透视表，再选择数据透视表区域中的任意一个单元格，在"插入"/"筛选器"组中单击"切片器"按钮 ，打开"插入切片器"对话框，在其中选中要为其创建切片器的数据透视表字段对应的复选框后，单击 确定 按钮。返回工作表后，系统将为所选字段创建一个切片器，在切片器中单击要筛选的项目便可实现快速筛选，如图2-112所示。

图2-112 为"姓名""实际回款额"字段添加切片器

（二）在图表中添加图片

在使用Excel生成图表时，如果希望图表能更加生动、美观，则可以使用图片来填充默认的单色数据系列。为图表中的数据系列填充图片的方法如下：打开包含图表的工作簿，选择图表中的某个数据系列，单击鼠标右键，在弹出的快捷菜单中选择"填充"/"图片"选项，如图2-113示。打开"插入图片"对话框，选择"来自文件"选项，打开"插入图片"对话框，在其中选择一张图片后，单击 插入(S) ▼按钮，所选图片便会插入图表的数据系列中，效果如图2-114所示。

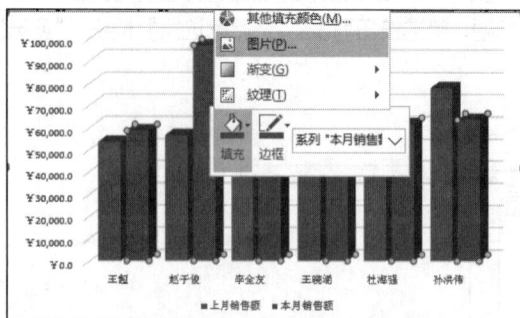

图2-113 选择"图片"选项　　　　　图2-114 为数据系列添加图片后的效果

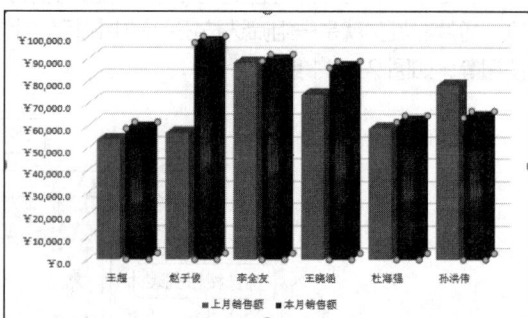

提示 在对插入的图表进行美化设置时，除了可以为图表添加图片，还可以为图片设置渐变或纹理效果。其方法与添加图片类似，即在弹出的快捷菜单中选择"填充"/"渐变"或"纹理"选项。

任务五　保护并打印财务报表

任务描述

一般情况下，公司财务报表属于机密文件，除了公司领导和相关人员外，不会轻易给他人查看。因此，为了不让他人随意查看计算机中保存的财务报表等重要文件，用户可以使用 Excel 提供的工作簿、工作表、单元格保护功能对其进行加密设置，以达到保护文件的目的。下面利用该功能对财务报表进行加密设置，并对其进行打印设置。

技术分析

（一）工作簿、工作表和单元格的保护

为了避免电子表格中的重要数据被人为修改或破坏，Excel 提供了全面的数据保护功能，包括工作簿的保护、工作表的保护及单元格的保护等。下面介绍实现这些保护功能的操作方法。

1. 保护工作簿

保护工作簿是指将工作簿设为保护状态，禁止他人访问、修改和查看。对工作簿进行保护设置可以防止他人随意调整工作表窗口的大小或更改工作表标签。保护工作簿的方法如下：打开要保护的工作簿，选择"文件"/"信息"命令，打开"信息"界面，单击"保护工作簿"按钮，在弹出的下拉列表中选择"用密码进行加密"选项，如图 2-115 示。打开"加密文档"对话框，输入密码后，单击 确定 按钮，如图 2-116 所示。打开"确认密码"对话框，输入相同的密码，单击 确定 按钮，完成工作簿的保护设置。

对工作簿进行保护后，再次打开该工作簿时，系统就会自动打开一个"密码"对话框，提示用户当前工作簿有密码保护，需要输入密码后才能打开该工作簿。

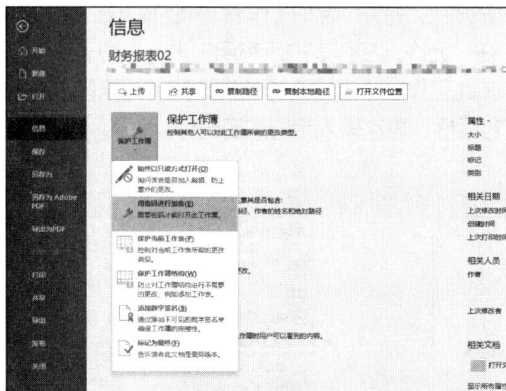

图 2-115　选择"用密码进行加密"选项

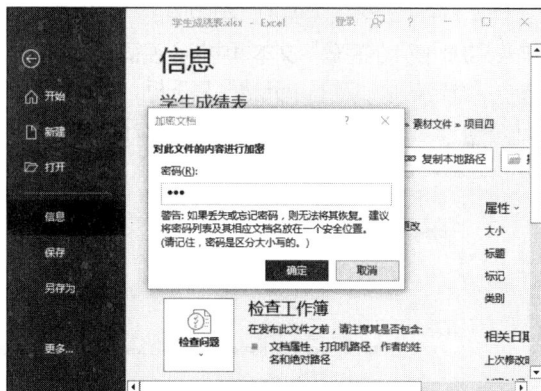

图 2-116　输入密码

2. 保护工作表

保护工作表实质上就是为工作表设置一些限制条件，从而起到保护工作表内容的作用。保护工作表的方法如下：选择要保护的工作表，在"审阅"/"保护"组中单击"保护工作表"按钮，打开"保护工作表"对话框，在"取消工作表保护时使用的密码"文本框中输入密码，并选中允许用户进行的操作，如图 2-117 所示，单击 确定 按钮。打开"确认密码"对话框，输入相同密码后，单击 确定 按钮，完成工作表的保护设置。

设置完成后，验证工作表保护效果，如当对工作表中的数据进行编辑时，系统将打开提示对话框，提示用户只有取消工作表保护后才能对数据进行更改，如图2-118所示。

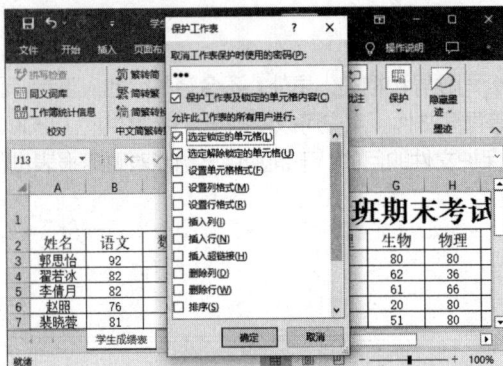

图2-117　设置工作表保护密码和允许用户进行的操作

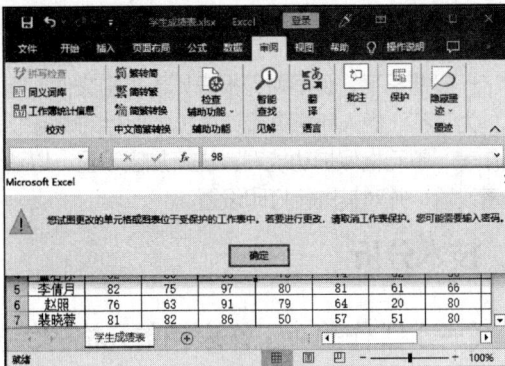

图2-118　验证工作表保护效果

3. 保护单元格

制作 Excel 电子表格时，有时需要对工作表中的个别单元格进行保护，以免误删其中的数据。对单元格进行保护的方法如下。

（1）打开要保护单元格的工作表，单击第 1 行行号和 A 列列标相交处的"全选"按钮 ◢，全选所有单元格，在"开始"/"单元格"组中的"单元格"下拉列表中选择"格式"选项组中的"设置单元格格式"选项。

（2）打开"设置单元格格式"对话框，选择"保护"选项卡，取消选中"锁定"复选框，单击 确定 按钮，如图 2-119 所示。

保护单元格

（3）返回工作表后，选择当前工作表中需要保护的单元格或单元格区域，重新打开"设置单元格格式"对话框，选择"保护"选项卡，选中"锁定"复选框，单击 确定 按钮。

（4）在"审阅"/"保护"组中单击"保护工作表"按钮 🔒，打开"保护工作表"对话框，在"取消工作表保护时使用的密码"文本框中输入密码，如"123"，在"允许此工作表的所有用户进行"列表框中仅选中"选定解除锁定的单元格"复选框，表示用户只能在此工作表中选择没有被锁定的单元格区域，单击 确定 按钮，如图 2-120 所示。打开"确认密码"对话框，再次输入相同的密码后，单击 确定 按钮，完成单元格的保护设置。

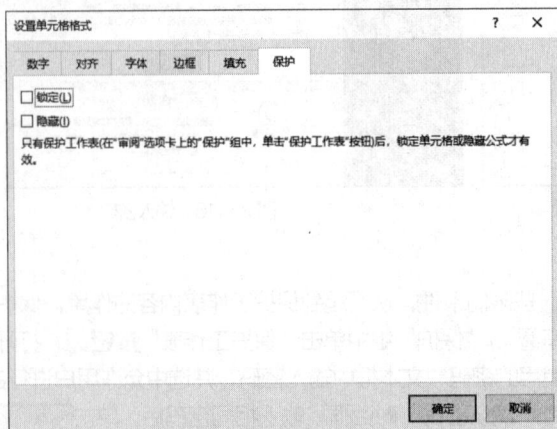

图2-119　取消选中"锁定"复选框

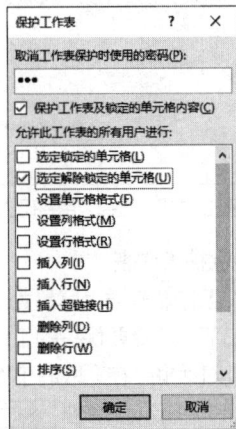

图2-120　设置单元格保护密码和
允许用户进行的操作

> **提示** 单元格的保护需要和工作表的保护结合起来使用,若只保护了单元格,但未对工作表进行保护设置,则无法达到保护单元格的目的。只有为工作表和单元格同时进行保护设置后,才能实现单元格的保护。

(二)工作表的打印设置

工作表制作完成后,可以将其打印出来供他人使用,但在打印之前,用户还需要设置工作表的打印区域,其方法如下:选择要打印的单元格区域,在"页面布局"/"页面设置"组中单击"打印区域"按钮🖶,在弹出的下拉列表中选择"设置打印区域"选项,如图2-121所示。选择"文件"/"打印"命令,打开"打印"界面,在界面右侧可以预览工作表的打印效果,在界面左侧除了可以设置打印份数、选择打印机外,还可以设置打印区域、页数范围、打印顺序、打印方向、页面大小、页边距等,设置完成后单击"打印"按钮🖶即可进行打印,如图2-122所示。

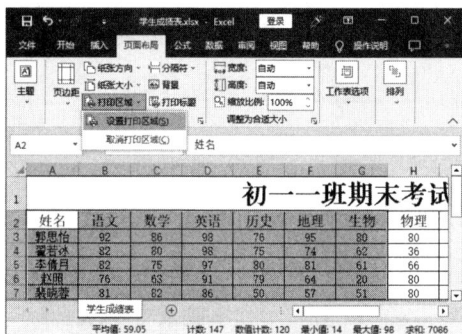

图2-121 选择"设置打印区域"选项

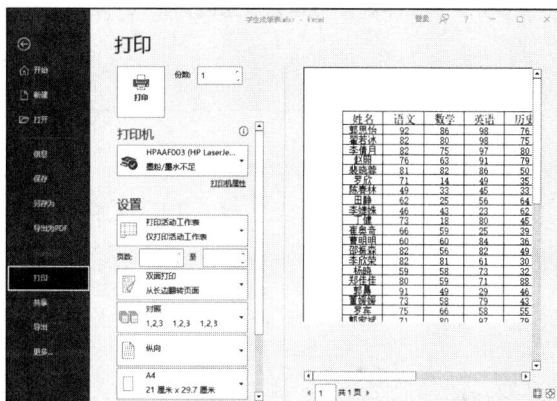

图2-122 设置打印参数

示例演示

下面对"财务报表03.xlsx"工作簿和该工作簿中的"7月份"工作表进行保护设置,并将分类汇总结果打印出来,其参考效果如图2-123所示,其中包含保护和打印两个操作。在"审阅"/"保护"组中可以对工作簿和工作表进行保护设置,在"打印"界面中可以对页边距、打印份数等打印参数进行设置。

图2-123 "财务报表03"工作簿的参考效果

任务实现

（一）设置工作表背景

在默认情况下，Excel 工作表中的数据呈白底黑字显示，为了使工作表更美观，用户除了可以为其填充颜色外，还可以插入图片作为背景。下面在"财务报表 03.xlsx"工作簿中添加背景图片，其具体操作如下。

（1）打开"财务报表 03.xlsx"工作簿（配套资源：素材\模块二\财务报表 03.xlsx），选择"Sheet1"工作表，在"页面布局"/"页面设置"组中单击"背景"按钮，打开"插入图片"对话框，选择"从文件"选项，如图 2-124 所示。

（2）打开"工作表背景"对话框，选择"背景.jpg"图片（配套资源：素材\模块二\背景.jpg），单击 插入(S) 按钮。

（3）返回工作表，可查看设置图片为工作表背景后的效果，如图 2-125 所示。

微课

设置工作表背景

图 2-124　"插入图片"对话框

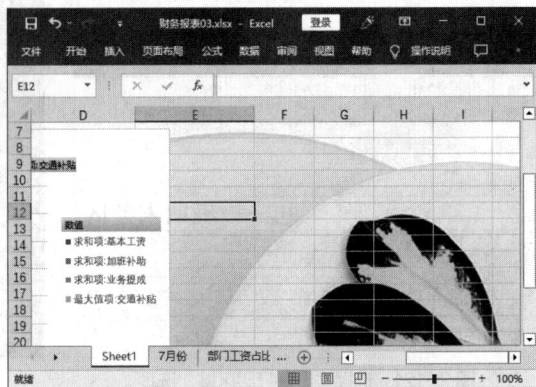

图 2-125　设置图片为工作表背景后的效果

（二）设置工作表主题和样式

在编辑电子表格的过程中，用户除了可以对工作表中的数据进行计算与分析外，还可以对工作表的主题和样式进行设置，使最终的表格更加专业和美观。

1. 设置工作表主题

在 Excel 中新建一个工作簿或工作表后，显示的是 Excel 的默认主题。如果用户对该默认主题不满意，则可以选择 Excel 提供的其他主题，并对该主题中的字体、颜色、效果等进行修改，其具体操作如下。

微课

设置工作表主题

（1）选择"Sheet1"工作表，在"页面布局"/"主题"组中单击"主题"按钮，在弹出的下拉列表中选择"柏林"选项，如图 2-126 所示。

（2）在"页面布局"/"主题"组中单击"字体"按钮，在弹出的下拉列表中选择"自定义字体"选项。

（3）打开"新建主题字体"对话框，在"中文"选项组中的"标题字体（中文）"下拉列表中选择"方正大黑简体"选项，在"正文字体（中文）"下拉列表中选择"方正兰亭黑简体"选项，单击 保存(S) 按钮，如图 2-127 所示。

（4）返回工作表后，工作表中正文的字体将自动更正为"方正兰亭黑简体"。

图 2-126　选择"柏林"选项

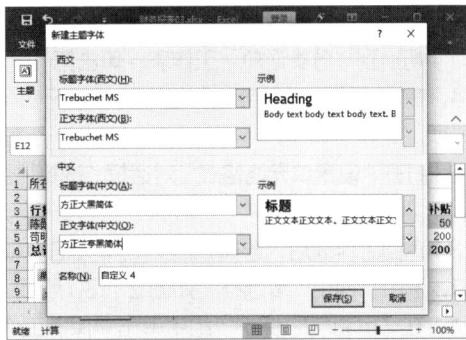

图 2-127　自定义主题字体

> **提示**　直接套用 Excel 主题可快速改变当前工作表的风格。用户还可以对主题效果进行自定义，其方法如下：在"页面布局"/"主题"组中单击"效果"按钮◎，在弹出的下拉列表中选择相应的选项，即可更改主题效果。

2. 套用表格格式

如果用户希望工作表展现得更美观，但又不想花费太多的时间设置工作表格式，那么可以直接套用系统中已经设置好的表格格式，其具体操作如下。

（1）切换到"7 月份"工作表，选择 A2:M24 单元格区域，在"开始"/"样式"组中单击"套用表格格式"按钮，在弹出的下拉列表中选择"浅色"选项组中的"浅橙色，表样式浅色 16"选项，如图 2-128 所示。

（2）由于已经选择了需要套用表格格式的单元格区域，在打开的"创建表"对话框中直接单击 确定 按钮即可。

（3）返回工作表后，将自动激活"表格工具－表设计"选项卡，并在表头自动添加"筛选"按钮▼。如果想删除"筛选"按钮，则可在"表格工具－表设计"/"工具"组中单击"转换为区域"按钮，在打开的提示对话框中单击 是(Y) 按钮，将套用表格格式的单元格区域转换为普通的单元格区域，并退出工作表的筛选状态，如图 2-129 所示。

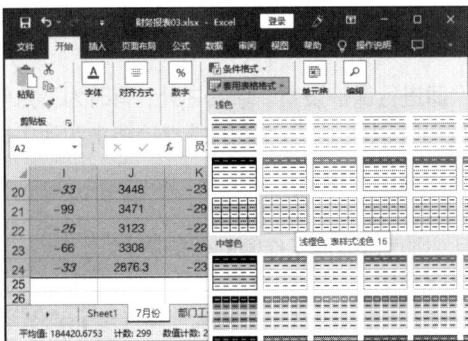

微课
套用表格格式

图 2-128　选择表格格式

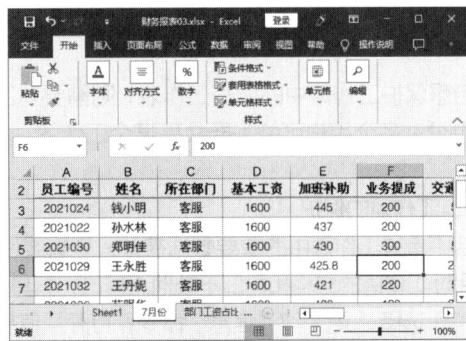

图 2-129　转换单元格区域

（三）单元格与工作表的保护

为防止他人更改单元格中的数据，用户可以选择锁定一些重要的单元格，或隐藏单元格中的计算公式。锁定单元格或隐藏公式后，还需要对工作表进行保护。下面对"财务报表 03.xlsx"工作簿中"分类汇总"工作表中的 A2:D13 单元格区域进行保

微课
单元格与工作表
的保护

护，其具体操作如下。

（1）切换到"分类汇总"工作表，单击第1行行号和A列列标相交处的"全选"按钮，全选所有单元格，在"开始"/"单元格"组中的"单元格"下拉列表中选择"格式"选项组中的"设置单元格格式"选项。

（2）打开"设置单元格格式"对话框，选择"保护"选项卡，取消选中"锁定"复选框，单击 确定 按钮。

（3）返回工作表后，选择A2:D13单元格区域，重新打开"设置单元格格式"对话框，选择"保护"选项卡，选中"锁定"复选框，如图2-130所示，单击 确定 按钮。

（4）在"审阅"/"保护"组中单击"保护工作表"按钮，打开"保护工作表"对话框，在"取消工作表保护时使用的密码"文本框中输入密码，如"123"，在"允许此工作表的所有用户进行"列表框中仅选中"选定解除锁定的单元格"复选框，表示用户只能在此工作表中选择没有被锁定的单元格区域，单击 确定 按钮，如图2-131所示。

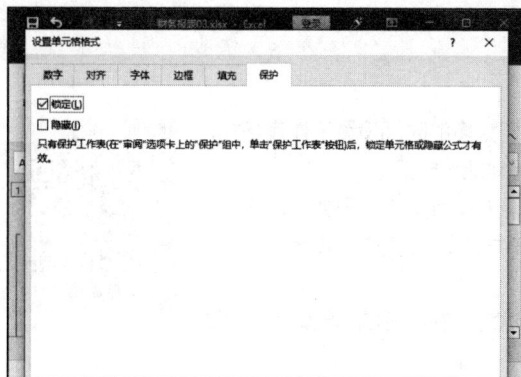

图2-130　锁定目标单元格区域

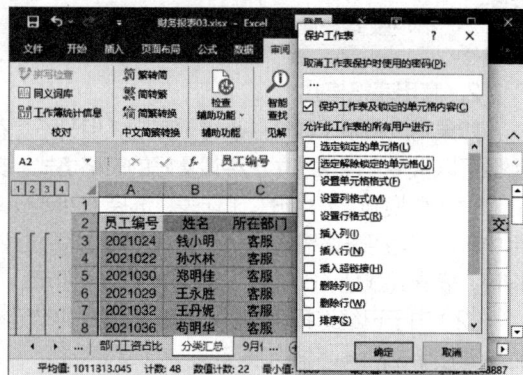

图2-131　输入密码并设置用户允许的操作

（5）打开"确认密码"对话框，在"重新输入密码"文本框中输入相同的密码，单击 确定 按钮，完成对单元格和工作表的保护操作。

（四）工作簿的保护与共享

若想保护工作簿中的所有工作表，则需要对工作簿进行保护设置。除此之外，有时为了方便进行协同办公，多个用户可能需要共享某个工作簿，此时就可以利用Excel的共享功能来实现工作簿的共享。

1. 工作簿的保护

若不希望工作簿中的重要数据被他人查看或使用，则可以使用工作簿的保护功能，保证工作簿的结构和窗口不被他人修改，其具体操作如下。

（1）选择"文件"/"信息"命令，打开"信息"界面，单击"保护工作簿"按钮，在弹出的下拉列表中选择"保护工作簿结构"选项，如图2-132所示。

（2）打开"保护结构和窗口"对话框，在"密码（可选）"文本框中输入密码"123"，单击 确定 按钮，如图2-133所示。

微课

工作簿的保护

（3）打开"确认密码"对话框，在"重新输入密码"文本框中输入相同的密码，单击 确定 按钮，完成工作簿结构的保护设置。

（4）返回工作表后，双击任意一个工作表标签，都将弹出提示信息"工作簿有保护，不能更改"。

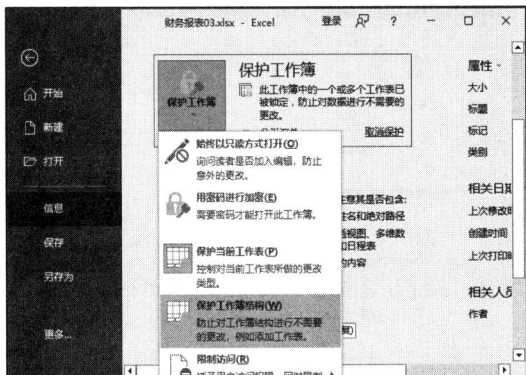

图 2-132　选择"保护工作簿结构"选项

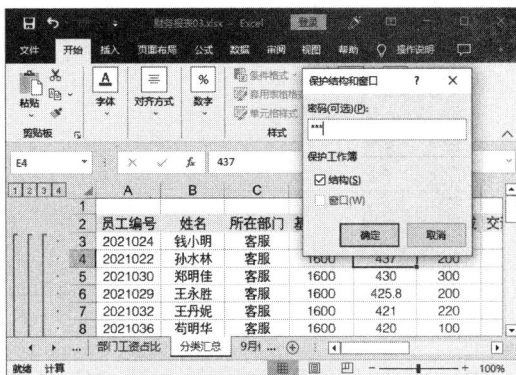

图 2-133　输入保护密码

> **提示**　若要撤销对工作表或工作簿的保护，则可在"审阅"/"保护"组中单击"保护工作表"按钮 或单击"保护工作簿"按钮 ，在打开的对话框中输入工作表或工作簿的保护密码，输入完成后单击 确定 按钮。

2. 工作簿的共享

将 Excel 电子表格共享到网络中，就可以实现多人在线同时编辑一个电子表格的操作。在对工作簿进行共享时，可以采用云共享或发送电子邮件两种方式。下面将"财务报表 03.xlsx"工作簿以链接的形式分享给其他用户，其具体操作如下。

（1）登录 Microsoft Office 账号后，选择"文件"/"另存为"命令，打开"另存为"界面，选择"OneDrive - 个人"选项，在打开的界面中选择"OneDrive - 个人"文件夹，如图 2-134 所示。

（2）打开"另存为"对话框，保持默认的文件路径和名称，单击 保存(S) 按钮，如图 2-135 所示，上传文件至"OneDrive - 个人"文件夹。

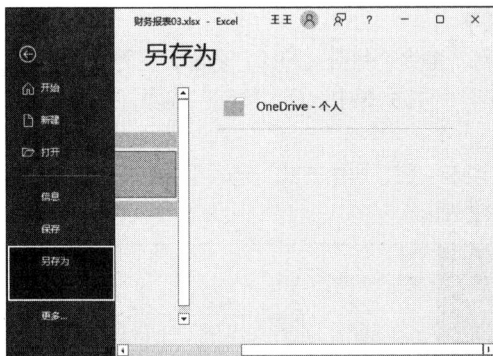

图 2-134　选择"OneDrive - 个人"文件夹

图 2-135　上传文件至"OneDrive - 个人"文件夹

（3）成功将电子表格另存到 OneDrive 中后，选择"文件"/"共享"命令，打开"共享"界面，单击"与人共享"按钮 ，如图 2-136 所示。

（4）返回工作表后，系统将自动打开"共享"任务窗格，在"邀请人员"文本框中输入相关人员的电子邮件地址（多个地址之间用";"分隔），在 可编辑 ▼ 按钮下方的文本框中输入邀请信息，单击 共享 按钮，如图 2-137 所示。

109

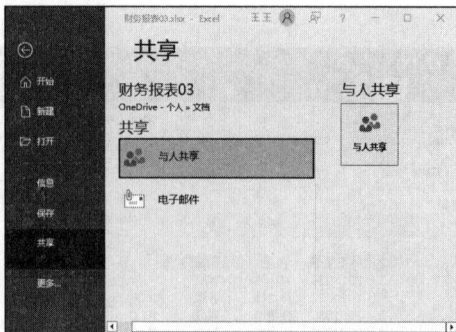

图 2-136　单击"与人共享"按钮

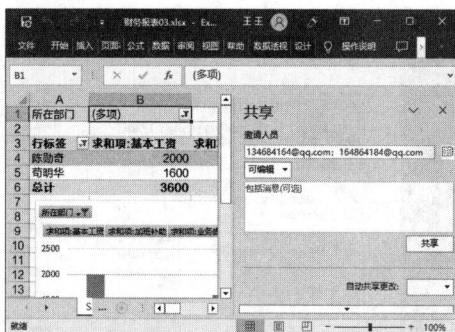

图 2-137　邀请共享人员

> **提示**　将要共享的电子表格成功上传至"OneDrive - 个人"文件夹中后，单击 Excel 标题栏右上角的"共享"按钮，也可以打开"共享"任务窗格，以便进行共享设置。

（5）受到邀请的人员将收到一封电子邮件，其中包含指向共享文档的超链接，当其单击该超链接后，共享的电子表格将在受邀人员的 Excel 或 Excel 网页版中打开，从而达到多人在线同时编辑电子表格的目的。

（6）选择"文件"/"另存为"命令，将该工作簿以"财务报表 03.xlsx"为名保存在计算机中（配套资源：效果\模块二\财务报表 03.xlsx）。

（五）工作表的打印与设置

在打印表格前，需要先预览打印效果，对效果满意后再执行打印操作。在 Excel 中，根据打印内容的不同，可将打印分为两种情况：一种是打印整张工作表；另一种是打印部分区域。

1. 设置打印参数

选择需要打印的工作表，预览其打印效果后，若对表格的内容和页面设置不满意，则可重新设置，如设置纸张方向和页边距等，直至满意后再执行打印操作。下面对"财务报表 03.xlsx"工作簿进行预览并打印，其具体操作如下。

（1）选择"Sheet1"工作表，选择"文件"/"打印"命令，打开"打印"界面，在界面右侧预览工作表的打印效果，在界面左侧"设置"选项组的"纵向"下拉列表中选择"横向"选项，如图 2-138 所示，在界面底部单击"页面设置"超链接。

（2）打开"页面设置"对话框，选择"页边距"选项卡，在"居中方式"选项组中选中"水平"复选框和"垂直"复选框，如图 2-139 所示，单击 确定 按钮。

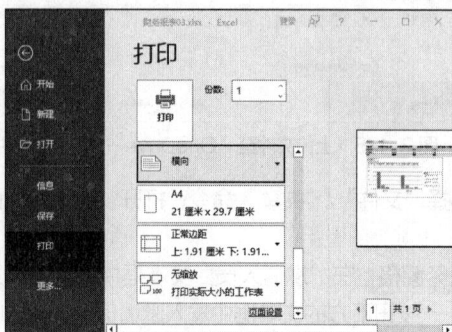

微课
设置打印参数

图 2-138　预览打印效果并设置纸张方向

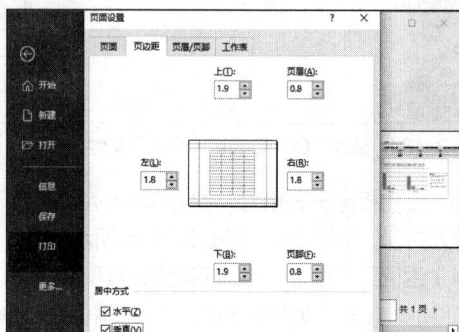

图 2-139　设置居中方式

（3）返回"打印"界面后，在"份数"数值框中输入打印份数"5"，单击"打印"按钮🖶开始打印。

在"页面设置"对话框中选择"工作表"选项卡，在其中可设置打印区域和打印标题等。单击 确定 按钮，返回工作表的"打印"界面，单击"打印"按钮🖶可只打印设置的部分区域。

2. 设置打印区域

当只需打印表格中的部分区域时，可先设置工作表的打印区域，再执行打印操作。下面在"财务报表03.xlsx"工作簿中设置打印区域，其具体操作如下。

（1）切换到"7月份"工作表，选择A2:I22单元格区域，在"页面布局"/"页面设置"组中单击"打印区域"按钮，在弹出的下拉列表中选择"设置打印区域"选项，如图2-140所示。

（2）此时，工作表的名称框中将显示"Print_Area"字样，表示将所选区域作为打印区域。选择"文件"/"打印"命令，打开"打印"界面，在其中单击"打印"按钮🖶，如图2-141所示，即可打印指定区域。

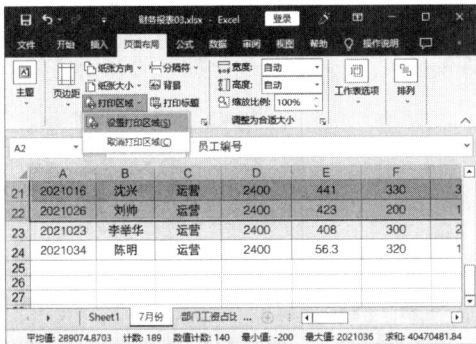

图2-140 选择"设置打印区域"选项　　　图2-141 单击"打印"按钮

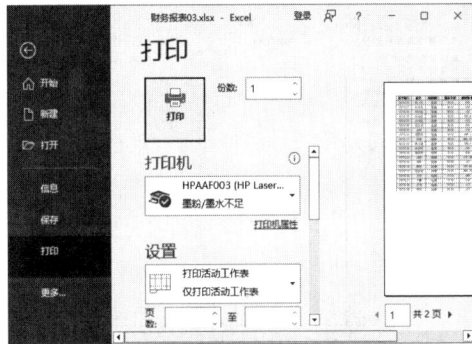

能力拓展

（一）新建表格样式

Excel提供了多种不同类型的表格样式，如果用户对内置的表格样式不满意，则可以根据实际需求新建表格样式，其具体操作如下。

（1）选择要应用样式的工作表，在"开始"/"样式"组中单击"套用表格格式"按钮，在弹出的下拉列表中选择"新建表格样式"选项。

（2）打开"新建表样式"对话框，在"名称"文本框中输入新建样式的名称，这里输入"工资表"；在"表元素"列表框中选择需要设置样式的对象，如"最后一列""第一列""标题行"等，这里选择"标题行"选项，如图2-142所示。

（3）单击 格式(F) 按钮，打开"设置单元格格式"对话框，选择"边框"选项卡，在"样式"列表框中选择第二列第五个选项，单击"边框"选项组中的"下边框"按钮，如图2-143所示。

（4）选择"填充"选项卡，单击 填充效果(I)... 按钮，如图2-144所示。

（5）打开"填充效果"对话框，在"颜色"选项组中选中"双色"单选按钮，在"颜色2"下拉列表中选择标准色中的橙色，在"底纹样式"选项组中选中"水平"单选按钮，如图2-145所示，依次单击 确定 按钮。

（6）返回操作界面，再次单击"套用表格格式"按钮，弹出的下拉列表中将显示新建的"工资表"样式，如图2-146所示。此时，按照套用表格格式的操作方法，为工作表应用自定义的表格样式即可。

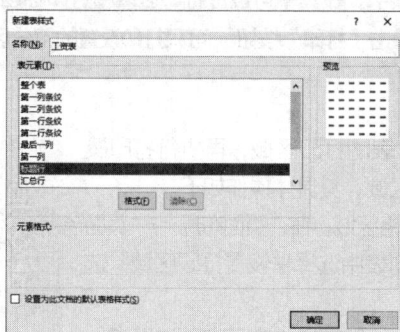

图2-142 "新建表样式"对话框

图2-143 设置表格的边框样式

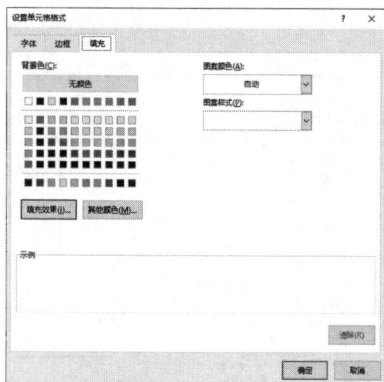

图2-144 单击"填充效果"按钮

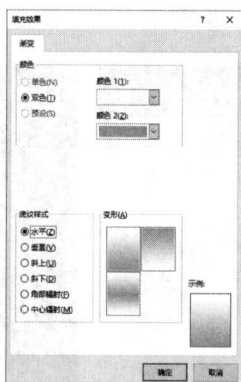

图2-145 设置填充效果

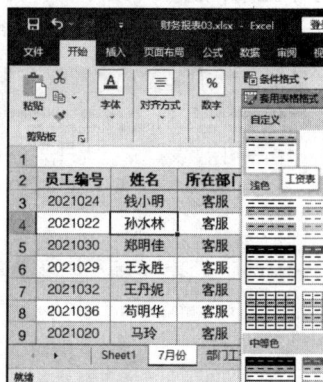

图2-146 查看自定义的表格样式

（二）清除单元格样式

在对表格进行美化时，有时只需要去掉单元格格式，而保留单元格中的内容。此时，如果直接按"Delete"键，就会将单元格中的内容全部删除，而无法达到保留数据的目的。要想在清除单元格格式的同时保留数据，就需要利用"清除"按钮。清除单元格样式的方法如下：选择需要清除样式的单元格或单元格区域，在"开始"/"编辑"组中单击"清除"按钮，在弹出的下拉列表中选择需要清除的对象，如图2-147所示。

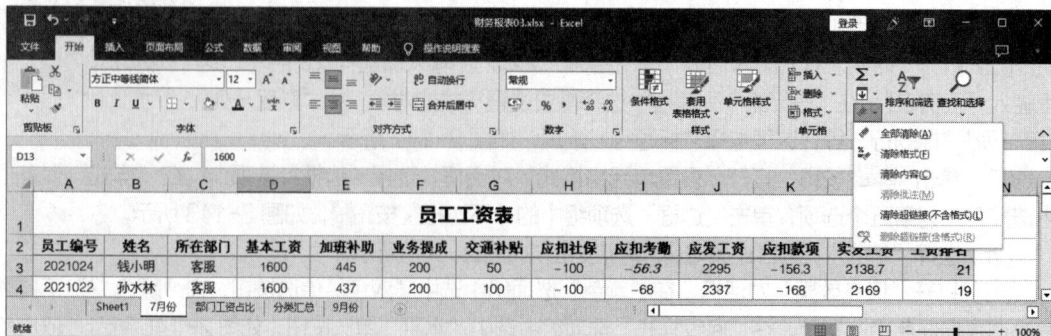

图2-147 "清除"下拉列表

选择"全部清除"选项，会将所选单元格中的数据全部删除，包括格式和内容；选择"清除格式"选项，会将所选单元格中的格式全部删除，但保留内容；选择"清除内容"选项，会将所选单元格的内容全部删除，但保留单元格应用的格式；选择"清除批注"选项，会清除单元格中插入的批注内容；选择"清除超链接（不含格式）"和"清除超链接（含格式）"选项，会清除单元格中的超链接。

课后练习

一、填空题

1. 工作簿的基本操作主要包括工作簿的_____、_____、_____和_____等。

2. 如果用户想在关闭工作簿的同时退出 Excel 软件，则应在打开的工作簿中，单击标题栏右侧的"_____"按钮。

3. 选择第 1 张工作表后，按住"_____"键不放，继续单击任意一个工作表标签，可同时选择多张不相邻的工作表。

4. Excel 中的公式即对工作表中的数据进行计算的等式，以_____开始；通过各种运算符号将值或常量，以及单元格引用、函数返回值等组合起来，得到公式表达式。

5. Excel 中有_____、_____和_____ 3 种引用方式。

6. 若要统计班级学生期末考试成绩的总分，则可运用 Excel 中的"_____"函数。

7. 在 Excel 中，单击编辑栏中的 f_x 按钮可向单元格中插入_____。

二、选择题

1. 在 Excel 2019 中，默认的工作表有（　　）张。
   A. 2 　　　　　　B. 3 　　　　　　C. 1 　　　　　　D. 4

2. 在默认情况下，在 Excel 2019 的某单元格中输入数据后，按"Enter"键执行的操作是（　　）。
   A. 换行　　　　　　　　　　　　B. 不执行任务操作
   C. 自动选择右侧单元格　　　　　　D. 自动选择下一个单元格

3. 对 Excel 中的工作表标签进行重命名操作后，下列说法正确的是（　　）。
   A. 只改变工作表的名称
   B. 只改变工作簿的名称
   C. 只改变工作表的内容
   D. 既改变工作表的名称，又改变工作表的内容

4. 想要对工作表的行高和列宽进行调整，应单击（　　）组中的"格式"按钮。
   A."开始"/"样式"　　　　　　　　B."开始"/"单元格"
   C."开始"/"编辑"　　　　　　　　D."开始"/"对齐方式"

5. 在 Excel 2019 中，进行分类汇总之前，要先对工作表进行（　　）处理。
   A. 筛选　　　　　　B. 设置格式　　　　　　C. 排序　　　　　　D. 计算

6. 在 Excel 中，下列关于自动套用表格格式的表述中，正确的是（　　）。
   A. 对表格自动套用表格格式后，不能再对表格进行任何修改
   B. 在对旧表自动套用表格格式时，必须选中整张表格
   C. 可在生成新表格时，自动套用表格格式或在插入表格后自动套用表格格式
   D. 只能直接用自动套用表格格式生成表格

7. 在 Excel 中找出学生成绩表中所有数学成绩在 95 分以上（包括 95 分）的学生，最适合使用（　　）命令。
   A. 查找　　　　　　B. 分类汇总　　　　　　C. 定位　　　　　　D. 筛选

8. 在 Excel 中，公式“=AVERAGE(D6:D8)”等价于（　　）。

A. =(D6+D7+D8)*3　　B. =D6+D7+D8/3

C. =D6+D7+D8　　D. =(D6+D7+D8)/3

9. 某学生想对最近 4 个月中的成绩变化进行分析，则适合使用的图表类型是（　　）。

A. 条形图　　B. 柱形图　　C. 折线图　　D. 饼图

10. 在 Excel 2019 中，如果需要表达不同类别占总类别的百分比，则适合使用的图表类型是（　　）。

A. 条形图　　B. 柱形图　　C. 折线图　　D. 饼图

11. 下列关于工作簿、工作表、单元格的表述中，正确的是（　　）。

A. 工作簿结构的保护是指用户不能插入、删除、隐藏、重命名、复制或移动工作表

B. 保护工作表后不可以增加新的工作表

C. 仅进行单元格的保护也有实际意义

D. 工作簿的保护是限制其他用户对工作表的操作，同时受保护的工作表内的单元格不可以被修改

12. 在 Excel 中建立数据透视表时，默认的字段汇总方式是（　　）。

A. 最小值　　B. 平均值　　C. 求和　　D. 最大值

三、操作题

1. 启动 Excel 2019，按照下列要求对文档进行操作，其参考效果如图 2-148 所示。

编号	姓名	性别	出生年月	学历	专业	职务	家庭住址
1	张敏	女	1995年4月17日	大学本科	营销	员工	凤鸣小区
2	宋子丹	男	1994年8月8日	大学专科	统计	员工	东大街18号
3	黄晓霞	女	1990年2月9日	大学本科	营销	员工	万华社区387号
4	刘伟	男	1985年6月30日	研究生	金融	经理	兰庭小区
5	郭建军	男	1992年9月15日	大学本科	营销	员工	东湖逸景
6	邓荣芳	女	1992年3月6日	大学专科	工商管理	员工	龙城社区
7	孙莉	女	1994年8月19日	大学本科	统计	员工	西江月4栋
8	黄俊	男	1990年5月26日	大学专科	营销	员工	人民路19号
9	陈子豪	男	1988年12月18日	大学本科	工商管理	员工	星光社区
10	蒋科	男	1993年4月9日	大学专科	营销	员工	南华路52号
11	万涛	男	1996年1月18日	大学本科	工商管理	员工	绿洲小区
12	李强	男	1988年3月18日	研究生	金融	主管	绿盛家园
13	李雪莹	女	1987年10月20日	研究生	工商管理	主管	创新城19栋
14	赵文峰	男	1991年7月12日	大学本科	营销	员工	南江路28号

基础档案

图 2-148 “员工档案表”的参考效果

（1）打开“员工档案表.xlsx”工作簿（配套资源：素材\模块二\员工档案表.xlsx），利用数据验证功能，以选择输入的方式输入“学历”“专业”“职务”项目的内容。其中，学历包括研究生、大学本科、大学专科，专业包括营销、统计、金融、工商管理，职务包括员工、主管、经理。

（2）将表格中数据的格式设置为“方正宋三简体，10，居中，垂直居中”，加粗显示项目文本，并适当调整单元格的行高与列宽。

（3）设置保护，要求他人不能选择数据所在的单元格区域，不能更改工作表的结构。其中，工作表的保护密码为“000”，工作簿的保护密码为“111”（配套资源：效果\模块二\员工档案表.xlsx）。

2. 打开素材文件“员工固定奖金表.xlsx”工作簿（配套资源：素材\模块二\员工固定奖金表.xlsx），按照下列要求对表格进行操作，其参考效果如图 2-149 所示。

（1）调整列宽和行高，并设置表格的格式，包括单元格边框、填充颜色、数字格式等。

（2）利用自动求和函数“SUM”计算员工的合计数。

员工每月固定奖金表

姓名	固定奖金	工作年限奖金	其他津贴	总计	排名
梁爱诗	¥2,000.00	¥1,571.00	¥891.00	¥4,462.00	1
周楠	¥2,000.00	¥1,592.00	¥870.00	¥4,462.00	1
刘帅	¥2,000.00	¥1,552.00	¥897.00	¥4,449.00	3
马玲	¥2,000.00	¥1,575.00	¥794.00	¥4,369.00	4
宁静	¥2,000.00	¥1,559.00	¥779.00	¥4,338.00	5
周萌萌	¥2,000.00	¥1,591.00	¥677.00	¥4,268.00	6
童叶庚	¥2,000.00	¥1,562.00	¥694.00	¥4,256.00	7
康永明	¥2,000.00	¥1,576.00	¥577.00	¥4,153.00	8
彭兆荪	¥2,000.00	¥1,564.00	¥584.00	¥4,148.00	9
周文娟	¥2,000.00	¥1,554.00	¥571.00	¥4,125.00	10

Sheet1

图 2-149 “员工固定奖金表”的参考效果

（3）利用排名函数“RANK.EQ”分析员工排名情况，当对该函数中的“ref”参数进行设置时，所引用的单元格要为绝对引用。

（4）对 E 列单元格中的数据进行降序排列。

3. 打开“产品销量记录表.xlsx”工作簿（配套资源:素材\模块二\产品销量记录表.xlsx），按照下列要求对表格进行操作，其参考效果如图 2-150 所示。

（1）打开已经创建并编辑完成的“产品销量记录表.xlsx”工作簿，对其中的数据进行自定义排序，排序方式为“空调,电视机,冰箱,洗衣机”。

（2）复制排序后的工作表“Sheet1”，并将复制后的工作表重命名为“高级筛选”，对“高级筛选”工作表中的数据按照 C23:D24 单元格区域中的条件进行高级筛选。

（3）复制“Sheet1”工作表，并将其重命名为“分类汇总”，对“产品名称”字段进行分类汇总，其中汇总方式为“求和”，汇总项为“销售额”。

（4）使用“最大值”汇总方式查看分类汇总的数据。

（5）为“Sheet1”工作表添加背景图片“01.jpg”。

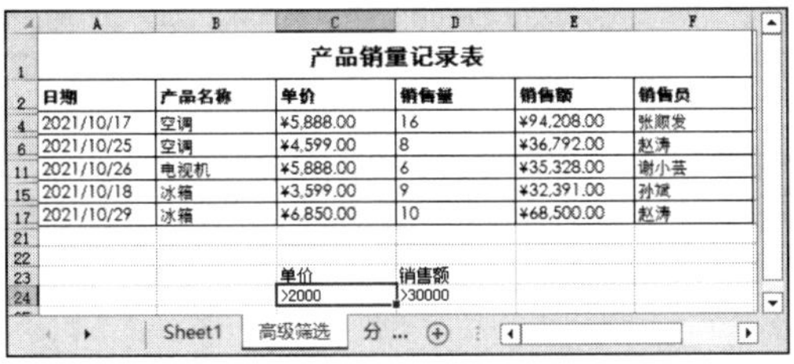

产品销量记录表

日期	产品名称	单价	销售量	销售额	销售员
2021/10/17	空调	¥5,888.00	16	¥94,208.00	张顺发
2021/10/25	空调	¥4,599.00	8	¥36,792.00	赵涛
2021/10/26	电视机	¥5,888.00	6	¥35,328.00	谢小芸
2021/10/18	冰箱	¥3,599.00	9	¥32,391.00	孙斌
2021/10/29	冰箱	¥6,850.00	10	¥68,500.00	赵涛

单价	销售额	
>2000	>30000	

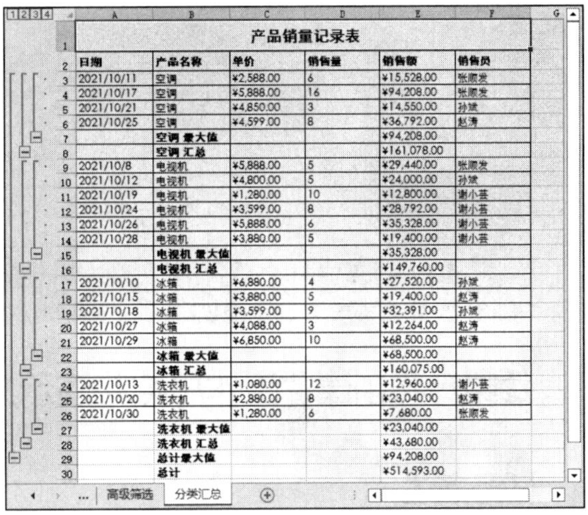

产品销量记录表

日期	产品名称	单价	销售量	销售额	销售员
2021/10/11	空调	¥2,588.00	6	¥15,528.00	张顺发
2021/10/17	空调	¥5,888.00	16	¥94,208.00	张顺发
2021/10/21	空调	¥4,850.00	3	¥14,550.00	孙斌
2021/10/25	空调	¥4,599.00	8	¥36,792.00	赵涛
	空调 最大值			¥94,208.00	
	空调 汇总			¥161,078.00	
2021/10/8	电视机	¥5,888.00	5	¥29,440.00	张顺发
2021/10/12	电视机	¥4,800.00	5	¥24,000.00	孙斌
2021/10/19	电视机	¥1,280.00	10	¥12,800.00	谢小芸
2021/10/24	电视机	¥3,599.00	8	¥28,792.00	谢小芸
2021/10/26	电视机	¥5,888.00	6	¥35,328.00	谢小芸
2021/10/28	电视机	¥3,880.00	5	¥19,400.00	谢小芸
	电视机 最大值			¥35,328.00	
	电视机 汇总			¥149,760.00	
2021/10/10	冰箱	¥6,880.00	4	¥27,520.00	孙斌
2021/10/15	冰箱	¥3,880.00	5	¥19,400.00	赵涛
2021/10/18	冰箱	¥3,599.00	9	¥32,391.00	孙斌
2021/10/27	冰箱	¥4,088.00	3	¥12,264.00	赵涛
2021/10/29	冰箱	¥6,850.00	10	¥68,500.00	赵涛
	冰箱 最大值			¥68,500.00	
	冰箱 汇总			¥160,075.00	
2021/10/13	洗衣机	¥1,080.00	12	¥12,960.00	谢小芸
2021/10/20	洗衣机	¥2,880.00	8	¥23,040.00	赵涛
2021/10/30	洗衣机	¥1,280.00	6	¥7,680.00	张顺发
	洗衣机 最大值			¥23,040.00	
	洗衣机 汇总			¥43,680.00	
	总计最大值			¥94,208.00	
	总计			¥514,593.00	

图 2-150 “产品销量记录表”的参考效果

模块三
演示文稿制作

03

人们常说"字不如表，表不如图"，而在"信息时代"下，这句话后面还可以加上一句"图不如多媒体"。越视觉化的信息，越接近自然界里的事物，就越容易被大家所理解和接受。尤其是多媒体所传达的内容，相对于文字、表格、图片，显得更加立体、形象、逼真。演示文稿就是因为具有这种优势才逐渐成为用户首选的演示制作方案。无论是个人简介、工作计划、教学课件，还是商业计划书、投标书等各种专业文档，用演示文稿来制作和实现都会得到很好的演示效果。

课堂学习目标

- 知识目标：掌握演示文稿和幻灯片的基本操作，掌握在幻灯片中编辑文本和插入对象的方法，掌握美化演示文稿、添加动画，以及放映演示文稿的各种操作。

- 技能目标：能够熟练运用 PowerPoint 制作和编辑演示文稿。

- 素质目标：加强美学素养，提升对美的认知与感悟，具备对演示文稿内容与版面的设计能力。

任务一　创建"工作总结"演示文稿

任务描述

工作总结是对已完成工作的理性思考，在进行总结时，不能夸夸其谈，也不能"报喜不报忧"，而应当立足于实际进行总结，不能回避问题，只有这样，做出的总结才有价值。下面利用 PowerPoint 2019 创建"工作总结"演示文稿，重点介绍演示文稿、幻灯片和文本的基本操作。

技术分析

（一）了解演示文稿制作在工作中的应用场景

演示文稿可以将静态信息表现为动态信息的特点给观众留下了非常深刻的印象，因此演示文稿的应用场景也越来越多，具体如下。

- 总结汇报。当需要对某项工作或事务进行总结或汇报时，演示文稿是非常有效的一种工具，它不仅能够配合演讲者的总结和汇报内容展示信息，还能将一些枯燥乏味的内容变得生动有趣，从而让观众更容易理解和接受这些内容。

- 宣传推广。无论是企业宣传还是产品推广，演示文稿都可以借助多媒体获得更好的宣传推广效果，使需要介绍的内容淋漓尽致地展现在观众面前。

- 培训课件。无论是企业培训还是教学课件，演示文稿的交互功能都可以更好地辅助演讲人完成培训或授课任务，其生动的画面和形象的动画也能提高受训人员的兴趣。

（二）熟悉 PowerPoint 2019 的操作界面

单击"开始"按钮 ⊞，在弹出的"开始"菜单中选择"PowerPoint"命令或双击计算机中保存的 PowerPoint 2019 演示文稿（其扩展名为.pptx），即可启动 PowerPoint 2019，并打开 PowerPoint 2019 的操作界面，如图 3-1 所示。

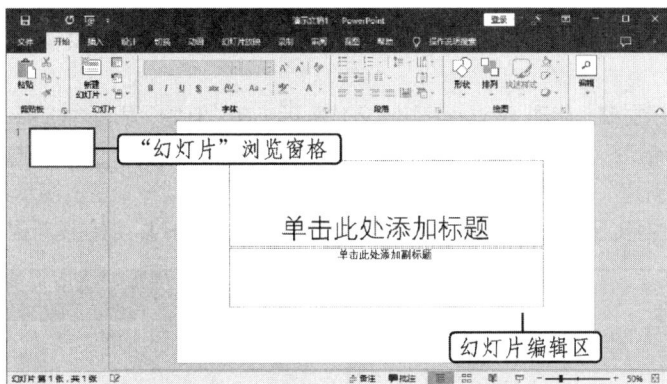

图 3-1　PowerPoint 2019 的操作界面

PowerPoint 2019 的操作界面特有的组成部分是"幻灯片"浏览窗格和幻灯片编辑区，其他组成部分的作用和使用方法与 Word 2019 及 Excel 2019 的类似。

- "幻灯片"浏览窗格。"幻灯片"浏览窗格位于幻灯片编辑区左侧，用于显示当前演示文稿中所有幻灯片的缩略图。单击某张幻灯片的缩略图可以跳转到该幻灯片，并在右侧的幻灯片编辑区中显示该幻灯片中的内容。
- 幻灯片编辑区。幻灯片编辑区用于显示和编辑幻灯片的内容。在默认情况下，标题幻灯片包含一个主标题占位符和一个副标题占位符，而内容幻灯片包含一个标题占位符和一个内容占位符。

（三）演示文稿的制作流程

演示文稿的制作流程并没有硬性规定，用户可根据自己的操作习惯决定。一般来讲，在制作演示文稿时，可参考以下制作流程，并结合自身的操作习惯来决定具体的制作流程。

1. 创建基本内容

制作演示文稿时，需要先创建演示文稿和幻灯片，并在幻灯片中输入基本内容（这些内容主要是文本内容），从而确定整个演示文稿的内容框架。

2. 统一演示文稿

统一演示文稿主要是指统一演示文稿的背景、主题及对象格式等。这样既可以提高制作演示文稿的效率，又使得具备统一风格的演示文稿更加美观和专业。

3. 丰富演示文稿

在具备内容框架的条件下，可以根据内容的结构来调整演示文稿，如将文本调整为图表，插入各种形状、图片，创建表格，插入音频、视频等多媒体对象，这些生动的对象可以更好地丰富演示文稿。

4. 添加动画

动画是 PowerPoint 独有的特色功能，完善了演示文稿的风格和内容后，可以为幻灯片及幻灯片中的各个对象添加活泼、有趣的动画，以进一步提升演示文稿的交互性和趣味性。

5. 放映并发布演示文稿

完成上述所有环节后，还需要通过放映演示文稿来检查其内容，只有不断地放映、检查和调整，才能得到最终的演示文稿并根据需要将其发布到相关平台。

（四）演示文稿的基本操作

启动 PowerPoint 2019 后，就可以对 PowerPoint 文件（演示文稿）进行操作了。演示文稿的基本操作包括新建、打开、保存、关闭等。

1. 新建演示文稿

新建演示文稿的方法有很多，如新建空白演示文稿、利用模板新建演示文稿等，用户可根据实际需要进行选择。

- 新建空白演示文稿。启动 PowerPoint 2019 后，在"开始"界面中选择"空白演示文稿"选项，系统将新建一个名为"演示文稿1"的空白演示文稿。另外，也可以选择"文件"/"新建"命令，在"新建"界面中选择"空白演示文稿"选项，新建一个空白演示文稿，如图 3-2 所示。当然，也可以直接在 PowerPoint 操作界面中按"Ctrl+N"组合键新建空白演示文稿。

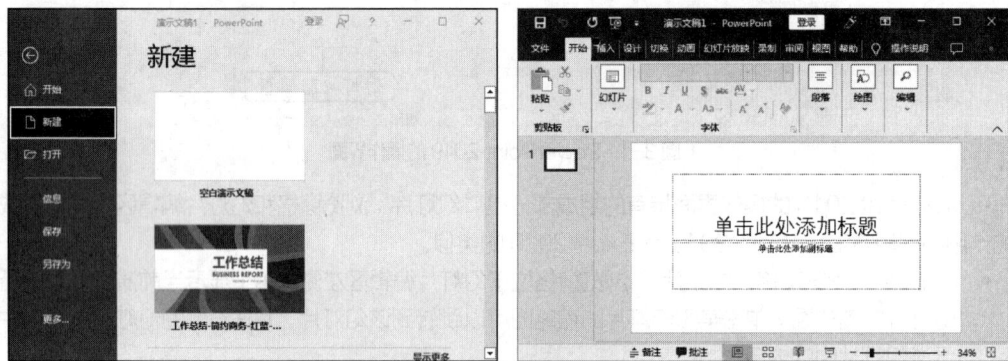

图3-2　新建空白演示文稿

- 利用模板新建演示文稿。PowerPoint 2019 提供了许多模板，用户可在预设模板的基础上快速新建带有内容和格式的演示文稿。其方法如下：选择"文件"/"新建"命令，打开"新建"界面，在其中选择某个已有的模板选项；或在"搜索联机模板和主题"文本框中输入模板的关键字，按"Enter"键进行查找，选择某个搜索到的模板选项后，单击"创建"按钮 ，便可根据该模板来新建演示文稿。

2. 打开演示文稿

当用户需要对演示文稿进行编辑、查看和放映等操作时，应先将其打开。打开演示文稿的方法主要有以下 4 种。

- 打开演示文稿。启动 PowerPoint 2019 后，选择"文件"/"打开"命令或按"Ctrl+O"组合键，打开"打开"界面，选择"浏览"选项，打开"打开"对话框，在其中选择需要打开的演示文稿后，单击 打开(O) 按钮。
- 打开最近使用的演示文稿。选择"文件"/"打开"命令，打开"打开"界面，选择"最近"选项，在其右侧的列表框中将显示最近打开过的演示文稿，选择对应的选项即可将其打开。
- 以只读方式打开演示文稿。以只读方式打开的演示文稿只能浏览，无法编辑。其方法如下：打开"打开"对话框，在其中选择需要打开的演示文稿后，单击 打开(O) 按钮右侧的下拉按钮 ，在弹出的下拉列表中选择"以只读方式打开"选项。此时，打开的演示文稿的标题栏中将显示"只读"字样。
- 以副本方式打开演示文稿。以副本方式打开演示文稿是指将演示文稿作为副本打开，在副本中进行编辑，不会影响源文件中的内容。其方法如下：打开"打开"对话框，在其中选择需要打开

的演示文稿后，单击 打开(O) 按钮右侧的下拉按钮▼，在弹出的下拉列表中选择"以副本方式打
开"选项。此时，打开的演示文稿的标题栏中将显示"副本"字样。

3. 保存演示文稿

制作好的演示文稿应及时保存在计算机中，用户可以根据需要选择不同的保存方式。

- 直接保存演示文稿。选择"文件"/"保存"命令，或单击快速访问工具栏中的"保存"按钮 🖫，
  或按"Ctrl+S"组合键，打开"另存为"界面，选择"浏览"选项，打开"另存为"对话框，在
  其中设置好演示文稿的保存名称和保存位置后，单击 保存(S) 按钮。当执行过一次保存操作后，
  再次选择"文件"/"保存"命令，或单击"保存"按钮 🖫，或按"Ctrl+S"组合键，系统将直接
  覆盖之前保存的文档，而不会打开"另存为"对话框。
- 另存演示文稿。若不想改变原有演示文稿中的内容，则可通过"另存为"命令将演示文稿另存
  为一个新的文件。其方法如下：选择"文件"/"另存为"命令，打开"另存为"界面，选择"浏
  览"选项，打开"另存为"对话框，在其中按照保存演示文稿的方法进行操作。
- 另存为模板。打开"另存为"对话框，在"保存类型"下拉列表中选择"PowerPoint 模板
  （*.potx）"选项，单击 保存(S) 按钮。将演示文稿另存为模板后，用户以后可以通过该模板来快
  速新建演示文稿。
- 保存为低版本的演示文稿。如果希望保存的演示文稿可以在 PowerPoint 97 或 PowerPoint
  2003 等低版本软件中打开，则可在"另存为"对话框中的"保存类型"下拉列表中选择
  "PowerPoint 97-2003 演示文稿（*.ppt）"选项，其余操作与直接保存演示文稿的操作
  相同。
- 自动保存演示文稿。选择"文件"/"选项"命令，打开"PowerPoint 选项"对话框，在左侧列
  表框中选择"保存"选项，在右侧的"保存演示文稿"选项组中选中"保存自动恢复信息时间
  间隔"复选框，并在其右侧的数值框中输入自动保存的时间间隔，单击 确定 按钮。

4. 关闭演示文稿

关闭演示文稿的常用方法有以下 3 种。

- 通过单击按钮关闭。在 PowerPoint 2019 操作界面中单击控制按钮区域中的"关闭"按钮 ✕，
  关闭演示文稿并退出 PowerPoint。
- 通过快捷菜单关闭。在 PowerPoint 2019 操作界面的标题栏中单击鼠标右键，在弹出的快捷菜
  单中选择"关闭"命令。
- 通过快捷键关闭。在 PowerPoint 2019 操作界面中按"Alt+F4"组合键。

（五）幻灯片的基本操作

幻灯片是演示文稿的重要组成部分，因此，编辑幻灯片是制作演示文稿的主要操作之一。

1. 新建幻灯片

当演示文稿中的幻灯片不够用时，用户可手动新建幻灯片。

- 在"幻灯片"浏览窗格中新建。在"幻灯片"浏览窗格中的空白区域或已有幻灯片的缩略图上单
  击鼠标右键，在弹出的快捷菜单中选择"新建幻灯片"命令；也可单击某张幻灯片的缩略图，按
  "Enter"键完成新建操作。
- 通过"幻灯片"组新建。在"开始"/"幻灯片"组中单击"新建幻灯片"按钮 🗔 下侧的下拉按
  钮▾，在弹出的下拉列表中选择需要的幻灯片版式。

2. 应用幻灯片版式

如果对新建的幻灯片版式不满意，则可随时更改。其方法如下：在"开始"/"幻灯片"组中单击"版
式"按钮 🗔，在弹出的下拉列表中选择需要的幻灯片版式。

3. 选择幻灯片

选择幻灯片是编辑幻灯片的前提，选择幻灯片主要有以下3种方法。

- 选择单张幻灯片。在"幻灯片"浏览窗格中单击幻灯片缩略图将选择当前幻灯片。
- 选择多张幻灯片。在"幻灯片"浏览窗格中按住"Shift"键并单击其他幻灯片缩略图将选择多张连续的幻灯片，按住"Ctrl"键并单击其他幻灯片缩略图将选择多张不连续的幻灯片。
- 选择全部幻灯片。在"幻灯片"浏览窗格中按"Ctrl+A"组合键将选择全部幻灯片。

4. 移动和复制幻灯片

当用户需要调整某张幻灯片的顺序时，可直接移动该幻灯片；当用户需要使用某张幻灯片中已有的版式或内容时，可直接复制该幻灯片并进行更改，以提高工作效率。

- 通过拖曳鼠标操作。在"幻灯片"浏览窗格中选择某一张幻灯片缩略图，在其上按住鼠标左键并将其拖曳到目标位置后释放鼠标左键，可完成移动幻灯片的操作；若按住"Ctrl"键进行拖曳，则可实现复制幻灯片的操作。
- 通过右键菜单操作。在"幻灯片"浏览窗格中选择某一张幻灯片缩略图，在其上单击鼠标右键，在弹出的快捷菜单中选择"剪切"或"复制"命令，在"幻灯片"浏览窗格中定位至目标位置，单击鼠标右键，在弹出的快捷菜单中选择"粘贴"命令，可完成幻灯片的移动或复制操作。
- 通过快捷键操作。在"幻灯片"浏览窗格中选择某一张幻灯片缩略图，按"Ctrl+X"组合键进行剪切或按"Ctrl+C"组合键进行复制，在"幻灯片"浏览窗格中定位至目标位置，按"Ctrl+V"组合键进行粘贴，完成幻灯片的移动或复制操作。

5. 删除幻灯片

删除幻灯片的方法有以下两种。

- 在"幻灯片"浏览窗格中选择要删除的幻灯片缩略图，并按"Delete"键。
- 在"幻灯片"浏览窗格中选择某张要删除的幻灯片缩略图，在其上单击鼠标右键，在弹出的快捷菜单中选择"删除幻灯片"命令。

示例演示

本任务创建的"工作总结"演示文稿的参考效果（部分）如图3-3所示。其中，通过对演示文稿、幻灯片的基本操作，以及文本的输入来构建该演示文稿的基本内容框架。

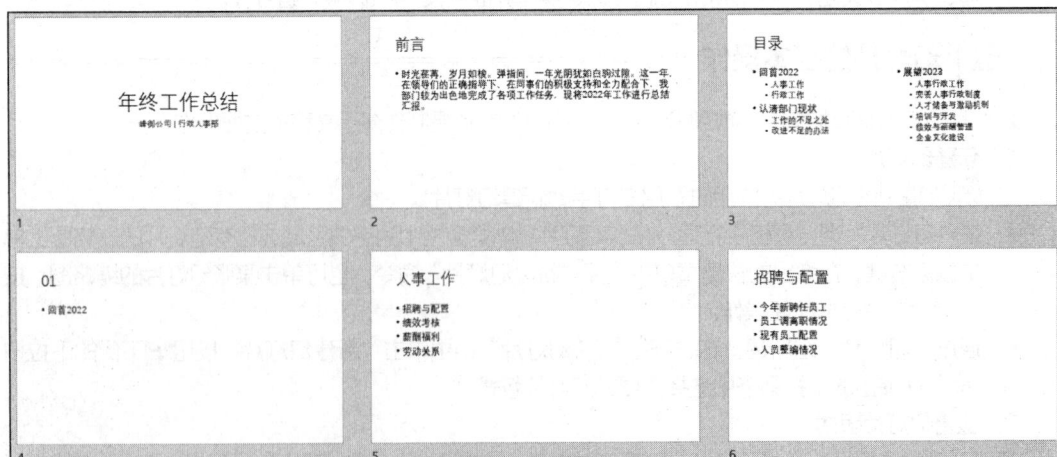

图3-3 "工作总结"演示文稿的参考效果（部分）

任务实现

（一）新建并保存演示文稿

下面新建一个空白演示文稿，然后将其以"工作总结"为名保存到计算机中，其具体操作如下。

（1）选择"开始"/"PowerPoint"命令，启动 PowerPoint 2019，打开"开始"界面，选择"空白演示文稿"选项，如图 3-4 所示。

（2）系统将新建一个名为"演示文稿 1"的空白演示文稿，在 PowerPoint 操作界面中单击快速访问工具栏中的"保存"按钮，如图 3-5 所示。

图 3-4　新建空白演示文稿

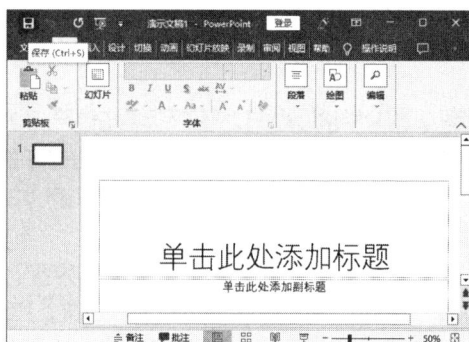

图 3-5　单击"保存"按钮

（3）打开"另存为"界面，选择"浏览"选项，如图 3-6 所示。

（4）打开"另存为"对话框，在左侧的导航窗格中选择文件的保存位置，在"文件名"下拉列表中输入"工作总结"，单击 保存(S) 按钮，如图 3-7 所示。

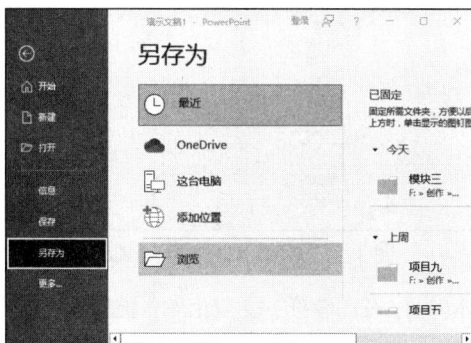

图 3-6　选择"浏览"选项

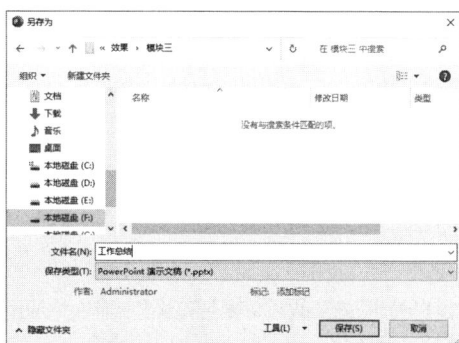

图 3-7　设置文件的名称和保存位置

（二）新建幻灯片并输入文本

新建并保存演示文稿后，接下来就需要完成新建幻灯片并输入文本的操作，创建出演示文稿的内容框架，其具体操作如下。

（1）在默认幻灯片的标题占位符中（显示了"单击此处添加标题"字样的占位符）单击以定位文本插入点，切换到中文输入法，输入标题"年终工作总结"，如图 3-8 所示。

（2）按照相同的方法在副标题占位符中输入相应的内容，在"幻灯片"浏览窗格中选择默认的幻灯片缩略图，按"Enter"键新建幻灯片，如图3-9所示。

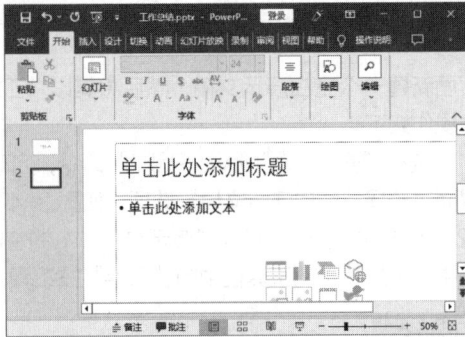

图3-8　输入标题　　　　　　　　　　图3-9　新建幻灯片

> **提示**　幻灯片中常见的占位符包括标题占位符、副标题占位符、内容占位符和文本占位符这4种。其中，标题占位符、副标题占位符和文本占位符主要用于输入幻灯片的标题、副标题和正文内容；内容占位符既可以输入正文内容，又可以通过单击相应按钮插入所需对象。

（3）新建幻灯片的版式默认为"标题和内容"版式，它包含标题占位符和内容占位符两个对象，分别在这两个占位符中输入幻灯片的标题和正文，如图3-10所示。

（4）按照相同的方法再次新建幻灯片，在"开始"/"幻灯片"组中单击"版式"按钮，在弹出的下拉列表中选择"两栏内容"选项，如图3-11所示。

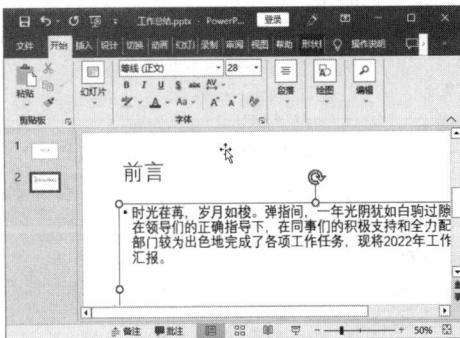

图3-10　输入文本　　　　　　　　图3-11　新建幻灯片并更改其版式

（5）分别在左右两个内容占位符中输入相应的文本内容，在占位符中按"Enter"键换行时会自动添加默认的项目符号。

（6）选择左侧内容占位符中的"人事工作"段落和"行政工作"段落，按"Tab"键将所选段落降为二级文本，并按照相同的方法处理其他文本段落的级别，效果如图3-12所示。

（7）按照相同的方法创建其他幻灯片，并在其中的占位符中输入相应的标题和正文内容，如图3-13所示。若想提高学习和操作效率，则可使用本书配套资源中提供的已经创建好的演示文稿框架（配套资源：素材\模块三\工作总结.pptx）。

> **提示**　不同级别的文本将应用不同级别的格式，因此在输入和设置正文内容时，一定要保证文本级别正确。另外，如果要升级文本，则可以按"Shift+Tab"组合键。

图 3-12　降级文本的效果

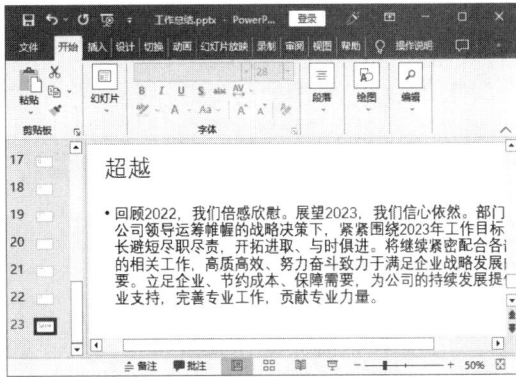

图 3-13　创建其他幻灯片并输入文本

提示　学习知识的过程没有捷径，建议读者在初次使用 PowerPoint 时，尽量自己建立演示文稿的内容框架，通过这个过程来逐步熟悉 PowerPoint 的操作。

（三）复制并移动幻灯片

如果幻灯片的版式和内容有相似或相同之处，则完全可以通过复制并移动等操作来提高演示文稿的制作效率。下面通过复制并移动幻灯片来进一步完善演示文稿的内容，其具体操作如下。

（1）在"幻灯片"浏览窗格中选择第 1 张幻灯片缩略图，依次按"Ctrl+C"组合键和"Ctrl+V"组合键完成幻灯片的复制操作，效果如图 3-14 所示。

（2）对当前第 2 张幻灯片中的标题占位符和副标题占位符中的内容进行修改，效果如图 3-15 所示。

图 3-14　复制幻灯片的效果

图 3-15　修改文本的效果

（3）在"幻灯片"浏览窗格中选择第 2 张幻灯片缩略图，按"Ctrl+X"组合键剪切该幻灯片，并在"幻灯片"浏览窗格的最后单击以定位插入点，如图 3-16 所示。

（4）按"Ctrl+V"组合键，此时第 2 张幻灯片便被移至最后，效果如图 3-17 所示。

（5）在"幻灯片"浏览窗格中选择第 4 张幻灯片缩略图，按"Ctrl+C"组合键复制幻灯片，并按两次"Ctrl+V"组合键粘贴出两张幻灯片，如图 3-18 所示。

（6）依次修改当前第 5 张幻灯片和第 6 张幻灯片中的内容，如图 3-19 所示。

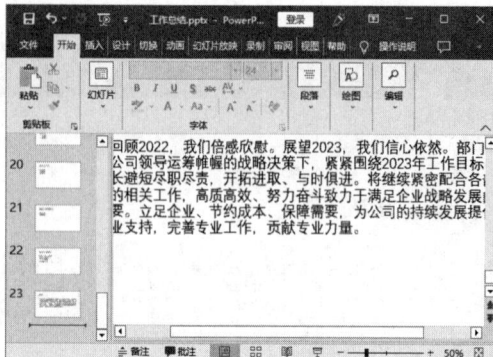

图 3-16 定位插入点

图 3-17 移动幻灯片（1）

图 3-18 复制幻灯片

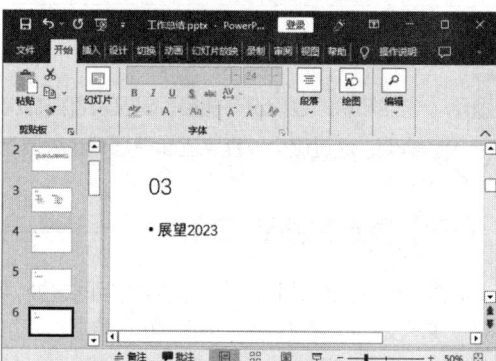

图 3-19 修改幻灯片

（7）在第 5 张幻灯片缩略图上按住鼠标左键，将其拖曳到第 16 张幻灯片缩略图的下方，完成幻灯片的移动操作，如图 3-20 所示。

（8）按照相同的方法将当前第 5 张幻灯片移动至第 18 张幻灯片缩略图的下方，如图 3-21 所示（配套资源：效果\模块三\工作总结.pptx）。

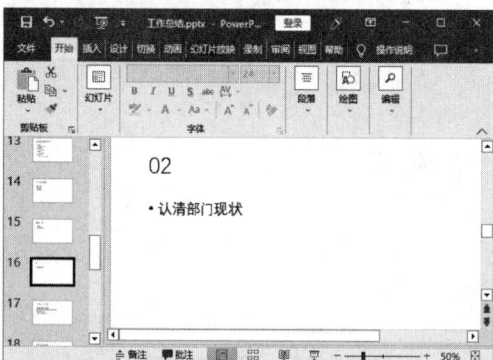

图 3-20 移动幻灯片（2）

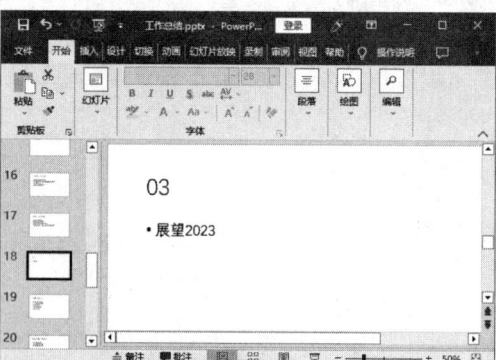

图 3-21 移动幻灯片（3）

能力拓展

当演示文稿中存在大量幻灯片而出现管理困难的问题时，用户可以通过创建节来解决问题。在演示文稿中创建节以后，移动和复制节时，该节下的所有幻灯片将同时被移动和复制。另外，通过折叠节、展开节等操作，可以自主控制"幻灯片"浏览窗格中幻灯片缩略图的显示内容。例如，当需要对某节下的幻灯片进行编辑时，就可以折叠其他节，以便用户在"幻灯片"浏览窗格中选择需要编辑的幻灯片。
下面介绍节的一些基本操作方法。

- 新建节。在需要创建节的位置选择幻灯片
（如需要将第 2 张幻灯片之后的所有幻灯片
创建为一节，则选择第 2 张幻灯片）并单击
"开始"/"幻灯片"组中的"节"按钮 言，
在弹出的下拉列表中选择"新增节"选项，
此时，"幻灯片"浏览窗格中自动显示"默
认节"和"无标题节"名称，如图 3-22 所
示。通过新建节，可以对演示文稿中的多张

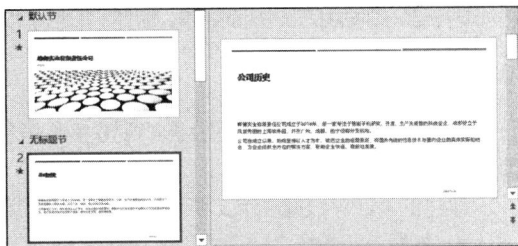

图 3-22　新建节

幻灯片按照不同的内容进行划分，当需要查看或调整幻灯片结构时，可以以节为单位，直接查看
或调整整节。

- 重命名节。在"幻灯片"浏览窗格中的某个节名称上单击鼠标右键，在弹出的快捷菜单中选择"重
命名节"命令，打开"重命名节"对话框，在"节名称"文本框中重新输入节的名称，单击 重命名(R)
按钮。
- 删除节。在"幻灯片"浏览窗格中的某个节名称上单击鼠标右键，在弹出的快捷菜单中选择"删
除节"命令。
- 展开节。单击某个节名称左侧的"展开"标记 ▶。
- 折叠节。单击某个节名称左侧的"折叠"标记 ◢。

> **提示**　删除节只是删除了节这个框架，原来节中的幻灯片并未被删除。要想删除整节幻灯片，则需要在
> 节名称上单击鼠标右键，在弹出的快捷菜单中选择"删除节和幻灯片"命令。

任务二　统一"工作总结"演示文稿风格

任务描述

通过"空白演示文稿"选项创建的幻灯片过于单调，但如果一张一张地设置幻灯片就会过于烦琐且
可能无法统一幻灯片的风格。因此，在完成演示文稿内容框架的创建后，可以通过主题、背景、母版等
功能，快速打造出美观且风格统一的演示文稿。下面利用这些功能统一"工作总结"演示文稿的风格。

技术分析

（一）幻灯片文本的设计原则

文本是演示文稿中最重要的元素之一，文本不仅要设计美观，还要满足观众在观看方面的需求，如
字体不能潦草、字号不能太小等。

1. 字体设计原则

字体设计效果与演示文稿的可读性和感染力息息相关。实际上，字体设计也有一定的原则可循，下
面介绍 3 个常见的字体设计原则。

- 幻灯片标题字体最好选用容易阅读的、较粗的字体，正文则使用比标题细的字体，以区分主次。
- 在搭配字体时，标题和正文尽量选择常用的字体，且要考虑标题字体和正文字体的搭配效果。

- 在商业培训等相对正式的场合，可使用常规字体，如标题使用方正粗黑宋简体、黑体和方正综艺简体等，正文可使用微软雅黑、方正细黑简体和宋体等。在一些相对轻松的场合，字体可随意一些，如使用方正中倩简体、楷体（加粗）和方正卡通简体等，但不建议选用行书、草书等字体（特殊情况除外）。

2. 字号设计原则

在演示文稿中，字号不仅会影响观众接收信息时的体验，还会从侧面反映出演示文稿的专业度，因此字号的设计也非常重要。

字号的设计需根据演示文稿使用的场合和环境来决定，因此在选用字号时要注意以下两点。

- 如果演示的场合较正式，观众较多，则幻灯片中文字的字号应该较大，以保证最远位置的观众都能看清幻灯片中的文字。此时，标题可考虑使用 36 号以上的字号，正文可考虑使用 28 号以上的字号。为了使观众更易查看，一般情况下，演示文稿中的字号不应小于 30 号。
- 同类型和同级别的标题及文本内容要设置为同样大小的字号，这样可以保证内容的连贯与文本的统一，让观众更容易将信息归类，也更容易理解和接收信息。

（二）各种母版视图的区别

PowerPoint 提供了 3 种母版视图，分别是幻灯片母版、讲义母版和备注母版，在"视图"/"母版视图"组中单击相应的按钮可进入对应的视图模式。下面介绍它们的作用。

- 幻灯片母版。在幻灯片母版中可以统一设置幻灯片及其中对象的内容和格式。PowerPoint 有多种母版，也就是说，如果只对某个母版进行设置，则只有应用了该母版的幻灯片才会同步应用对应的效果。当然，也可以在幻灯片母版视图中对所有幻灯片的格式和内容进行统一设置。
- 讲义母版。讲义是指在演讲时打印出来使用的文件。因此，讲义母版的主要作用是在幻灯片打印为讲义时设置内容显示方向（纸张方向）、幻灯片大小、每页讲义包含的幻灯片数量、页眉与页脚的内容等，也可设置幻灯片的主题样式和背景效果。
- 备注母版。备注是幻灯片放映和演讲者演讲时的附加内容，其作用是提醒演讲者在放映该幻灯片或演讲该幻灯片的内容时需要注意的事项。备注母版的作用与讲义母版相似，可以设置幻灯片备注页的内容显示方向、幻灯片大小、页眉与页脚的内容，以及幻灯片的主题样式和背景效果。

示例演示

本任务将对"工作总结"演示文稿的风格进行统一，其参考效果（部分）如图 3-23 所示。其中，利用主题功能设置幻灯片的字体、颜色等属性，利用背景功能设置幻灯片背景效果，并利用幻灯片母版调整字体格式和每张幻灯片的内容。

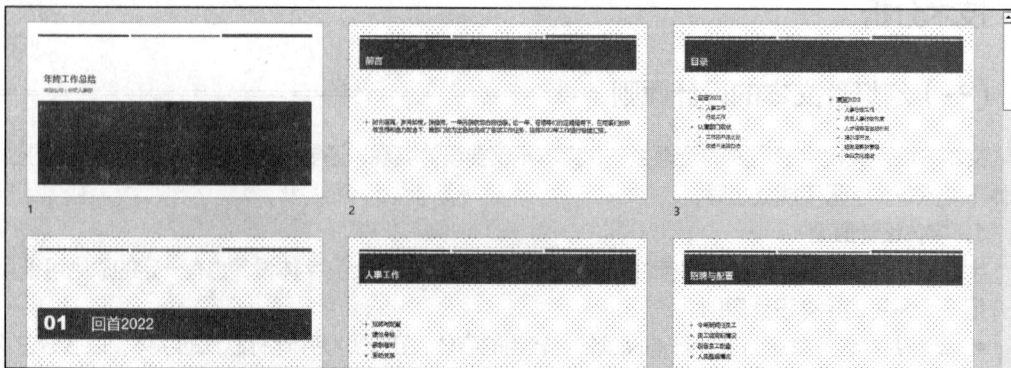

图 3-23 统一"工作总结"演示文稿风格后的参考效果（部分）

任务实现

（一）应用并设置幻灯片主题

幻灯片主题是一系列属性的集合，包括颜色、字体、效果、背景样式等。为幻灯片应用主题，不仅能提高编辑效率，从专业度和统一度来看，对新手也有很大的帮助。下面为"工作总结02.pptx"演示文稿中的幻灯片应用并设置主题，其具体操作如下。

（1）打开"工作总结 02.pptx"演示文稿（配套资源：素材\模块三\工作总结02.pptx），在"设计"/"主题"组的"样式"下拉列表中选择"红利"选项，如图 3-24 所示。

（2）此时所有幻灯片都将应用所选的主题效果，在"设计"/"变体"组中单击"变体"按钮，在弹出的下拉列表中选择"颜色"/"字幕"选项，更改主题颜色，如图 3-25 所示。

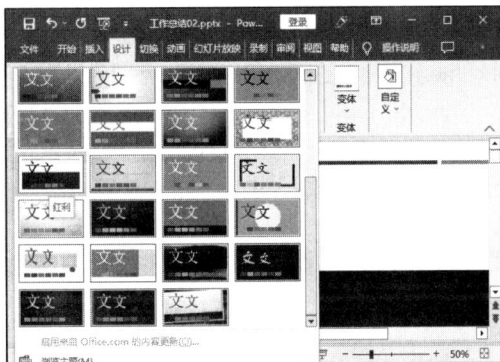

图 3-24　选择主题效果

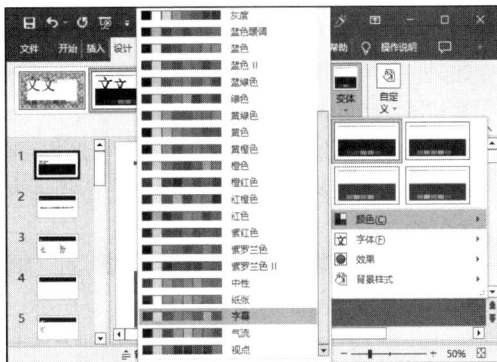

图 3-25　更改主题颜色

（3）在"设计"/"变体"组中单击"变体"按钮，在弹出的下拉列表中选择"字体"/"自定义字体"选项，如图 3-26 所示。

（4）打开"新建主题字体"对话框，在"西文"选项组的"标题字体（西文）"下拉列表中选择"Arial Black"选项，在"正文字体（西文）"下拉列表中选择"Arial"选项；在"中文"选项组的"标题字体（中文）"下拉列表中选择"方正兰亭中黑_GBK"选项，在"正文字体（中文）"下拉列表中选择"方正兰亭黑_GBK"选项，在"名称"文本框中输入"总结"，单击 保存(S) 按钮，如图 3-27 所示。

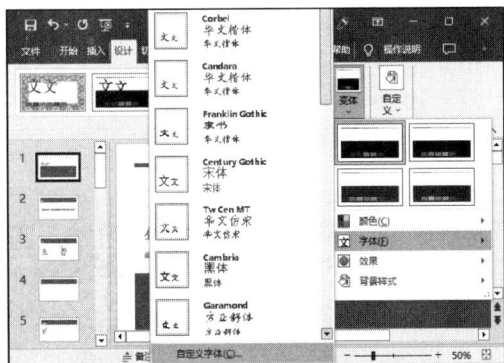

图 3-26　选择"自定义字体"选项

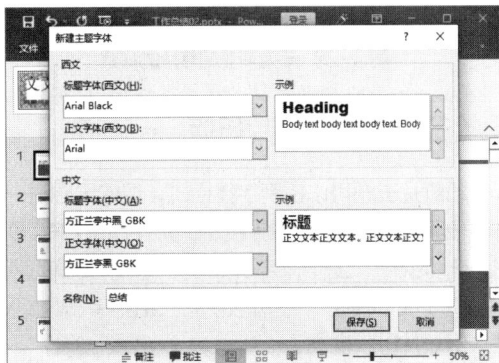

图 3-27　指定中英文字体

查看幻灯片中标题、正文的字体效果，发现其均自动完成了相应调整，如图 3-28 所示。

图 3-28　查看字体效果

（二）设置幻灯片背景

为了进一步美化幻灯片，用户可以适当设置幻灯片的背景，如为幻灯片背景添加渐变效果、图片、纹理等。下面为"工作总结 02.pptx"演示文稿中的部分幻灯片添加图案背景，其具体操作如下。

（1）在"幻灯片"浏览窗格中按住"Shift"键，同时选择第 2~25 张幻灯片，在"设计"/"自定义"组中的"自定义"下拉列表中选择"设置背景格式"选项，如图 3-29 所示。

（2）打开"设置背景格式"任务窗格，在"填充"选项组中选中"图案填充"单选按钮，在"图案"选项组中选择第一个图案选项，如图 3-30 所示，关闭该任务窗格。

图 3-29　设置多张幻灯片的背景　　　　图 3-30　设置图案样式

（三）编辑幻灯片母版

幻灯片主题可以控制字体格式，但如果想进一步统一标题和各级正文的字号、字体颜色等其他属性，就需要依靠幻灯片母版来实现。下面进入幻灯片母版视图，在其中进一步统一"工作总结 02.pptx"演示文稿的风格，其具体操作如下。

（1）在"视图"/"母版视图"组中单击"幻灯片母版"按钮（见图 3-31），进入幻灯片母版视图。

（2）在"幻灯片"浏览窗格中选择第 1 张幻灯片缩略图，再选择幻灯片编辑区中的"二级"文本，在"开始"/"字体"组中将其字体设置为"方正兰亭黑_GBK"，字号设置为"16"，如图 3-32 所示。

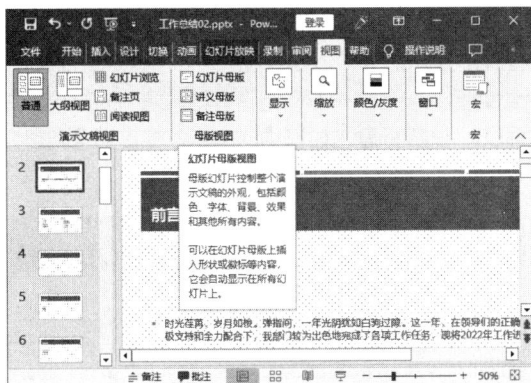

图 3-31 单击"幻灯片母版"按钮

图 3-32 设置二级正文的字体和字号

（3）在"幻灯片"浏览窗格中选择第 2 张幻灯片缩略图，在"幻灯片母版"/"母版版式"组中取消选中"页脚"复选框，如图 3-33 所示。

（4）选择标题占位符中的文本，在"开始"/"字体"组中单击"字体颜色"按钮**A**右侧的下拉按钮✓，在弹出的下拉列表中选择"水绿色,个性色 1"选项，设置字体颜色如图 3-34 所示。

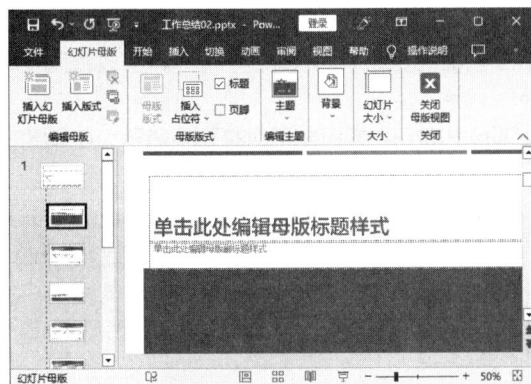

图 3-33 取消页脚（1）

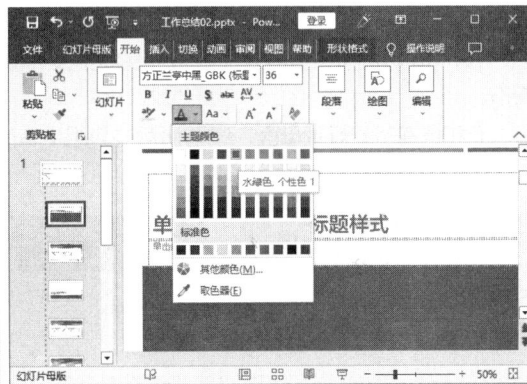

图 3-34 设置字体颜色

（5）在"幻灯片"浏览窗格中选择第 3 张幻灯片缩略图，在"幻灯片母版"/"母版版式"组中取消选中"页脚"复选框，如图 3-35 所示。

（6）在"幻灯片"浏览窗格中选择第 5 张幻灯片缩略图，在"幻灯片母版"/"母版版式"组中取消选中"页脚"复选框，如图 3-36 所示。

图 3-35 取消页脚（2）

图 3-36 取消页脚（3）

（7）在"幻灯片"浏览窗格中选择第 7 张幻灯片缩略图，在幻灯片编辑区中选择标题占位符及其下方的矩形对象，按"Ctrl+C"组合键进行复制，如图 3-37 所示。

（8）在"幻灯片"浏览窗格中选择第 8 张幻灯片缩略图，按"Ctrl+V"组合键粘贴复制的对象，并按住"Shift"键向下拖曳复制得到的对象，使其居中显示；选择标题占位符中的文本，将其字号调整为"60"，如图 3-38 所示。

图 3-37 复制对象

图 3-38 粘贴对象并调整文本字号

（9）拖曳标题占位符右侧边框中间的控制点，减小占位符的宽度，使其仅能显示两个字符，如图 3-39 所示。

（10）在"幻灯片母版"/"母版版式"组中单击"插入占位符"按钮 下侧的下拉按钮 ，在弹出的下拉列表中选择"内容"选项，如图 3-40 所示。

图 3-39 调整占位符的宽度

图 3-40 插入内容占位符

（11）在标题占位符右侧绘制内容占位符，并删除内容占位符中的项目符号和内容占位符中二级及以下的正文内容，将保留的正文内容的字号调整为"48"，字体颜色设置为"白色，背景 1"，如图 3-41 所示。

（12）在"幻灯片母版"/"关闭"组中单击"关闭母版视图"按钮 ，退出母版视图，如图 3-42 所示。

（13）按住"Ctrl"键，在"幻灯片"浏览窗格中依次选择第 4 张、第 15 张、第 18 张幻灯片缩略图，在"开始"/"幻灯片"组中单击"版式"按钮 ，在弹出的下拉列表中选择"空白"选项，如图 3-43 所示。

（14）所选幻灯片同时应用了在母版视图中设置的"空白"版式，效果如图 3-44 所示（配套资源：效果\模块三\工作总结 02.pptx）。

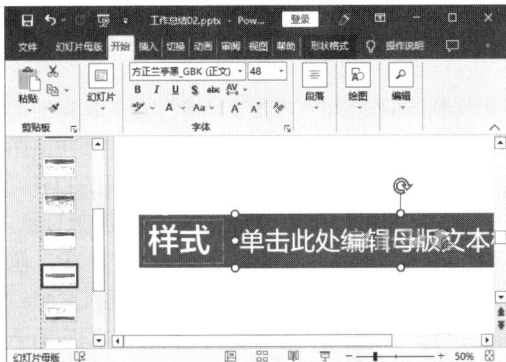
图 3-41 设置内容占位符

图 3-42 退出母版视图

图 3-43 修改多张幻灯片的版式

图 3-44 应用版式后的效果

能力拓展

（一）在同一演示文稿中应用多个主题

当为演示文稿中的幻灯片重新应用主题时，原主题效果将会被取代。如果想在同一演示文稿中应用多个主题，则需要在幻灯片母版视图中进行设置。其方法如下：进入幻灯片母版视图后，在最后一张幻灯片版式缩略图下方单击以定位文本插入点，在"幻灯片母版"/"编辑主题"组中单击"主题"按钮，在弹出的下拉列表中选择其他主题样式，此时，"幻灯片"浏览窗格中将同时显示两套主题的版式效果，如图 3-45 所示。需要为幻灯片应用不同主题时，在"开始"/"幻灯片"组中单击"版式"按钮，在弹出的下拉列表中选择不同主题的版式即可。

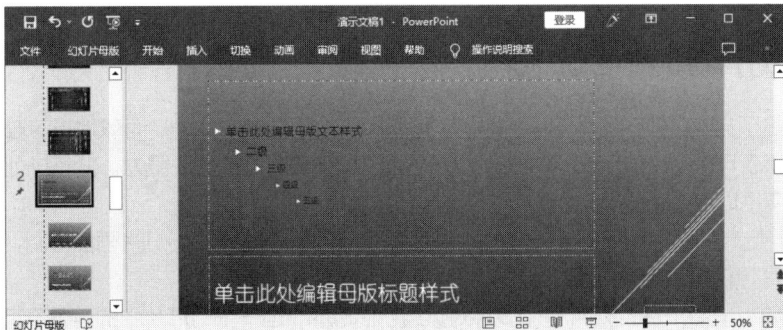
图 3-45 两套主题的版式效果

（二）重新应用幻灯片和主题

PowerPoint 提供了"重用幻灯片"功能，当需要重新制作相同或相似的幻灯片时，就可利用该功能进行快速制作。其方法如下：在"开始"/"幻灯片"组中单击"新建幻灯片"按钮 下侧的下拉按钮 ，在弹出的下拉列表中选择"重用幻灯片"选项，打开"重用幻灯片"任务窗格，单击 浏览 按钮，打开"浏览"对话框，在其中选择作为参考的演示文稿后，单击 打开(O) 按钮；返回演示文稿，"重用幻灯片"任务窗格中将显示所选演示文稿中的各张幻灯片；选择某张幻灯片便可重新使用该幻灯片中的对象，包括文本、形状等对象，即重新应用内容，如图 3-46 所示。如果需要重新应用主题样式，则可在某张幻灯片上单击鼠标右键，在弹出的快捷菜单中选择"将主题应用于选定的幻灯片"命令或"将主题应用于所有幻灯片"命令，如图 3-47 所示。

图 3-46　重新应用内容

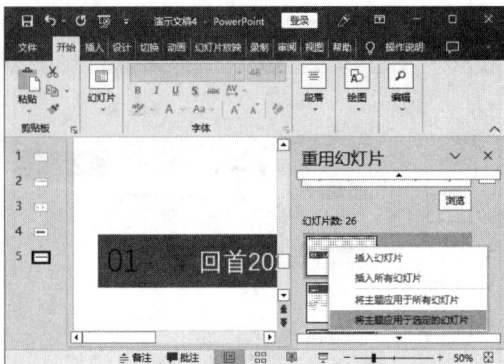

图 3-47　重新应用主题样式

任务三　丰富"工作总结"演示文稿

任务描述

演示文稿的特点是内容生动，但如果幻灯片中只有枯燥无味的文本，就不能体现出演示文稿的优势。因此，在编辑演示文稿时，应主动思考如何将单调的内容转换为生动有趣的内容。这实际上与人们在工作、学习和生活中需要具备主动思考的态度是相通的，如主动思考怎样提高学习效率，怎样才能成为合格的共青团员和共产党员等。本任务将把"工作总结"演示文稿中的文本对象转换为各种生动的对象，以充分展现和发挥演示文稿的特色及优势。

技术分析

（一）幻灯片对象的布局原则

幻灯片中除了文本之外，还可以包含图片、形状和表格等对象。合理、有效地将这些对象布局到各张幻灯片中，不仅可以增强演示文稿的表现力，还可以增强演示文稿的说服力。分布排列幻灯片中的各个对象时，应遵循以下 5 个原则。

- 画面平衡。布局幻灯片时，应尽量保持幻灯片页面平衡，使整个幻灯片画面协调，避免出现左重右轻、右重左轻及头重脚轻的情况。
- 布局简单。虽然一张幻灯片是由多种对象组合而成的，但一张幻灯片中的对象不宜过多，否则幻灯片会显得很拥挤，不利于传递信息。

- 统一协调。演示文稿中各张幻灯片标题文本的位置应统一，文字采用的字体、字号、颜色和页边距等应尽量统一，不能随意设置，以免破坏幻灯片的整体效果。
- 强调主题。为了让观众能快速、深刻地对幻灯片所表达的内容产生共鸣，可通过颜色、字体及样式等强调幻灯片中要表达的核心内容，以引起观众注意。
- 内容简练。幻灯片只是辅助演讲者传递信息的一种方式，且观众在短时间内可接收并记住的信息并不多，因此，在一张幻灯片中只需列出要点或核心内容。

（二）插入媒体文件

在 PowerPoint 中插入图片、形状、SmartArt 图形、表格等对象的操作方法，与在 Word 中插入这些对象的操作方法大致相似。插入对象后，用户可以直接在幻灯片中随意调整其位置，相对于在 Word 中需要将对象的环绕方式设置为"浮于文字上方"而言，在 PowerPoint 中设置对象的操作方法更加简便。下面重点介绍在 PowerPoint 中插入音频和视频等文件的方法。

1. 插入音频文件

根据实际需要，用户既可以在幻灯片中直接插入已有的音频文件，又可以通过录音得到需要的音频文件。

- 插入计算机中的音频文件。选择需要插入音频文件的幻灯片，在"插入"/"媒体"组中单击"音频"按钮◀»)，在弹出的下拉列表中选择"PC 上的音频"选项，打开"插入音频"对话框，在其中选择需要插入的音频文件后，单击 插入(S) ▼ 按钮。需要注意的是，音频文件被插入幻灯片以后，将以"喇叭"标记◀› 的形式出现，拖曳该标记可调整其位置，选择该标记后可在显示的工具栏中播放音频，如图 3-48 所示。另外，选择该标记后，在"音频工具 - 播放"选项卡中可以对音频文件进行更多设置，如剪裁、淡化、调整音量、设置播放参数等，如图 3-49 所示。

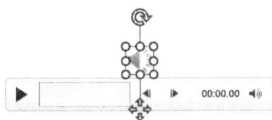

图 3-48　音频标记与工具栏

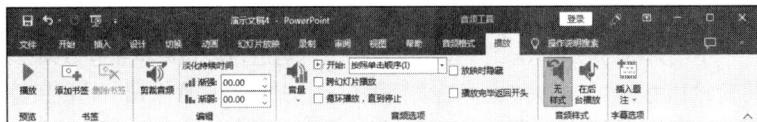

图 3-49　"音频-工具-播放"选项卡

- 录制音频。选择幻灯片，在"插入"/"媒体"组中单击"音频"按钮◀»)，在弹出的下拉列表中选择"录制音频"选项，打开"录制声音"对话框，在"名称"文本框中可设置该音频的名称。单击"录制"按钮● 可开始录音（需确保计算机中连接有麦克风等音频输入设备），如图 3-50 所示。单击"停止"按钮■ 可停止录音，单击 确定 按钮可完成录制操作，所录制的音频同样将以"喇叭"标记◀› 的形式显示在幻灯片中。

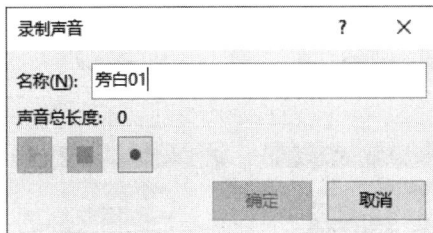

图 3-50　"录制声音"对话框

2. 插入视频文件

视频文件的插入方法与音频文件的插入方法类似，用户可以在 PowerPoint 中插入计算机中的视频文件或联机视频。

- 插入计算机中的视频文件。在"插入"/"媒体"组中单击"视频"按钮▭，在弹出的下拉列表中选择"此设备"选项，打开"插入视频文件"对话框，在其中选择需要插入的视频文件后，单击 插入(S) ▾ 按钮便可成功插入视频文件，效果如图 3-51 所示。对于插入幻灯片中的视频对象，用户可以通过拖曳的方式调整其位置，也可以通过拖曳控制点的方式调整其尺寸。同样，可以利用"视频工具－播放"选项卡对视频文件进行剪裁、淡化、调整音量、设置播放参数等操作。
- 插入联机视频。在"插入"/"媒体"组中单击"视频"按钮▭，在弹出的下拉列表中选择"联机视频"选项，在打开的图 3-52 所示的对话框中粘贴来自网站的嵌入代码，单击 Insert 按钮即可插入视频对象。

图 3-51　插入视频文件后的效果

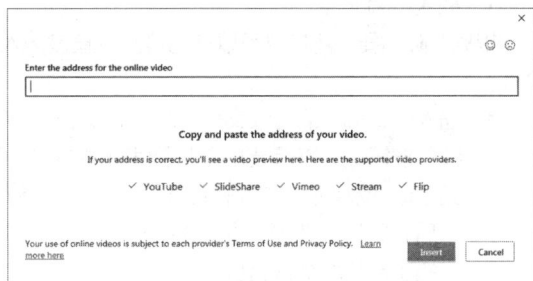

图 3-52　插入联机视频时打开的对话框

示例演示

本任务将对"工作总结"演示文稿中的内容进行设置，其参考效果（部分）如图 3-53 所示。其中，将充分利用图片、形状、图表、表格等对象，并使用动作按钮、超链接等对象在幻灯片中创建超链接，使整个演示文稿看上去既生动有趣，又方便制作者在放映演示文稿时控制放映过程。

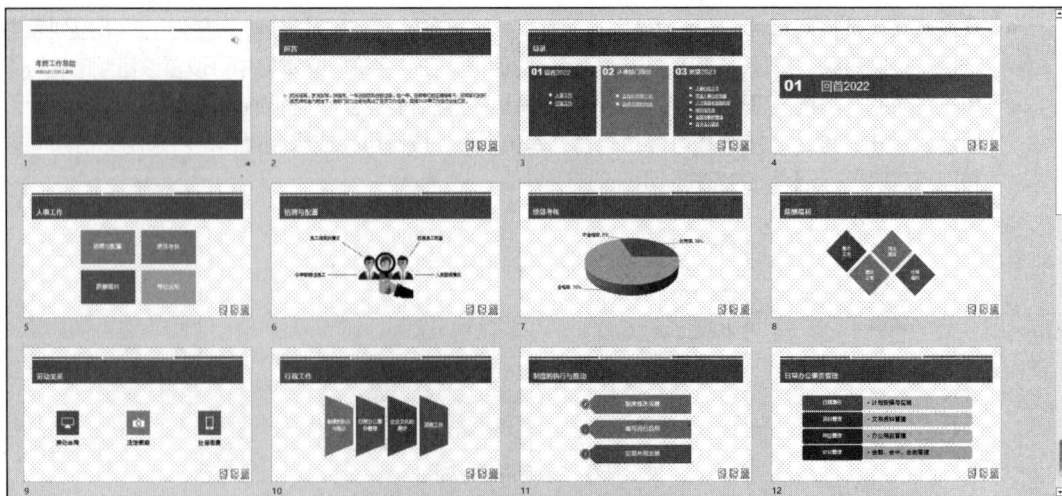

图 3-53　丰富"工作总结"演示文稿后的参考效果（部分）

任务实现

（一）插入形状和文本框

丰富多样的形状可以让幻灯片变得生动有趣，文本框则可以更好地布局文本，它们都是幻灯片中经常使用的对象。下面在"工作总结 03.pptx"演示文稿中插入形状和文本框，其具体操作如下。

（1）打开"工作总结 03.pptx"演示文稿（配套资源：素材\模块三\工作总结 03.pptx），选择第 3 张幻灯片，在"插入"/"插图"组中单击"形状"按钮，在弹出的下拉列表中选择"矩形"/"矩形"选项，如图 3-54 所示。

（2）在幻灯片中单击以插入矩形，在"绘图工具 – 形状格式"/"大小"组中将矩形的高度和宽度均设置为"10 厘米"，如图 3-55 所示。

图 3-54 选择形状

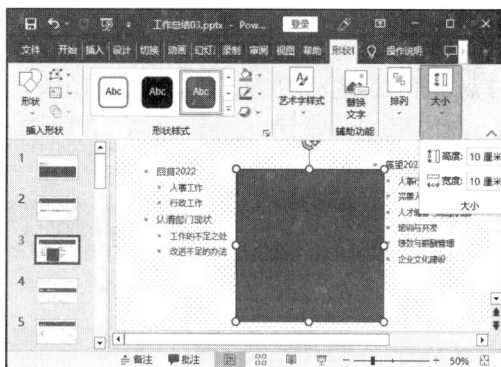

图 3-55 设置形状大小

（3）保持矩形处于选择状态，在"绘图工具 – 形状格式"/"形状样式"组中单击"形状轮廓"按钮右侧的下拉按钮，在弹出的下拉列表中选择"无轮廓"选项，如图 3-56 所示。

（4）在"插入"/"文本"组中的"文本"下拉列表中选择"文本框"选项组中的"绘制横排文本框"选项，如图 3-57 所示。

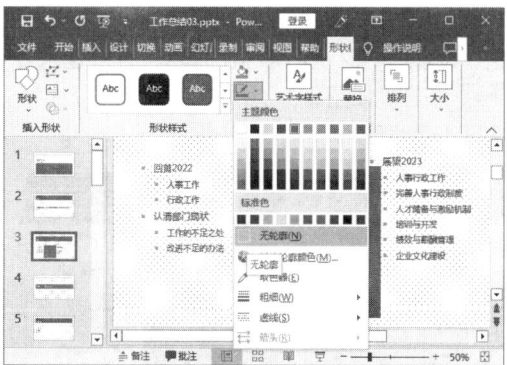

图 3-56 选择"无轮廓"选项

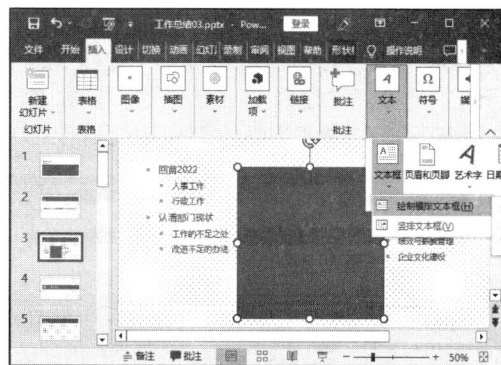

图 3-57 选择文本框类型

（5）在幻灯片的空白区域单击以插入文本框，并在其中输入"01"，如图 3-58 所示。

（6）在"开始"/"字体"组中将输入文本的字体格式设置为"Arial Black (标题)；36 号；白色，背景 1"，并将文本框移动至矩形的左上角，如图 3-59 所示。

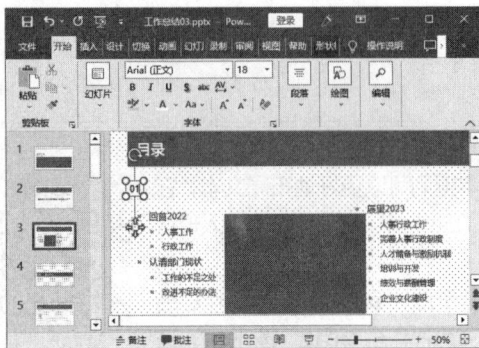

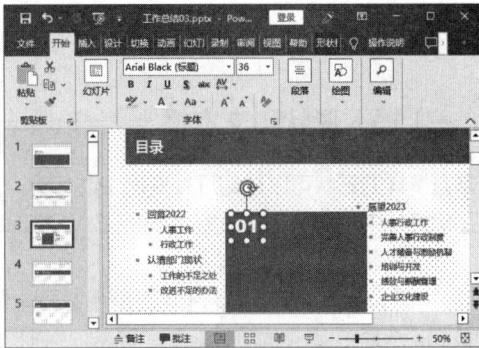

图3-58　输入文本　　　　　　　　　　　　图3-59　设置文本格式并移动文本框

（7）按住"Ctrl"键并向右拖曳文本框边框，复制出一个新的文本框，利用"Ctrl+C"组合键和"Ctrl+V"组合键将文本占位符中的"回首2022"文本复制到新的文本框中，并将其字体格式设置为"方正兰亭中黑_GBK(标题); 24号; 白色, 背景1", 如图3-60所示。

（8）继续复制文本框，将文本占位符中"回首2022"文本下的两段二级文本复制到该文本框中，并将其字体格式设置为"方正兰亭黑_GBK(正文); 18号; 白色, 背景1"。选择文本，在"开始"/"段落"组中单击"项目符号"按钮≡右侧的下拉按钮▾，在弹出的下拉列表中选择"带填充效果"选项，如图3-61所示。

图3-60　复制并修改文本框（1）　　　　　图3-61　复制并修改文本框（2）

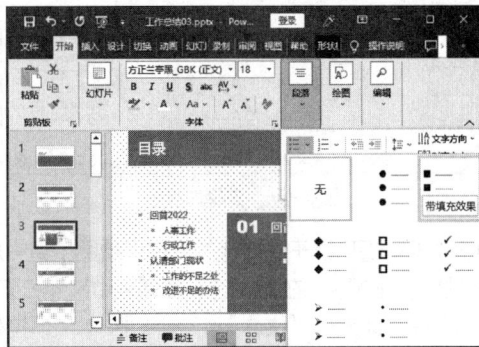

（9）保持文本处于选择状态，在"开始"/"段落"组中单击右下角的"对话框启动器"按钮▫，打开"段落"对话框，在"缩进和间距"选项卡的"缩进"选项组中将"文本之前"设置为"0厘米"，在"行距"下拉列表中选择"1.5倍行距"选项，单击　确定　按钮，如图3-62所示。

（10）拖曳文本框边框，将其移动至矩形中央，如图3-63所示。

图3-62　设置段落格式　　　　　　　　　图3-63　移动文本框

> **提示** 在幻灯片中移动对象时，PowerPoint 会根据对象所处的实时位置自动显示出智能辅助线，以帮助用户更好地确定对象的位置和距离。一般来说，智能辅助线有两种类型：样式为虚线无箭头的智能辅助线，表示当前对象位于幻灯片页面或某个参考对象的中央（包括水平和垂直两个方向）；样式为虚线带双箭头的智能辅助线，表示当前对象的位置与其他某个参考对象的位置的间距相等。合理使用智能辅助线，可以减少排列和分布功能的使用，从而提高幻灯片的编辑效率。

（11）先拖曳鼠标框选矩形及其中的 3 个文本框，按"Ctrl+C"组合键进行复制，再按"Ctrl+V"组合键进行粘贴，同时移动复制的多个对象，使它们相互不重叠，接着将文本占位符中的相关文本复制到相应的文本框中，并修改和设置文本内容，最后删除文本占位符，效果如图 3-64 所示。

（12）选择第 2 个矩形，在"绘图工具－形状格式"/"形状样式"组中单击"形状填充"按钮右侧的下拉按钮，在弹出的下拉列表中选择"绿色，个性色 2"选项，按照相同的方法将第 3 个矩形的填充颜色设置为"灰色，个性色 4"，效果如图 3-65 所示。

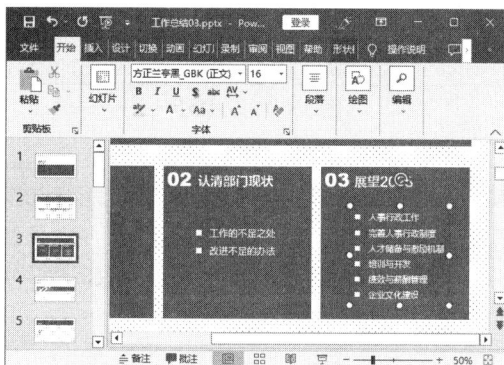

图 3-64　复制并修改对象后的效果

图 3-65　调整矩形的填充颜色后的效果

（13）拖曳鼠标框选第 1 个矩形及其中的 3 个文本框，在"绘图工具－形状格式"/"排列"组中的"排列"下拉列表中选择"组合"选项组中的"组合"选项，将它们组合为一个对象，如图 3-66 所示。

（14）按照相同的方法将另外两组对象分别组合为一个对象，以便后续调整这 3 个组合对象在幻灯片中的位置，如图 3-67 所示。

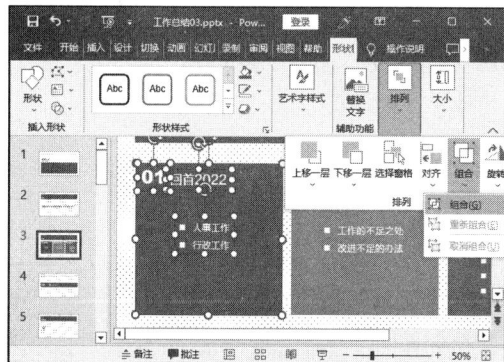

图 3-66　组合对象（1）

图 3-67　组合对象（2）

（15）以"目录"文本所在矩形的左右两侧为参考，分别移动蓝色组合对象、水绿色组合对象和灰色组合对象至该矩形的下方。

（16）按住"Ctrl"键的同时选择该幻灯片中的 3 个组合对象，在"绘图工具－形状格式"/"排列"

组中的"排列"下拉列表中选择"对齐"选项组中的"横向分布"选项，再次在该下拉列表中选择"垂直居中"选项，以快速调整对象的位置，如图3-68所示。

（17）保持3个组合对象处于选择状态，在"绘图工具-形状格式"/"排列"组中的"排列"下拉列表中选择"组合"选项组中的"取消组合"选项，便于后续为各个对象添加它们各自的动画效果，如图3-69所示。

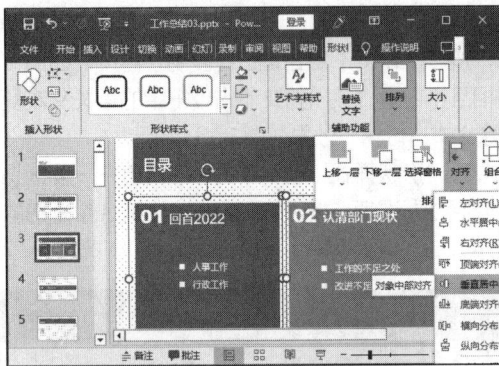

图3-68 分布与排列组合对象

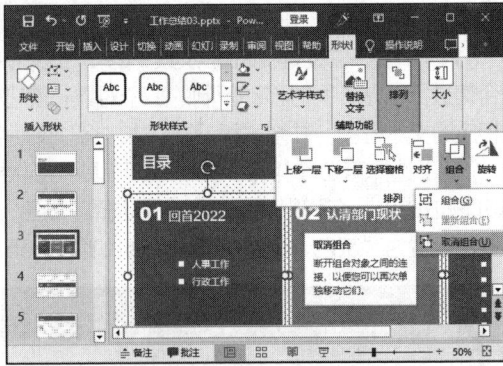

图3-69 取消组合

> **提示** 在编辑幻灯片或进行其他工作时，应该养成考虑后续工作环节的习惯。例如，上面为了后续能够为各个对象添加不同的动画效果，会考虑将已组合的对象取消组合。养成这种习惯后，无论是在工作、学习还是在生活中，都会给我们带来许多好处，使后续工作能够顺利开展，使我们能够有条不紊、游刃有余地完成各种任务。

（二）插入图片

图片（如照片、插图等）能够反映形状无法反映的信息。在幻灯片中合理使用图片，不仅能丰富幻灯片的内容，还能通过更加形象的方式向观众展示需要表达的内容。下面在"工作总结03.pptx"演示文稿中插入图片，其具体操作如下。

微课

插入图片

（1）选择第6张幻灯片，在如图3-70所示的"插入"/"图像"组中的"图像"下拉列表中选择"图片"选项组中的"此设备"选项。

（2）打开"插入图片"对话框，选择"招聘与配置.png"图片文件（配套资源：素材\模块三\招聘与配置.png），单击 插入(S) 按钮，如图3-71所示。

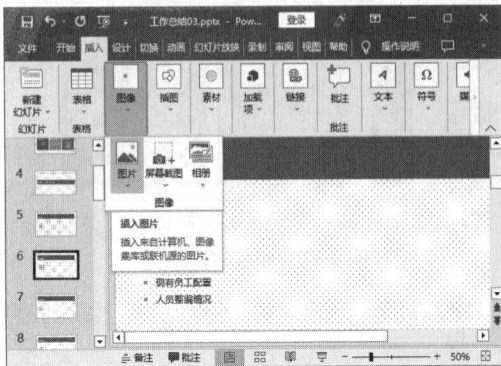

图3-70 插入图片

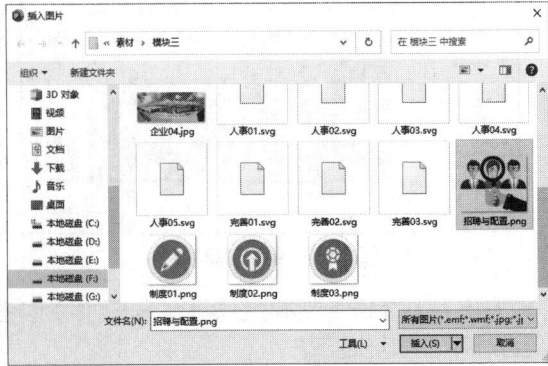

图3-71 选择图片

（3）拖曳图片右下角的控制点，适当缩小图片，在图片上按住鼠标左键，将其拖曳到幻灯片的中央，如图 3-72 所示。

（4）复制文本占位符中的第 1 段文本，在"插入"/"文本"组中的"文本"下拉列表中选择"文本框"选项组中的"绘制横排文本框"选项，在幻灯片空白区域拖曳鼠标绘制出一个文本框，如图 3-73 所示。

图 3-72　调整图片的大小和位置

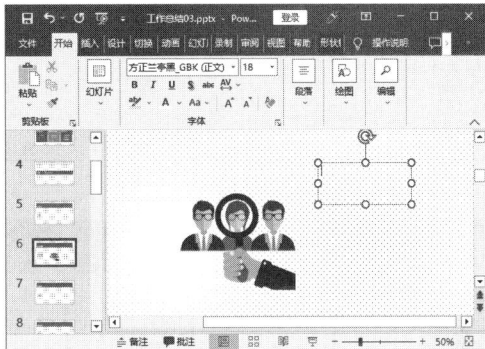

图 3-73　绘制文本框

（5）在文本框中粘贴已复制的文本，并将其字体格式设置为"方正兰亭黑_GBK（正文），18 号"，如图 3-74 所示。

（6）复制出 3 个文本框，并将文本占位符中其他 3 段内容分别粘贴到这 3 个文本框中，删除文本占位符，并调整各文本框的位置，如图 3-75 所示。

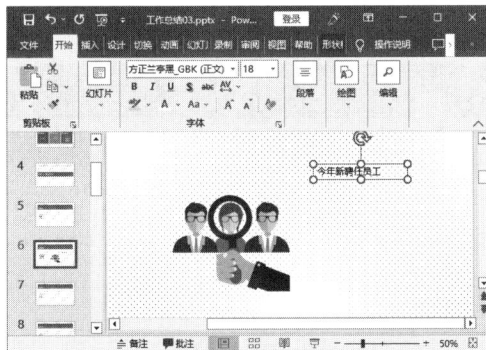

图 3-74　复制文本并设置字体格式

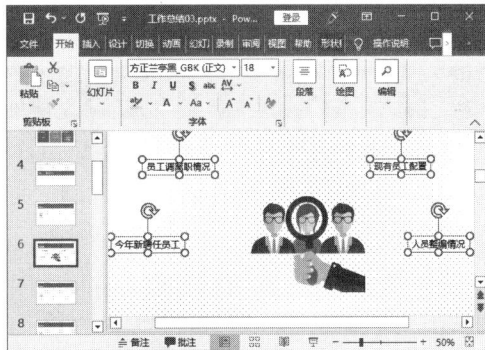

图 3-75　复制文本框、修改文本内容及调整文本框的位置

（7）在"插入"/"插图"组中单击"形状"按钮，在弹出的下拉列表中选择"线条"选项组中的"直线"选项，如图 3-76 所示。

（8）在幻灯片中按住鼠标左键并拖曳鼠标以绘制线条，在"绘图工具 - 形状格式"/"形状样式"组中的"快速样式"下拉列表中选择"主题样式"选项组中的"细线 - 强调颜色 4"选项，如图 3-77 所示。

（9）拖曳线条两端的控制点，调整其位置，如图 3-78 所示。

（10）在线条上按住"Ctrl"键的同时拖曳鼠标以复制线条，拖曳其两端的控制点调整其位置，如图 3-79 所示。

（11）按照相同的方法复制其余线条，并调整线条的位置，如图 3-80 所示。

（12）选择第 13 张幻灯片，通过删除段落标记的方法将文本占位符中的多段文本调整为 1 行，在"开始"/"段落"组中单击"项目符号"按钮右侧的下拉按钮，在弹出的下拉列表中选择"无"选项，如图 3-81 所示。

图3-76 选择形状

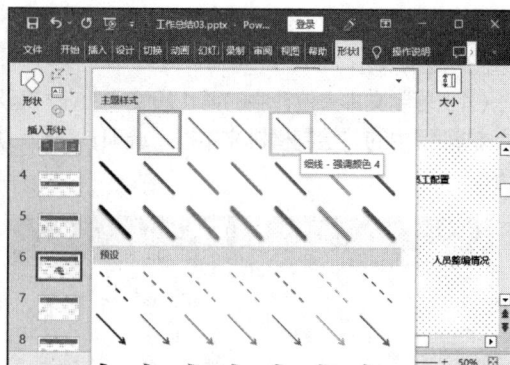
图3-77 绘制并设置线条

图3-78 调整线条位置

图3-79 复制线条并调整其位置（1）

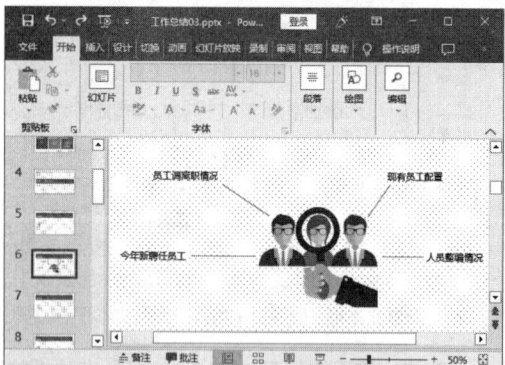
图3-80 复制线条并调整其位置（2）

图3-81 设置文本

（13）在"插入"/"图像"组中的"图像"下拉列表中选择"图片"选项组中的"此设备"选项，打开"插入图片"对话框，按住"Ctrl"键的同时选择"企业01.jpg""企业02.jpg""企业03.jpg"这3张图片（配套资源：素材\模块三\企业01.jpg、企业02.jpg、企业03.jpg），单击 插入(S) 按钮，如图3-82所示。

（14）调整图片的大小和位置，如图3-83所示，并将文本占位符缩小，移动至图片上方。

（15）在文本占位符中的"员工风采""团队建设"文本后分别按多次"Space"键，调整文本位置，使其与下方的图片对应，如图3-84所示。

（16）选择第24张幻灯片，复制文本占位符中的第1段文本，绘制一个"无轮廓"的矩形，在矩形上单击鼠标右键，在弹出的快捷菜单中选择"编辑文字"命令，如图3-85所示。

图3-82　选择图片

图3-83　调整图片的大小和位置

图3-84　调整文本位置

图3-85　选择"编辑文本"命令

（17）按"Ctrl+V"组合键粘贴文本，设置其字体格式为"方正兰亭黑_GBK（正文），18号，白色"，如图3-86所示。

（18）复制矩形，将文本占位符中的其他文本依次复制到这些矩形中，将这些矩形的填充颜色分别修改为"橙色，个性色3""灰色，个性色4""红色，个性色6"，并调整各矩形的位置，如图3-87所示。

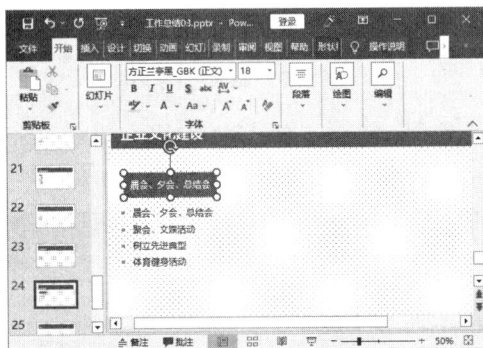

图3-86　粘贴文本并设置其字体格式

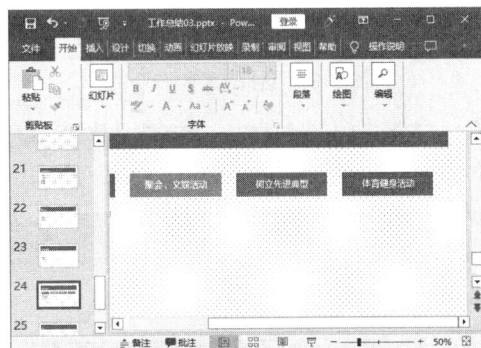

图3-87　复制矩形、修改文本及调整矩形的位置

（19）删除文本占位符，插入"企业04.jpg"图片（配套资源：素材\模块三\企业04.jpg），在"图片工具－图片格式"/"大小"组中单击"裁剪"按钮，拖曳裁剪边框中间的控制点，裁剪部分图片区域，如图3-88所示。

（20）单击幻灯片其他区域以确认裁剪，在"图片工具－图片格式"/"图片样式"组中单击"图片边框"按钮，在弹出的下拉列表中选择"水绿色，个性色1"选项，以添加图片边框，如图3-89所示。

141

图 3-88 插入并裁剪图片

图 3-89 添加图片边框

（三）插入艺术字

艺术字同时具有文本的属性和形状的属性，非常适合在需要突出内容、强调重点时使用。下面在"工作总结 03.pptx"演示文稿中插入艺术字，其具体操作如下。

（1）选择第 14 张幻灯片，在"插入"/"文本"组中单击"艺术字"按钮 A，在弹出的下拉列表中选择图 3-90 所示的艺术字样式。

（2）在插入的艺术字文本框中输入"完成率 100%"，如图 3-91 所示。

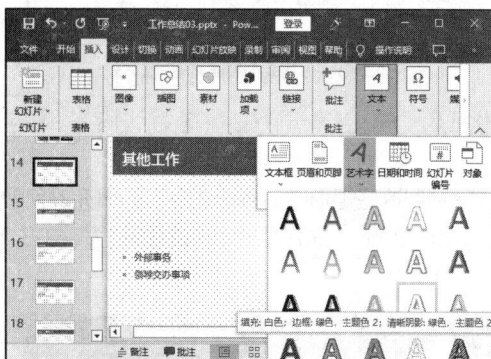

图 3-90 选择艺术字样式

图 3-91 输入艺术字内容

（3）选择"100%"文本，将其字体格式设置为"88 号，红色"，如图 3-92 所示。

（4）选择艺术字文本框的边框，拖曳"旋转"标记 ，适当旋转艺术字，如图 3-93 所示。

图 3-92 设置文本格式

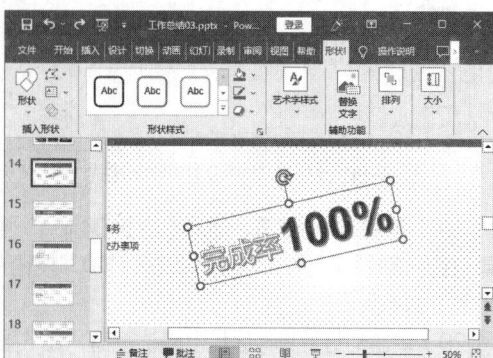

图 3-93 旋转艺术字

（四）插入 SmartArt 图形

SmartArt 图形是形状和文字的可视化表示形式，它具有层次分明、条理清晰、信息表现力强等诸多优点，非常适合展示文字少、层次较明显的文本。下面在"工作总结 03.pptx"演示文稿中插入 SmartArt 图形，其具体操作如下。

（1）选择第 5 张幻灯片，在"插入"/"插图"组中单击"SmartArt"按钮，如图 3-94 所示。

（2）打开"选择 SmartArt 图形"对话框，在左侧的列表框中选择"列表"选项，在右侧的列表框中选择"基本列表"选项，单击 确定 按钮，如图 3-95 所示。

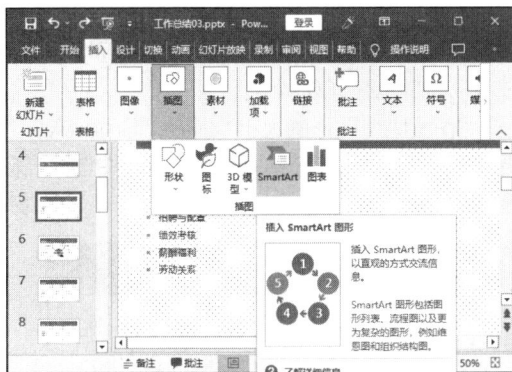

图 3-94　插入 SmartArt 图形

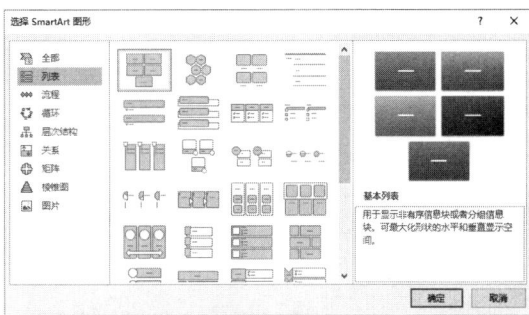

图 3-95　"选择 SmartArt 图形"对话框（选择基本列表）

（3）单击 SmartArt 图形左侧边框上的"展开"按钮，打开"在此处键入文字"文本窗格，将文本占位符中的所有文本复制到该文本窗格中，并删除文本占位符，如图 3-96 所示。

（4）关闭"在此处键入文字"文本窗格，拖曳 SmartArt 图形边框上的控制点以调整其大小，如图 3-97 所示。

图 3-96　复制文本（1）

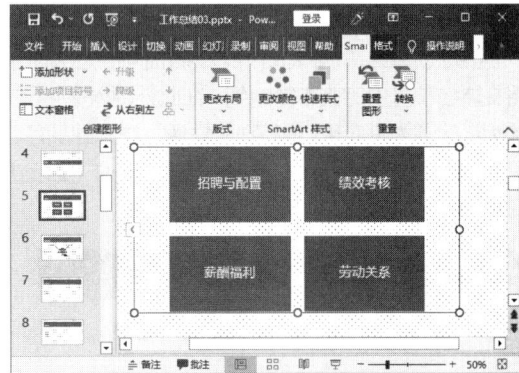

图 3-97　调整 SmartArt 图形的大小

（5）在"SmartArt 工具-SmartArt 设计"/"SmartArt 样式"组中单击"更改颜色"按钮，在弹出的下拉列表中选择"彩色"选项组中的"彩色-个性色"选项，如图 3-98 所示。

（6）选择第 10 张幻灯片，在"插入"/"插图"组中单击"SmartArt"按钮，打开"选择 SmartArt 图形"对话框，在左侧的列表框中选择"列表"选项，在右侧的列表框中选择"梯形列表"选项，单击 确定 按钮，如图 3-99 所示。

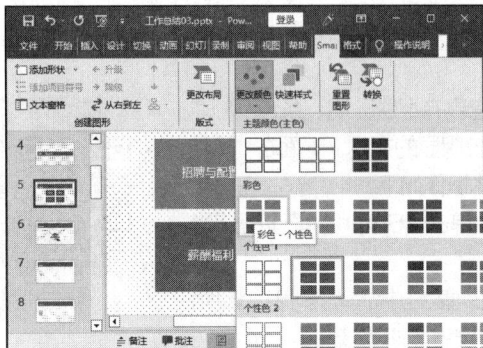

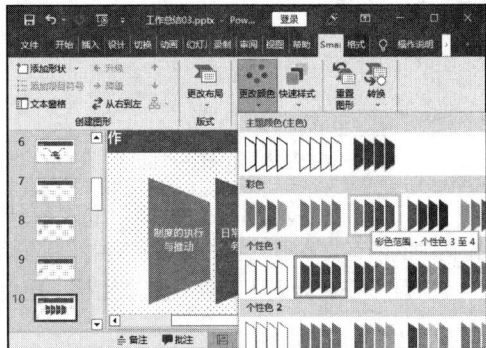

图 3-98　设置 SmartArt 图形的颜色（1）　　　　图 3-99　"选择 SmartArt 图形"对话框（选择梯形列表）

（7）单击 SmartArt 图形左侧边框上的"展开"按钮，打开"在此处键入文字"文本窗格，将文本占位符中的所有文本复制到该窗格中，并删除文本占位符，如图 3-100 所示。

（8）关闭"在此处键入文字"文本窗格，适当调整 SmartArt 图形的大小，并在"SmartArt 工具-SmartArt 设计"/"SmartArt 样式"组中单击"更改颜色"按钮，在弹出的下拉列表中选择"彩色"选项组中的"彩色范围-个性色 3 至 4"选项，如图 3-101 所示。

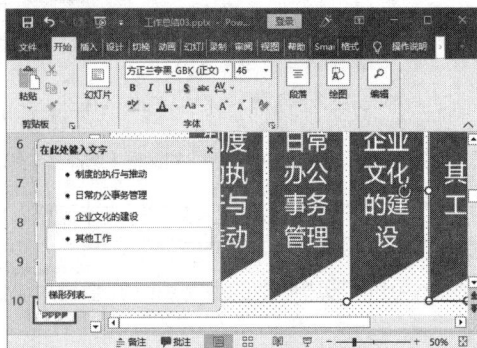

图 3-100　复制文本（2）　　　　　　　　　　图 3-101　设置 SmartArt 图形的颜色（2）

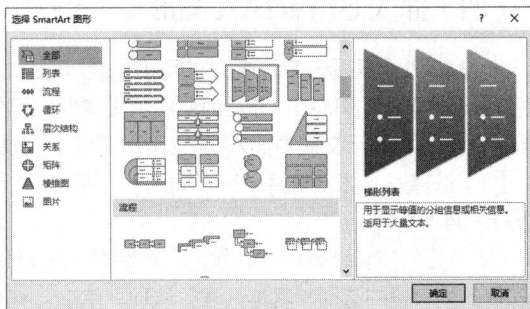

（9）选择第 11 张幻灯片，按照相同的方法插入类型为"垂直图片重点列表"样式的 SmartArt 图形，将文本占位符中的文本复制到"在此处键入文字"文本窗格中后，删除文本占位符，调整 SmartArt 图形的大小，并为其应用"彩色-个性色"样式的颜色，效果如图 3-102 所示。

（10）单击 SmartArt 图形中的第一个（最上方）"图片"标记，打开"插入图片"对话框，选择"来自文件"选项，如图 3-103 所示。

图 3-102　插入并调整 SmartArt 图形后的效果　　　　图 3-103　"插入图片"对话框

（11）打开"插入图片"对话框，选择"制度01.png"图片文件（配套资源：素材\模块三\制度01.png），单击 插入(S) 按钮，如图3-104所示。

（12）按照相同的方法在其余两个SmartArt图形中利用"图片"标记 依次添加"制度02.png"和"制度03.png"图片文件（配套资源：素材\模块三\制度02.png、制度03.png），效果如图3-105所示。

图3-104　选择图片

图3-105　插入图片后的效果

（13）选择第1张图片，在"图片工具-图片格式"/"大小"组中将其高度和宽度均设置为"1.5厘米"，如图3-106所示。

（14）按照相同的方法调整另外两张图片的大小，重新选择第1张图片，在"图片工具-图片格式"/"调整"组中单击"颜色"按钮，在弹出的下拉列表中选择"重新着色"选项组中的"绿色，个性色2深色"选项，使其与其右侧对应的形状拥有相同的主题色，如图3-107所示。

图3-106　调整图片大小

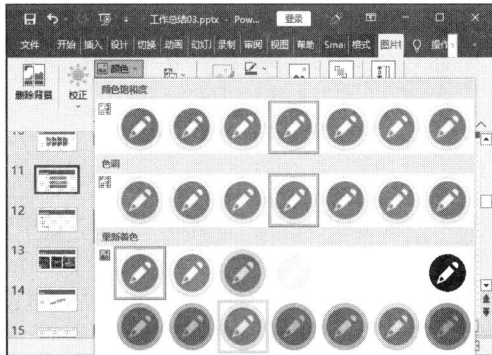

图3-107　设置图片颜色

> **提示** 选择SmartArt图形，在"SmartArt工具-SmartArt设计"/"版式"组中的"样式"下拉列表中可重新更改SmartArt图形的类型。在"SmartArt工具-SmartArt设计"/"重置"组中单击"重置图形"按钮，可将其还原为默认的格式；单击"转换"按钮，在弹出的下拉列表中选择相应的选项，可将SmartArt图形转换为文本或形状。

（15）在"图片工具-图片格式"/"图片样式"组中单击"图片边框"按钮，在弹出的下拉列表中选择"绿色，个性色2"选项，如图3-108所示。

（16）选择第2张图片，按照相同的方法设置其颜色为"橙色，个性色3深色"，图片边框为"橙色，个性色3"，效果如图3-109所示。

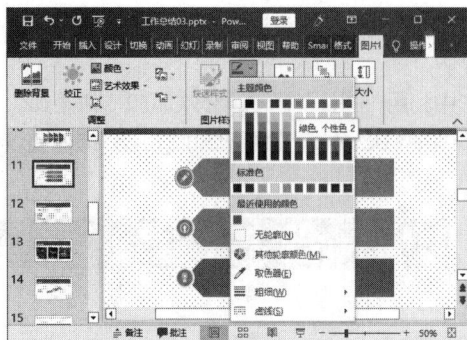

图 3-108　添加图片边框

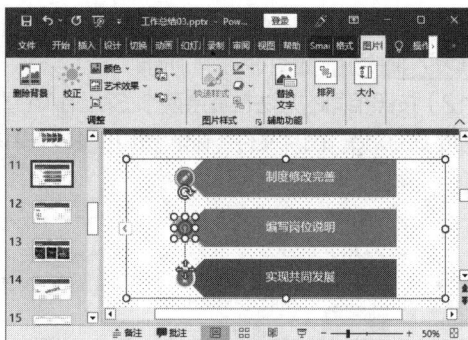

图 3-109　图片效果（1）

（17）设置第 3 张图片的颜色为"灰色，个性色 4 深色"，图片边框为"灰色，个性色 4"，效果如图 3-110 所示。

（18）选择第 12 张幻灯片，插入类型为"垂直块列表"样式的 SmartArt 图形，将文本占位符中的文本复制到"在此处键入文字"文本窗格中后，删除文本占位符，调整 SmartArt 图形的大小，并为其应用"彩色范围-个性色 4 至 5"样式的颜色，效果如图 3-111 所示。

图 3-110　图片效果（2）

图 3-111　插入 SmartArt 图形的效果（1）

（19）选择第 16 张幻灯片，插入类型为"线型列表"样式的 SmartArt 图形，将文本占位符中的文本复制到"在此处键入文字"文本窗格中后，删除文本占位符，调整 SmartArt 图形的大小，并为其应用"彩色-个性色"样式的颜色，效果如图 3-112 所示。

（20）选择第 17 张幻灯片，插入类型为"垂直重点列表"样式的 SmartArt 图形，将文本占位符中的文本复制到"在此处键入文字"文本窗格中后，删除文本占位符，调整 SmartArt 图形的大小，并为其应用"彩色范围-个性色 3 至 4"样式的颜色，效果如图 3-113 所示。

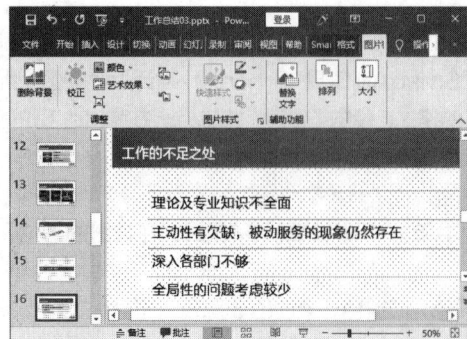

图 3-112　插入 SmartArt 图形的效果（2）

图 3-113　插入 SmartArt 图形的效果（3）

（五）插入表格

表格是编辑幻灯片时较为常用的一种工具，它能够较好地对比和汇总数据信息，将枯燥的内容变得简单、易懂。下面在"工作总结03.pptx"演示文稿中插入表格，其具体操作如下。

（1）选择第21张幻灯片，在"插入"/"表格"组中单击"表格"按钮，在弹出的下拉列表中将鼠标指针定位至表示"2×7表格"的位置，单击即可插入表格，如图3-114所示。

（2）在表格的单元格中单击以定位文本插入点，输入文本占位符中的文本，并删除文本占位符，如图3-115所示。

图3-114　选择表格

图3-115　输入文本（1）

（3）在第一行的单元格中分别输入"项目"和"内容"文本，如图3-116所示。

（4）拖曳鼠标选择表格第1列中的第2~4行单元格，在"表格工具-布局"/"合并"组中单击"合并单元格"按钮，如图3-117所示。

图3-116　输入文本（2）

图3-117　合并单元格（1）

（5）按照相同的方法合并表格第1列中的第5~7行单元格，如图3-118所示。

（6）在"表格工具-表设计"/"表格样式"组中的"表格样式"下拉列表中选择"浅色"选项组中的"浅色样式3-强调2"选项，如图3-119所示。

（7）拖曳表格边框上的控制点，适当调整表格尺寸，如图3-120所示。

（8）在"表格工具-布局"/"对齐方式"组中依次单击"居中"按钮和"垂直居中"按钮，调整单元格中文本的对齐方式，如图3-121所示。

图 3-118　合并单元格（2）

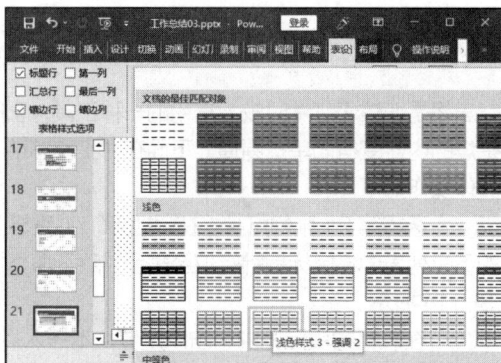

图 3-119　选择表格样式

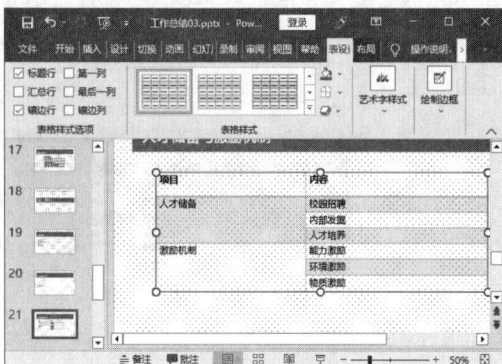

图 3-120　调整表格

图 3-121　调整文本对齐方式

（9）拖曳鼠标选择除表格第一行以外的所有单元格，将文本字号调整为"14"，如图 3-122 所示。

图 3-122　调整文本字号

（六）插入图表

图表是展示数据的有效手段，无论是对比数据大小，还是查看数据占比、分析数据变化趋势等，利用图表都能得到直观的效果。下面在"工作总结 03.pptx"演示文稿中插入图表，其具体操作如下。

（1）选择第 7 张幻灯片，在"插入"/"插图"组中单击"图表"按钮▐▐，如图 3-123 所示。

微课

插入图表

（2）打开"插入图表"对话框，在左侧的列表框中选择"饼图"选项，在右侧上方选择"三维饼图"选项，单击 确定 按钮，如图3-124所示。

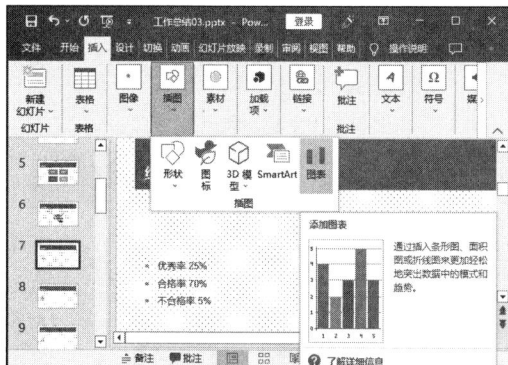

图3-123　插入图表

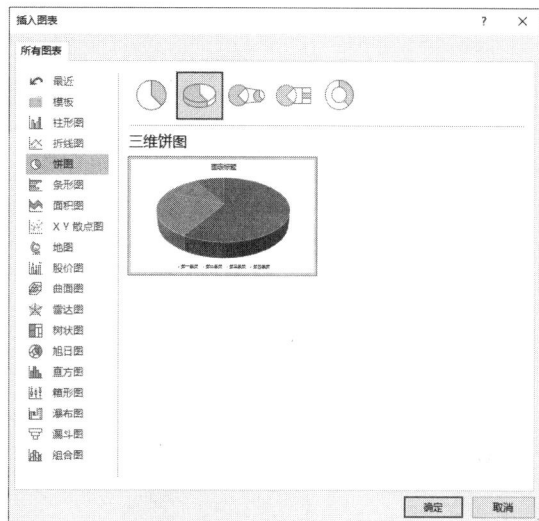

图3-124　选择图表类型

（3）此时PowerPoint将在插入饼图的同时自动打开"Microsoft PowerPoint中的图表"窗口，其中显示了一些默认的文本和数据。根据文本占位符中的内容修改其中的数据，如图3-125所示，完成后将其关闭。

（4）删除文本占位符，并删除图表中的标题和图例等对象，拖曳图表边框上的控制点，调整图表大小，如图3-126所示。

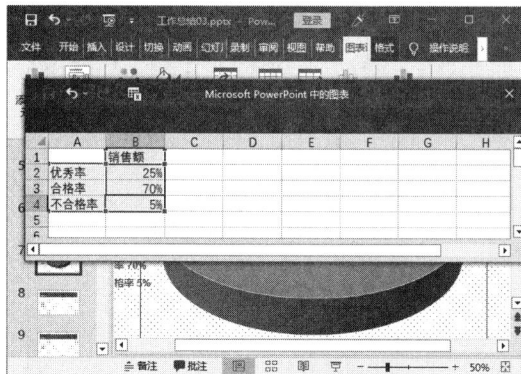

图3-125　修改数据

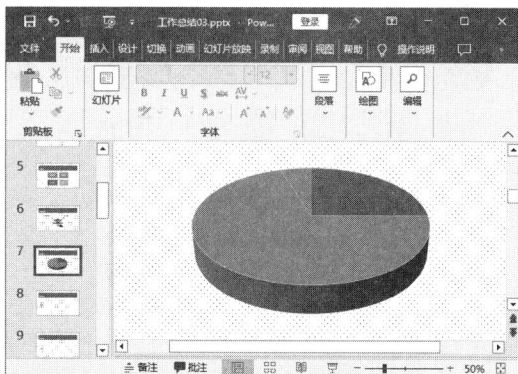

图3-126　调整图表大小

（5）在"图表工具–图表设计"/"图表布局"组中单击"添加图表元素"按钮 ，在弹出的下拉列表中选择"数据标签"选项组中的"其他数据标签选项"选项，如图3-127所示。

（6）打开"设置数据标签格式"任务窗格，在"标签选项"选项组中选中"类别名称"复选框，并关闭该任务窗格，如图3-128所示。

（7）选择添加的数据标签对象，将其字号设置为"18"，如图3-129所示。

（8）选择某个数据标签，在其边框上按住鼠标左键并向左进行拖曳，以调整其位置，如图3-130所示。

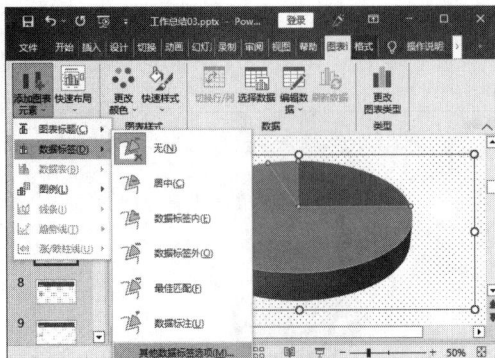

图 3-127　添加数据标签

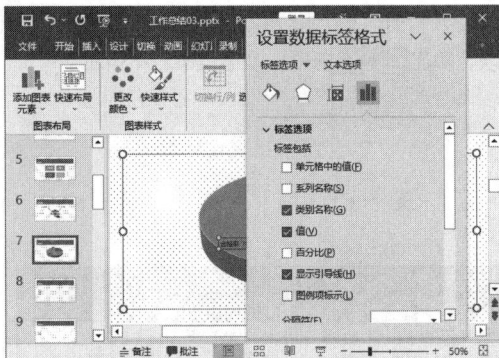

图 3-128　设置标签格式

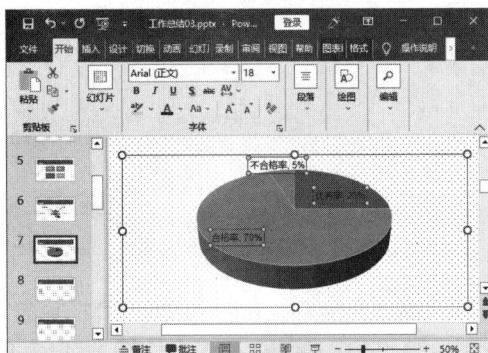

图 3-129　设置数据标签的字号

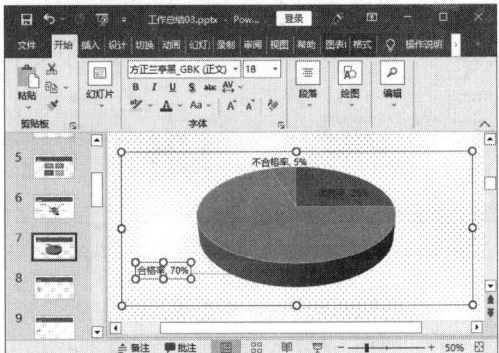

图 3-130　调整数据标签位置（1）

（9）按照相同的方法调整其他数据标签的位置，使它们均显示出引导线，如图 3-131 所示。

（10）在"图表工具 - 图表设计"/"图表样式"组中单击"更改颜色"按钮，在弹出的下拉列表中选择"彩色"选项组中的"彩色调色板 4"选项，设置图表颜色，如图 3-132 所示。

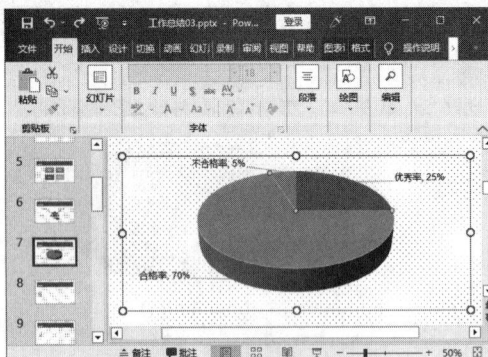

图 3-131　调整数据标签位置（2）

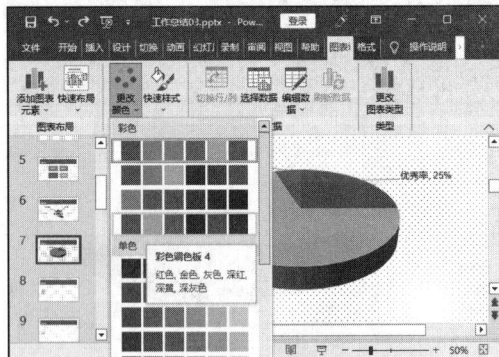

图 3-132　设置图表颜色

（七）丰富其他幻灯片

熟悉形状、文本框、图片、艺术字、SmartArt 图形、表格、图表等对象在幻灯片中的使用方法后，接下来继续利用其中的部分对象来丰富"工作总结 03.pptx"演示文稿中的其他幻灯片，其具体操作如下。

（1）选择第 8 张幻灯片，在其中插入填充颜色为"红色，个性色 6"且无轮廓的菱形，并将菱形的高度和宽度均设置为"6 厘米"，如图 3-133 所示。

微课

丰富其他幻灯片

（2）利用复制粘贴的方法在菱形上添加文本占位符中的第一段文本，如图 3-134 所示。

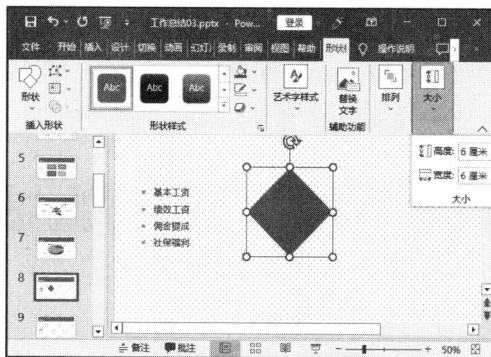

图 3-133　插入菱形

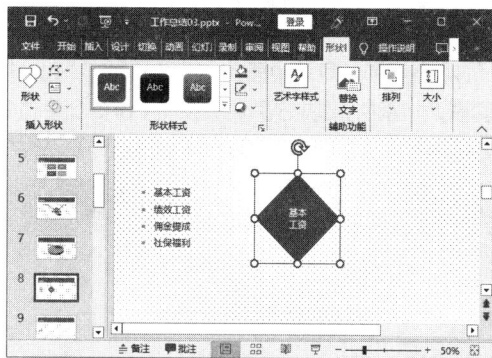

图 3-134　复制文本（1）

（3）复制出 3 个菱形，并将它们按图 3-135 所示的效果进行排列。

（4）将文本占位符中的其余 3 段文本分别复制粘贴到这 3 个菱形中，并删除文本占位符，如图 3-136 所示。

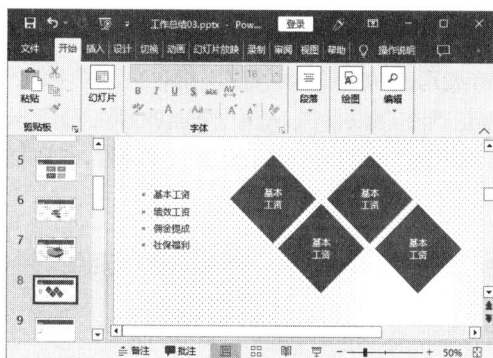

图 3-135　复制菱形

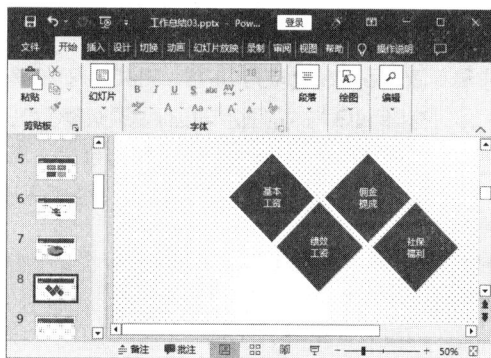

图 3-136　复制文本（2）

（5）将复制出的 3 个菱形的填充颜色分别设置为"绿色，个性色 2""橙色，个性色 3""灰色，个性色 4"，效果如图 3-137 所示。

（6）选择第 9 张幻灯片，在其中插入一个无轮廓的正方形和一个文本框，在文本框中添加文本占位符中的第一段文本，并将这两个对象水平居中对齐，如图 3-138 所示。

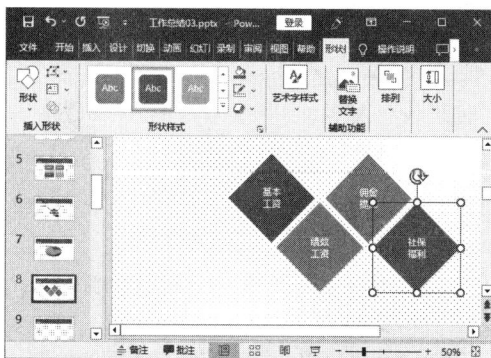

图 3-137　设置菱形的填充颜色

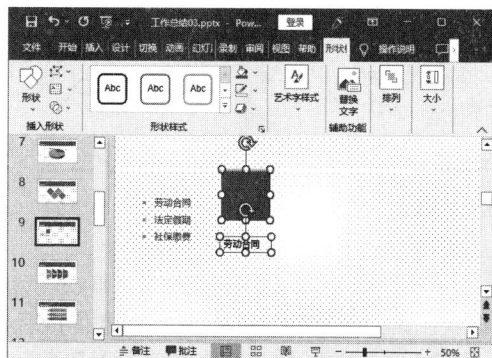

图 3-138　插入正方形和文本框

（7）复制这两组对象，结合文本占位符中的文本修改文本框中的内容，删除文本占位符，并调整这3组对象的位置，再分别修改其余两个正方形的填充颜色为"绿色，个性色2""灰色，个性色4"，如图3-139所示。

（8）在当前幻灯片中插入"劳动关系01.png""劳动关系02.png""劳动关系03.png"图片文件（配套资源：素材\模块三\劳动关系01.png、劳动关系02.png、劳动关系03.png），按图3-140所示的效果调整图片大小，并将其放置于各正方形的中央。

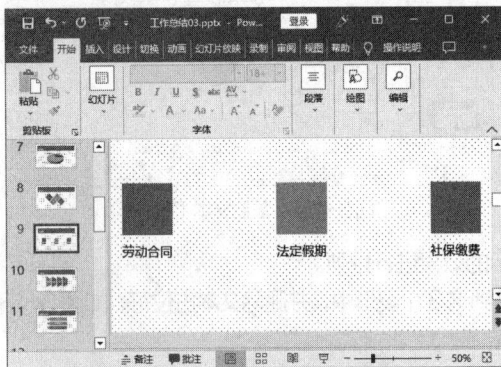

图3-139　复制并修改对象

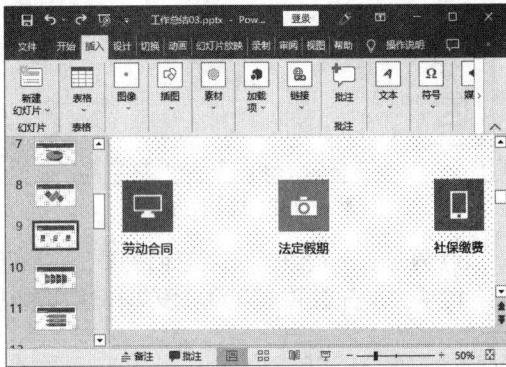

图3-140　在第9张幻灯片中插入图片

> **提示**　PowerPoint支持JPG、PNG、SVG等目前使用较为广泛的图片格式。相对于JPG格式而言，PNG格式的图片可以保留透明度信息，若用户想在PowerPoint中将图片的背景透明显示，则使用PNG格式的图片更为合适。而SVG格式的图片包含形状的基本属性，可以在PowerPoint中对其填充颜色、轮廓色等进行设置。

（9）选择第19张幻灯片，在其中插入无轮廓的空心弧形状，拖曳黄色控制点以调整其粗细，并将其放置于幻灯片下方，如图3-141所示。

（10）在幻灯片中继续创建无轮廓的圆形，并利用该圆形复制出4个圆形，将它们放置在空心弧上，分别设置其填充颜色为"绿色，个性色2""橙色，个性色3""灰色，个性色4""金色，个性色5""红色，个性色6"，如图3-142所示。

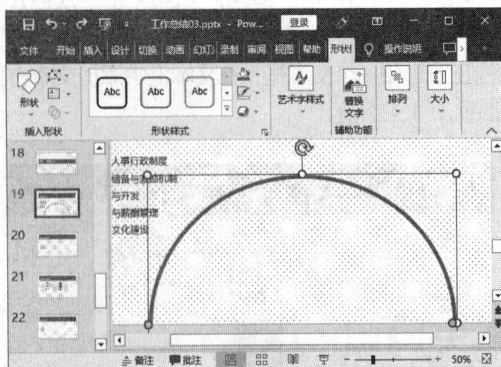

图3-141　插入空心弧形状

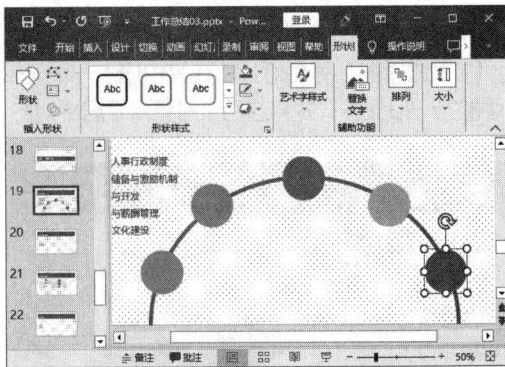

图3-142　创建并复制圆形

（11）插入"人事01.svg"～"人事05.svg"图片文件（配套资源：素材\模块三\人事01.svg～人事05.svg），按照图3-143所示的效果调整图片大小，并将其放置于各圆形的中央。

（12）结合文本占位符中的内容插入5个文本框，删除文本占位符，并调整各文本框的位置，如图3-144所示。

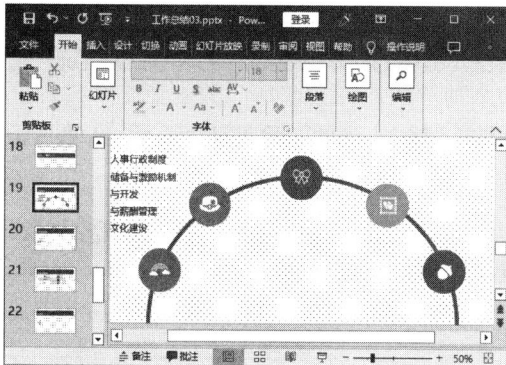

图3-143　在第19张幻灯片中插入图片

图3-144　插入文本框

（13）选择第20张幻灯片，在其中插入一个无轮廓的单圆角矩形和一个文本框，复制文本占位符中的第一段文本并将其粘贴到文本框中，再将文本字体颜色设置为"白色，背景1"，最后适当调整两个对象的位置，如图3-145所示。

（14）复制出另外两组对象，再结合文本占位符中的文本修改文本框中的内容，删除文本占位符，并分别修改其余两个形状的填充颜色为"绿色，个性色2""灰色，个性色4"，如图3-146所示。

图3-145　插入形状和文本框

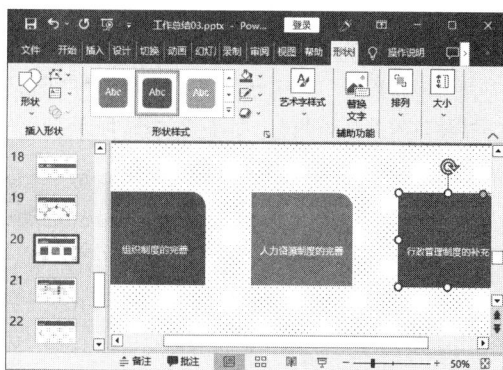

图3-146　复制并设置对象

（15）调整3组对象的位置，插入"完善01.svg"～"完善03.svg"图片文件（配套资源：素材\模块三\完善01.svg～完善03.svg），按图3-147所示的效果调整图片大小，并将其放置于合适的位置。

（16）同时选择3个单圆角矩形，在"绘图工具－形状格式"/"形状样式"组中单击"形状效果"按钮，在弹出的下拉列表中选择"阴影"选项组中的"透视"/"透视：右上"选项，如图3-148所示。

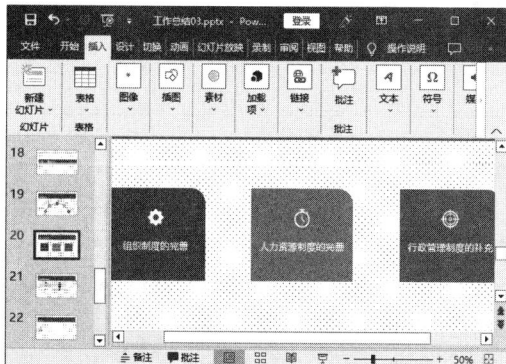

图3-147　调整对象位置并插入图片

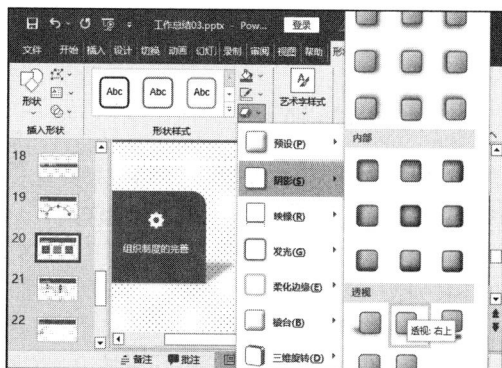

图3-148　设置阴影效果

（17）选择第 22 张幻灯片，按照相同的方法插入并处理圆角矩形、圆形、文本框和图片（配套资源：素材\模块三\培训 01.svg～培训 03.svg），此幻灯片文本框中的文本颜色与形状颜色应保持统一，如图 3-149 所示。

（18）选择第 23 张幻灯片，在其中使用文本框、圆形（其中一个圆形无填充颜色，另一个圆形无轮廓色）来呈现相应的内容，效果如图 3-150 所示。

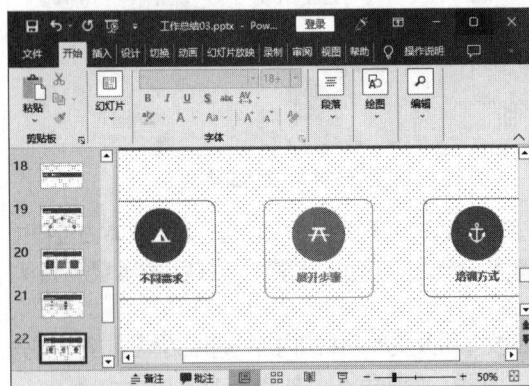

图 3-149　创建对象并插入图片

图 3-150　创建文本框和圆形

（19）在幻灯片中继续创建半径大小与外圆相等的弧形，将其轮廓粗细设置为"4.5 磅"（利用"绘图工具 – 形状格式"/"形状样式"组中的"形状轮廓"下拉列表中的"粗细"选项进行设置），通过旋转的方式将其放置在外圆上，如图 3-151 所示。

图 3-151　创建弧形

（八）插入音频

为了能在放映演示文稿的过程中播放背景音乐，下面在"工作总结 03.pptx"演示文稿中插入并设置音频文件，其具体操作如下。

（1）选择第 1 张幻灯片，在"插入"/"媒体"组中单击"音频"按钮 🔊，在弹出的下拉列表中选择"PC 上的音频"选项，如图 3-152 所示。

（2）打开"插入音频"对话框，选择"背景音乐.mp3"文件（配套资源：素材\模块三\背景音乐.mp3），单击 插入(S) ▾ 按钮，如图 3-153 所示。

微课

插入音频

<table>
<tr><td>图 3-152　选择"PC 上的音频"选项</td><td>图 3-153　选择音频文件</td></tr>
</table>

（3）移动"音频"标记 🔊 至幻灯片右上方，如图 3-154 所示。

（4）在"音频工具－播放"/"音频选项"组中的"开始"下拉列表中选择"自动"选项，再依次选中"跨幻灯片播放""循环播放，直到停止""放映时隐藏"复选框，如图 3-155 所示。

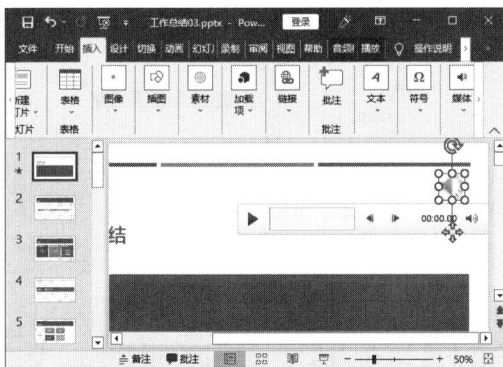

图 3-154　移动"音频"标记　　　　　　图 3-155　设置音频参数

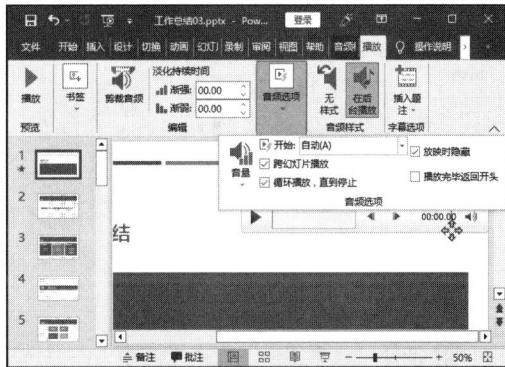

（九）插入超链接

超链接的作用是在放映演示文稿时跳转到指定的幻灯片，从而达到自主控制演示文稿放映过程的目的。下面在"工作总结 03.pptx"演示文稿中为幻灯片对象插入超链接，其具体操作如下。

（1）选择第 3 张幻灯片，再选择"01"文本框，在"插入"/"链接"组中单击"链接"按钮🌐，如图 3-156 所示。

（2）打开"插入超链接"对话框，在"链接到"列表框中选择"本文档中的位置"选项，在"请选择文档中的位置"列表框中选择"4.01"选项，单击　确定　按钮，如图 3-157 所示。

（3）选择该幻灯片中的"回首 2022"文本框，在"插入"/"链接"组中单击"链接"按钮🌐，如图 3-158 所示。

（4）打开"插入超链接"对话框，在"链接到"列表框中选择"本文档中的位置"选项，在"请选择文档中的位置"列表框中选择"4.01"选项，单击　确定　按钮，如图 3-159 所示。在放映演示文稿时，单击"目录"幻灯片中的"01"文本框或"回首 2022"文本框，都将放映"01"幻灯片。

微课

插入超链接

图 3-156　创建超链接（1）

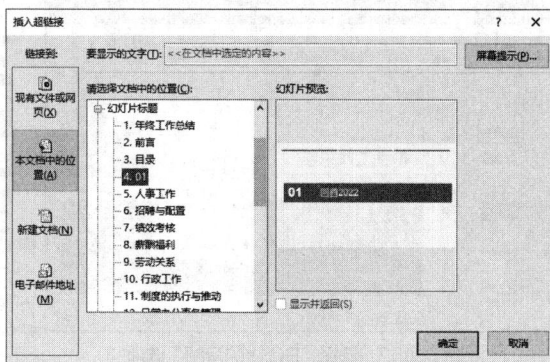

图 3-157　指定链接目标（1）

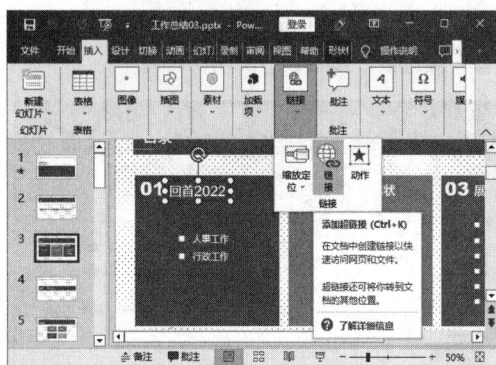

图 3-158　创建超链接（2）

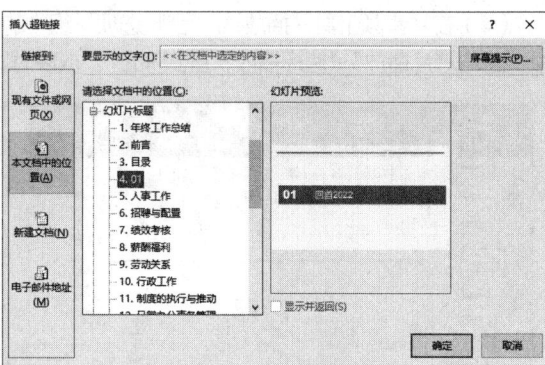

图 3-159　指定链接目标（2）

（5）选择"人事工作"文本（注意，不是选择该文本框），在"插入"/"链接"组中单击"链接"按钮🌐，如图 3-160 所示。

（6）打开"插入超链接"对话框，在"链接到"列表框中选择"本文档中的位置"选项，在"请选择文档中的位置"列表框中选择"5.人事工作"选项，单击 确定 按钮，如图 3-161 所示。

图 3-160　创建超链接（3）

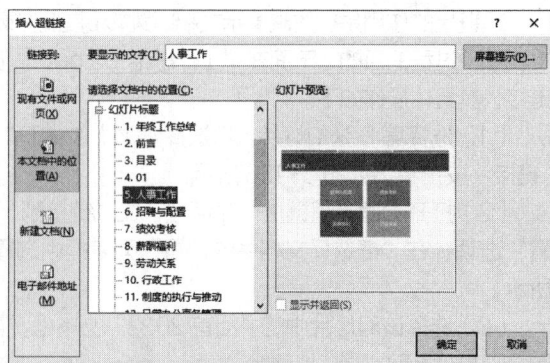

图 3-161　指定链接目标（3）

（7）保持文本处于选择状态，将其文本颜色设置为"白色，背景 1"，如图 3-162 所示。

（8）按照相同的方法将"目录"幻灯片中的其他对象链接到当前演示文稿中对应的幻灯片，并将超链接文本的颜色修改为"白色，背景 1"，如图 3-163 所示。

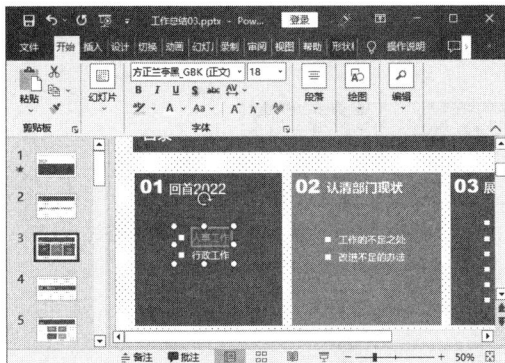
图 3-162　设置文本颜色

图 3-163　创建超链接并设置文本颜色

（9）选择第 5 张幻灯片，选择 SmartArt 图形中左上角的图形对象，在"插入"/"链接"组中单击"链接"按钮🌐，如图 3-164 所示。

（10）打开"插入超链接"对话框，在"链接到"列表框中选择"本文档中的位置"选项，在"请选择文档中的位置"列表框中选择"6.招聘与配置"选项，单击 确定 按钮，如图 3-165 所示。

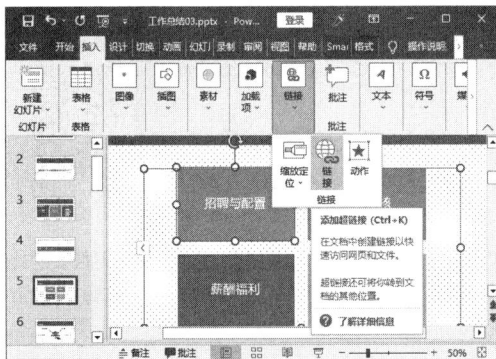
图 3-164　创建超链接（4）

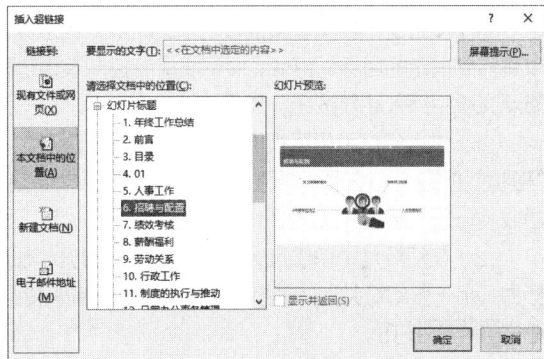
图 3-165　指定链接目标（4）

（11）按照相同的方法为该 SmartArt 图形中的其他对象创建超链接，并链接到当前演示文稿中对应的幻灯片，如图 3-166 所示。

（12）选择第 10 张幻灯片，为 SmartArt 图形中的各个图形对象创建超链接，链接目标为当前演示文稿中对应的幻灯片，如图 3-167 所示。

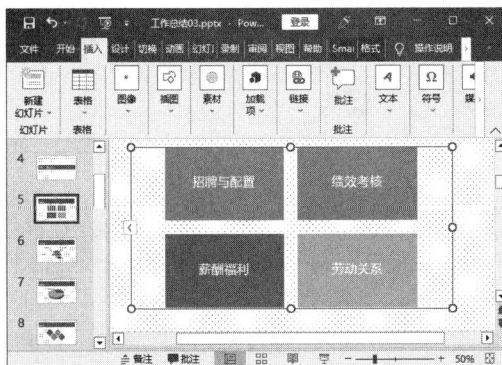
图 3-166　创建超链接（5）

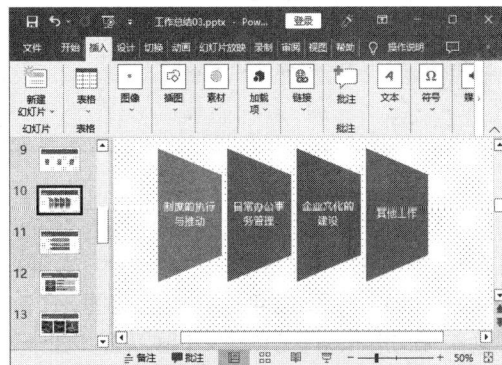
图 3-167　创建超链接（6）

（13）选择第 19 张幻灯片，为其中的 5 个文本框创建超链接，链接目标为当前演示文稿中对应的幻灯片，如图 3-168 所示。

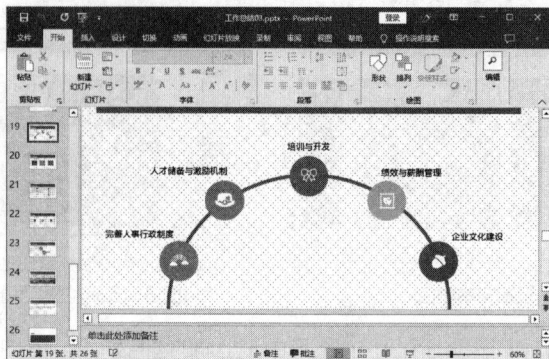

图 3-168　创建超链接（7）

（十）插入动作按钮

动作按钮是一种具备超链接功能的形状，在放映演示文稿时，单击动作按钮，可以跳转到指定的目标幻灯片，便于演讲者控制演讲过程。下面在"工作总结 03.pptx"演示文稿中插入动作按钮，其具体操作如下。

（1）进入幻灯片母版视图，选择第 3 张幻灯片，在"插入"/"插图"组中单击"形状"按钮，在弹出的下拉列表中选择"动作按钮"选项组中的"动作按钮：后退或前一项"选项，如图 3-169 所示。

（2）在幻灯片中单击进行绘制，将自动打开"操作设置"对话框，"单击鼠标"选项卡中的超链接目标为"上一张幻灯片"，说明单击该动作按钮将跳转至上一张幻灯片，如图 3-170 所示，保持默认设置，单击 确定 按钮。

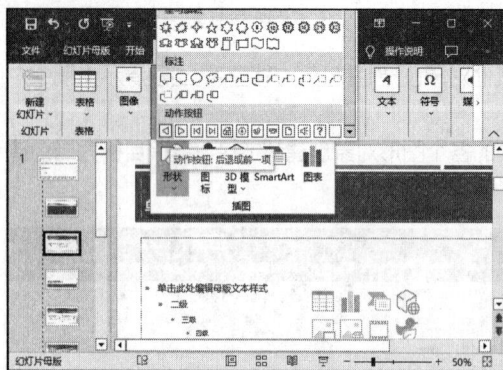

图 3-169　选择动作按钮

图 3-170　指定链接目标

（3）将动作按钮的宽度和高度均设置为"1 厘米"，并将其移至幻灯片右下角，选择动作按钮，在"绘图工具－形状格式"/"形状样式"组中的"快速样式"下拉列表中选择"预设"选项组中的"透明，彩色轮廓－水绿色，强调颜色 1"选项，如图 3-171 所示。

（4）在动作按钮下方创建文本框，输入"上一张"文本，将其字体格式设置为"方正兰亭黑_GBK（正文）；10 号；水绿色，个性色 1"，并为文本框创建链接目标为"上一张幻灯片"的超链接，如图 3-172 所示。

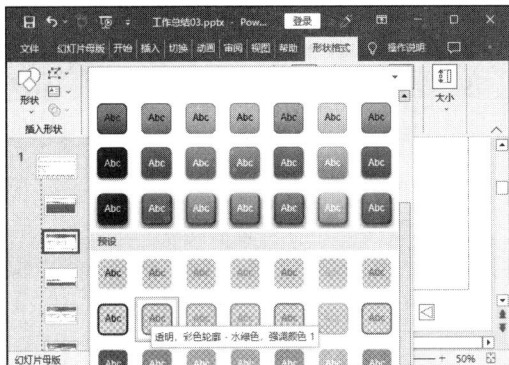
图 3-171　设置动作按钮（1）

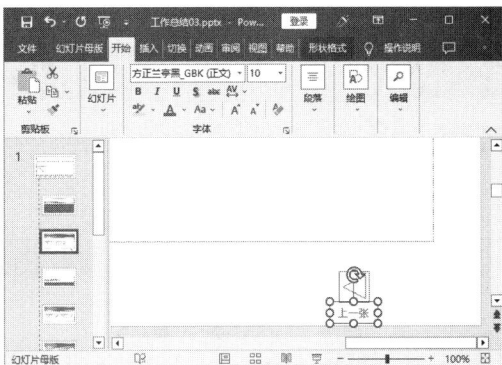
图 3-172　创建文本框和超链接（1）

> **提示**　打开"插入超链接"对话框，在"链接到"列表框中选择"本文档中的位置"选项，在"请选择
> 文档中的位置"列表框中选择"上一张幻灯片"选项，可链接到上一张幻灯片。

（5）创建"动作按钮：前进或下一项"动作按钮，将其链接目标设置为"下一张幻灯片"，并按照相同的方法设置动作按钮的形状样式和大小，再将其移至"上一张"动作按钮的右侧，如图 3-173 所示。

（6）复制"上一张"文本框，修改其中的文本为"下一张"，并将其放置在"动作按钮：前进或下一项"动作按钮下方，单击"插入"/"链接"组中的"链接"按钮🌐，重新将该文本框的链接目标修改为"下一张幻灯片"，如图 3-174 所示。

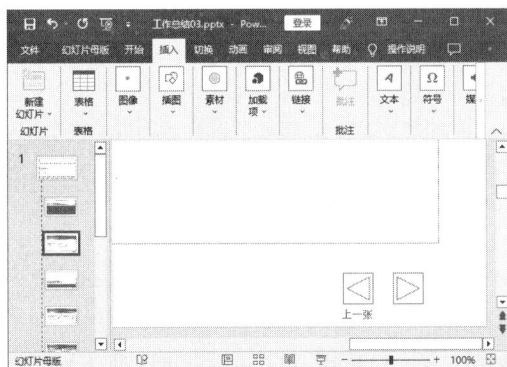
图 3-173　创建动作按钮

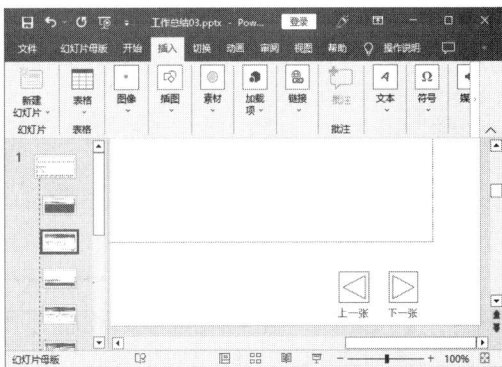
图 3-174　创建文本框和超链接（2）

（7）在"插入"/"插图"组中单击"形状"按钮，在弹出的下拉列表中选择"动作按钮"选项组中的"动作按钮：转到主页"选项，在幻灯片中单击进行绘制，将自动打开"操作设置"对话框，在"单击鼠标"选项卡中的"超链接到"下拉列表中选择"幻灯片"选项，如图 3-175 所示。

（8）打开"超链接到幻灯片"对话框，在"幻灯片标题"列表框中选择"3.目录"选项，单击 确定
按钮，如图 3-176 所示。

> **提示**　动作按钮的原理实际上与超链接相同，都可以通过单击操作跳转到指定目标。而它们的区别在于：
> 动作按钮不仅可以设置单击时的动作，还可以设置定位鼠标指针时的动作，即在"操作设置"对
> 话框的"鼠标悬停"选项卡中设置当鼠标指针移至对象上时可以发生什么动作；超链接则无法实
> 现这种操作，要想为文本框、形状等其他对象设置定位鼠标指针时发生某个动作，则需要借助
> "插入"/"链接"组中的"动作"按钮★来实现。

图 3-175　设置超链接目标

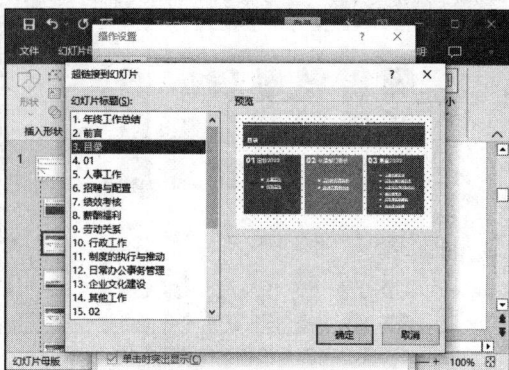

图 3-176　指定链接到的幻灯片

（9）设置该动作按钮的大小和样式，并将其放置在前两个动作按钮的右侧，如图 3-177 所示。

（10）复制"下一张"文本框，修改其中的文本为"返回目录"，并将其放置于"动作按钮：转到主页"动作按钮下方，再重新将该文本框的链接目标修改为"目录"幻灯片，如图 3-178 所示。

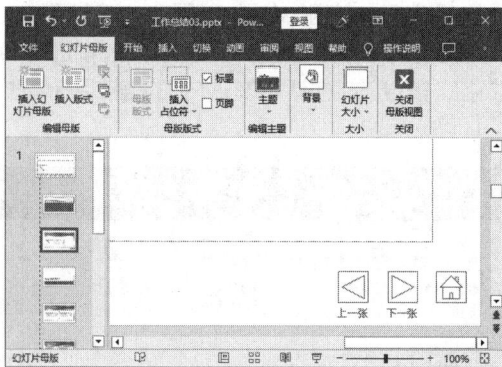

图 3-177　设置动作按钮（2）

图 3-178　创建文本框和超链接（3）

（11）拖曳鼠标框选创建的所有动作按钮和文本框，按"Ctrl+C"组合键进行复制，再选择第 5 张幻灯片，按"Ctrl+V"组合键粘贴对象，如图 3-179 所示。

（12）选择第 8 张幻灯片，按"Ctrl+V"组合键粘贴对象，并退出幻灯片母版视图，如图 3-180 所示（配套资源：效果\模块三\工作总结 03.pptx）。

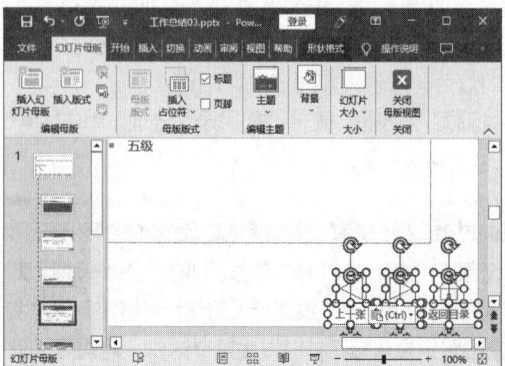

图 3-179　复制对象（1）

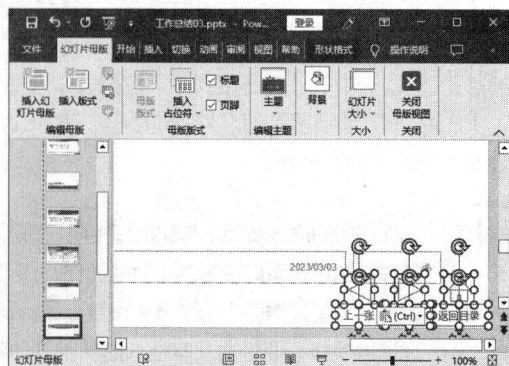

图 3-180　复制对象（2）

能力拓展

（一）将图片裁剪为形状

在对插入的图片进行裁剪操作时，除了可以拖曳裁剪框上的控制点进行裁剪外，还可以利用"裁剪为形状"功能将图片裁剪为各种形状，以得到更丰富、有趣的图片效果。将图片裁剪为形状的方法如下：选择需要裁剪的图片，在"图片工具－图片格式"/"大小"组中单击"裁剪"按钮🖾下侧的下拉按钮，在弹出的下拉列表中选择"裁剪为形状"选项，在弹出的子列表中选择所需形状，如图 3-181 所示。

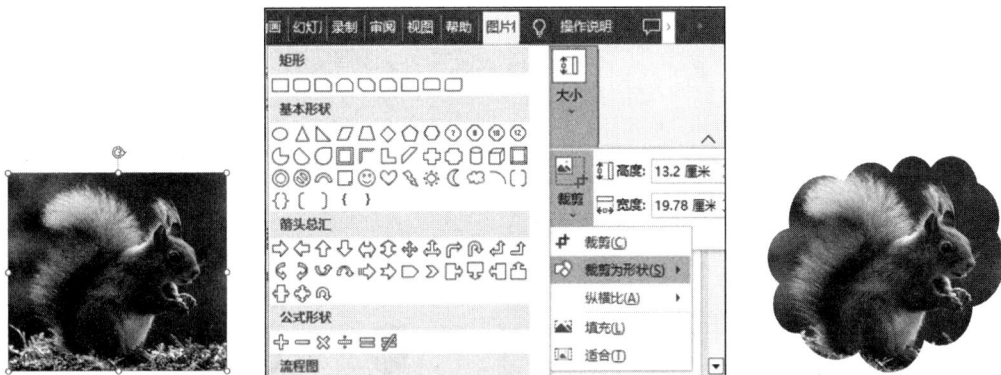

图 3-181　将图片裁剪为指定的形状

（二）为艺术字填充渐变效果

除了可以为艺术字填充普通的颜色，还可以为其填充渐变、纹理、图片等效果。下面以填充渐变效果为例进行说明，其方法如下：选择艺术字对象，在"绘图工具－形状格式"/"艺术字样式"组中单击"文本填充"按钮🅰右侧的下拉按钮，在弹出的下拉列表中选择"渐变"/"其他渐变"选项，打开"设置形状格式"任务窗格，选中"渐变填充"单选按钮，设置渐变效果的各个参数，如图 3-182 所示。

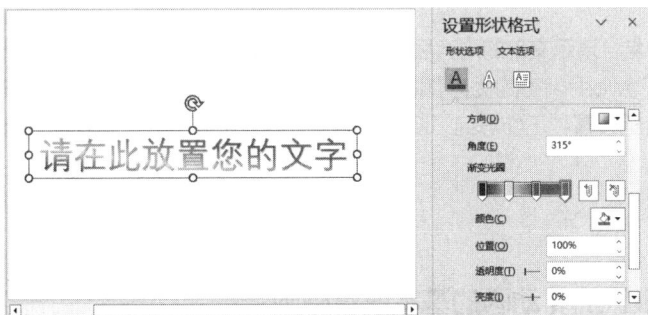

图 3-182　设置渐变效果的各个参数

- 渐变方向：单击"方向"右侧的下拉按钮▾，可在弹出的下拉列表中选择渐变方向。
- 角度：在"角度"数值框中可设置渐变效果的显示角度。
- 渐变光圈：拖曳"渐变光圈"选项组中的滑块可调整各种渐变颜色的产生位置；单击"添加渐变光圈"按钮🗐可增加新的颜色；单击"删除渐变光圈"按钮🗐可删除已选择的渐变颜色。
- 设置渐变光圈：选择某个渐变光圈后，可单击"颜色"右侧的下拉按钮▾选择该光圈的颜色，并在"位置""透明度""亮度"数值框中设置该光圈的产生位置、透明度和亮度等属性。

（三）在图表中使用图片

图表中的数据系列可以填充为不同的颜色，设置不同的渐变效果、图案等，实际上，用户还可以利用图片来填充数据系列，使其呈现出生动形象的效果。在图表中使用图片的方法如下：在图表数据系列上单击鼠标右键，在弹出的快捷菜单中选择"设置数据系列格式"命令，打开"设置数据系列格式"任务窗格，单击"填充与线条"按钮 ，在"填充"选项组中选中"图片或纹理填充"单选按钮，单击"图片源"选项组中的 插入(R)... 按钮，打开"插入图片"对话框，在该对话框中选择需要的图片后，选中"设置数据系列格式"任务窗格中的"层叠"单选按钮，如图3-183所示。

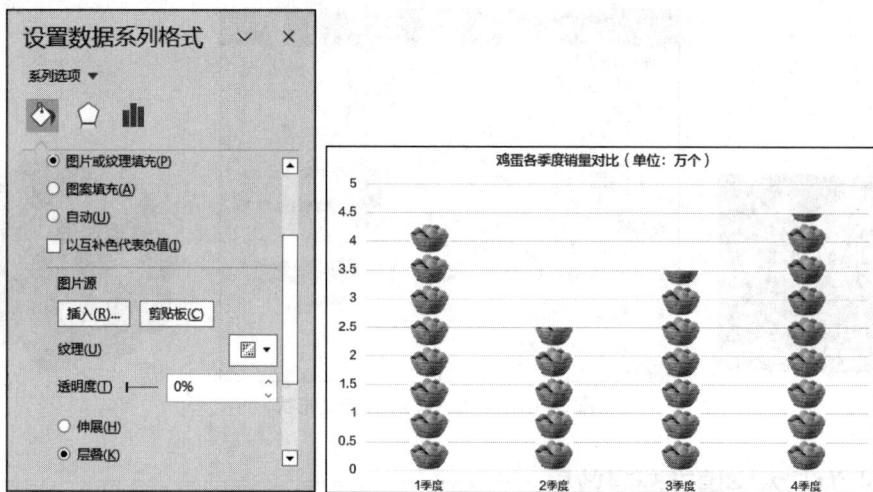

图3-183 使用图片填充数据系列

任务四 为"工作总结"演示文稿设置动画

任务描述

丰富了"工作总结"演示文稿的内容后，如果没有特殊要求，此时的幻灯片实际上已经可以放映了，但为了进一步体现PowerPoint的优势，以及强化演示文稿生动形象的特点，用户还可以对演示文稿进行动画设置。下面介绍设置"工作总结"演示文稿中幻灯片切换时的动画效果，以及每张幻灯片中各对象的动画效果。

技术分析

（一）PowerPoint动画的基本设置原则

PowerPoint动画包括幻灯片切换动画和对象动画两大类，而对象动画又有"强调"动画、"进入"动画、"退出"动画和"动作路径"动画之分。在设计时，应该怎样使用动画才能提升演示文稿的放映效果呢？这里有4个基本设置原则可供参考。

- 宁缺毋滥。PowerPoint毕竟不是专业的动画制作软件，虽然动画是演示文稿的特色之一，能够将静态事物以动态的形式展示，但如果这个动态效果并不理想，或者只是为了使用动画而使用动画，就有可能无法发挥出这种优势，因此不如放弃对动画的设置。虽然少了动态效果，但如果幻灯片版面、颜色、文字、表格、图表、形状的质量较高，也能使演示文稿展现出生动直观、丰富多彩的效果。对一些商业的演示文稿而言，"宁缺毋滥"这个原则更应当受到重视。

- 繁而不乱。在一些精美的幻灯片中，虽然一张幻灯片中就可能存在上百个动画效果，但整体效果的呈现却相得益彰。反之，一些只有几个动画效果的幻灯片，呈现出的效果却是杂乱无章的。究其原因，就是乱用动画。在使用动画时，无论动画效果多与少，都要秉承统一、自然、适当的理念，使用数量依情况决定，但一定不能让动画不受控制，这样不仅会降低演示文稿的质量，还会让观众反感和厌弃。

- 突出重点。动画的作用不仅是让演示文稿生动形象，更重要的是让观众能接收到幻灯片需要传达的重点内容。因此，在设计动画时，一定要遵循"突出重点"这个原则，有目的地让动画效果为内容服务，而不单是为了取悦观众。例如，若要强调今年销售额突破新高，则可以在最高数值处添加强调动画，从而引导观众明白这个数据的重要性和意义。

- 适当创新。PowerPoint 仅有 4 种动画类型，单独使用的效果比较普通，要想设计出让人耳目一新的动画效果，就需要借助这些简单的动画进行创新。例如，巧妙地组合"强调"动画、"进入"动画、"退出"动画或"动作路径"动画，并通过触发器、计时等功能创造出更具交互性的动画等。只要我们多加思考，留心细节，就能制作出富有新意的动画效果。

（二）PowerPoint 中的动画类型

前面说过，PowerPoint 中的对象动画有"强调"动画、"进入"动画、"退出"动画和"动作路径"动画之分，这 4 种动画类型的区别如下。

- "强调"动画。这类动画的特点是在放映演示文稿时，通过指定方式突出显示添加了动画的对象，无论动画是在放映前、放映中，还是在放映后，应用了"强调"动画的对象都会始终显示在幻灯片中。图 3-184 所示为在圆形编号对象上应用的"强调"动画效果，该对象使用了类似轻微摇摆的动画，以提醒观众正式进入第二部分的学习。

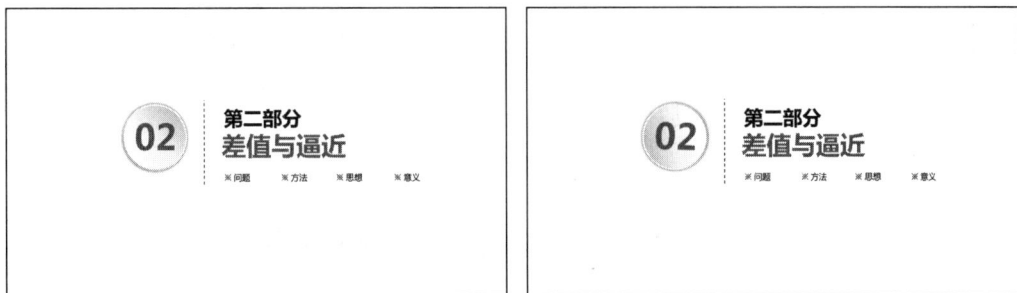

图 3-184 "强调"动画效果展示

- "进入"动画。这类动画的特点是从无到有，即在放映幻灯片时，开始并不会出现应用了"进入"动画的对象，而会在特定时间或特定操作下，如显示了指定的内容或单击后，才会在幻灯片中以动画的方式显示出该对象。图 3-185 所示的幻灯片利用"进入"动画动态显示了手机机身、引导线和说明文字。

- "退出"动画。这类动画的特点与"进入"动画刚好相反，通过动画使幻灯片中的某个对象消失。图 3-186 所示为标题占位符上的矩形对象从遮挡住标题文本的状态，慢慢向左侧退出直到仅显示一小部分的效果。该"退出"动画的目的是强调标题文本，也就是说，"退出"动画一般可以应用在辅助对象上，以帮助引导主体对象或强调主体对象出现。在整个动画过程中，主体对象虽然始终处于静止状态，但由于辅助对象的"退出"，它也产生了类似"动态出现"的效果。

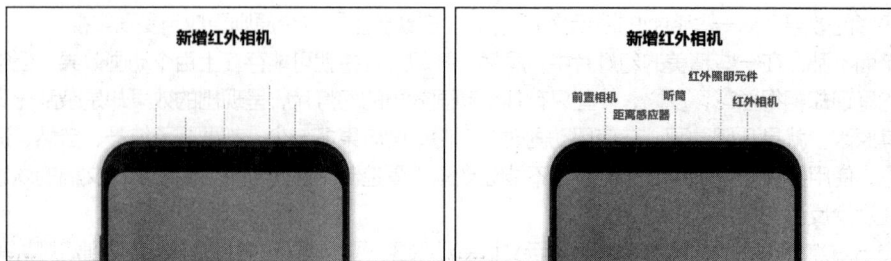

图 3-185 "进入"动画效果展示

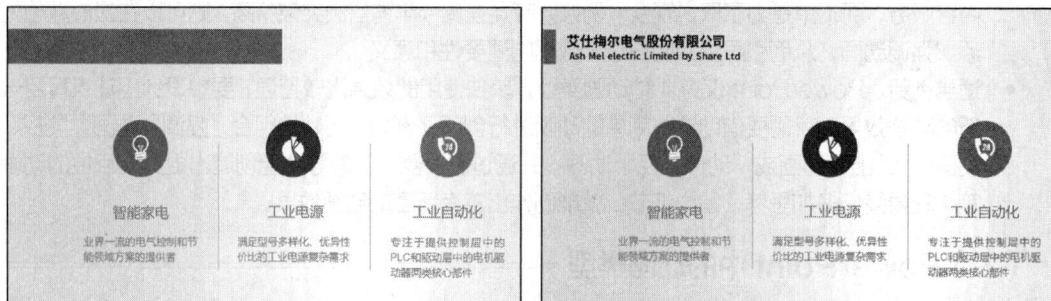

图 3-186 "退出"动画效果展示

- "动作路径"动画。这类动画的特点是使对象在动画放映时产生位置变化，并能控制具体的变化路线。图 3-187 所示为对菱形后面的对象添加了从左到右做直线运动的"动作路径"动画的效果，其中最右侧的图片显示的是运动情况。

图 3-187 "动作路径"动画效果展示

示例演示

本任务将对"工作总结"演示文稿中的幻灯片及幻灯片中的各种对象添加动画效果。其中，幻灯片切换时的动画效果采用随机动画，相同对象（如标题占位符等）的动画效果相同。图 3-188 所示为"工作总结"演示文稿的部分幻灯片效果。

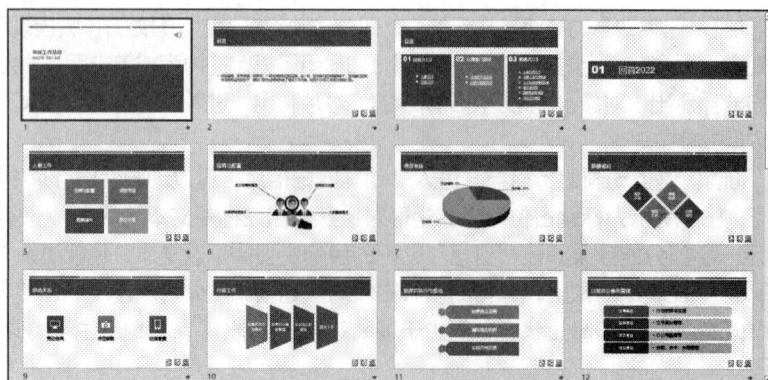

图 3-188 "工作总结"演示文稿的部分幻灯片效果

任务实现

（一）设置幻灯片切换动画

幻灯片切换动画即放映演示文稿时，当一张幻灯片的内容播放完成后，进入下一张幻灯片时的动画效果。为演示文稿添加幻灯片切换动画，可以使幻灯片切换时更加自然和生动。下面为"工作总结04.pptx"演示文稿中的所有幻灯片设置"随机线条"切换效果，并设置切换声音为"照相机"，其具体操作如下。

（1）打开"工作总结 04.pptx"演示文稿（配套资源：素材\模块三\工作总结04.pptx），在"切换"/"切换到此幻灯片"组的"切换效果"下拉列表中选择"细微"选项组中的"随机线条"选项，如图 3-189 所示。

（2）在"切换"/"计时"组中的"声音"下拉列表中选择"照相机"选项，选中"单击鼠标时"复选框，单击"应用到全部"按钮，如图 3-190 所示。

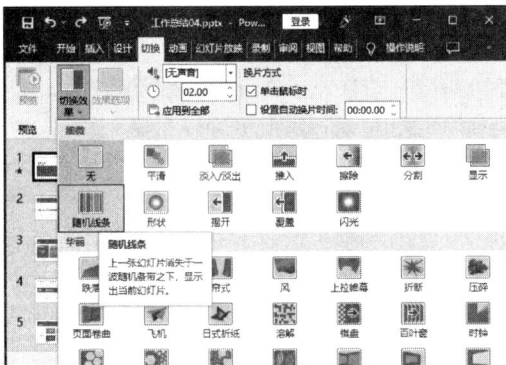

图3-189　选择切换动画

图3-190　设置并应用切换动画

（二）设置幻灯片中各对象的动画效果

为了避免动画出现杂乱无章的现象，下面主要利用"浮入""淡化""飞入"等少量动画效果依次为"工作总结04.pptx"演示文稿中各张幻灯片中的对象添加动画。为了提高设置效率，还将使用动画刷和"动画窗格"任务窗格等工具，其具体操作如下。

（1）选择第 1 张幻灯片中的标题占位符，在"动画"/"动画"组中的"动画样式"下拉列表中选择"进入"选项组中的"浮入"选项，如图 3-191 所示。

（2）在该组中单击"效果选项"按钮，在弹出的下拉列表中选择"下浮"选项，如图 3-192 所示。

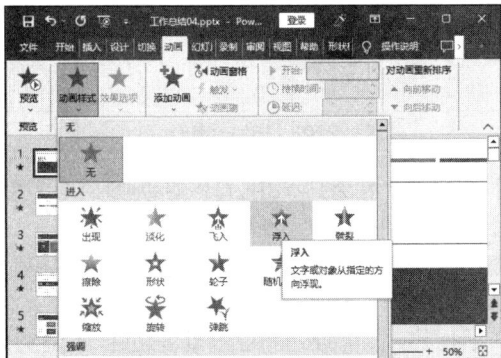

图3-191　选择进入动画

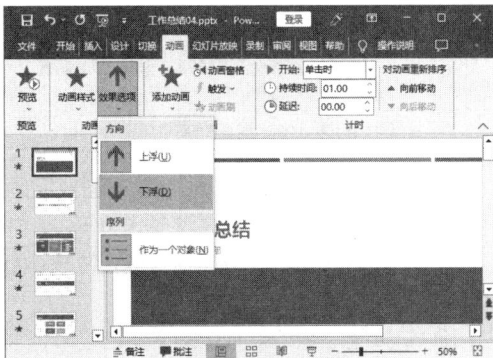

图3-192　设置动画方向

（3）重新选择标题占位符，在"动画"/"高级动画"组中双击"动画刷"按钮 ，如图3-193所示。

（4）此时鼠标指针将变为 形状，选择第2张幻灯片，在标题占位符中单击，为其应用与第1张幻灯片标题相同的动画效果，如图3-194所示。

图3-193 双击"动画刷"按钮

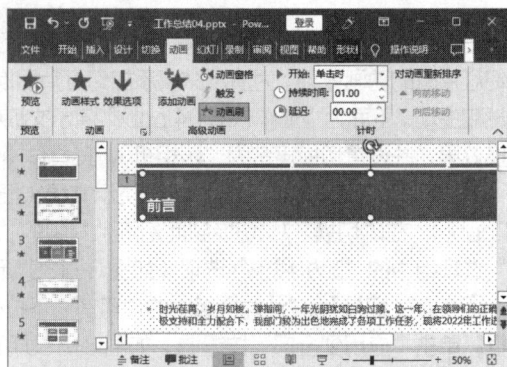

图3-194 复制动画（1）

> **提示** "动画"/"动画"组中的"动画样式"下拉列表中提供了一些PowerPoint预设的动画效果，如果在其中无法找到合适的动画效果，则可以选择其中的选项，如选择"更多进入效果"选项，在打开的对话框中选择更多的动画。

（5）依次选择其他各张幻灯片中的标题占位符，快速为其应用与第1张幻灯片标题相同的动画效果，设置完成后按"Esc"键退出复制动画的状态，如图3-195所示。

（6）选择第4张幻灯片，选择"回首2022"文本占位符，在"动画"/"动画"组中的"动画样式"下拉列表中选择"进入"选项组中的"飞入"选项，如图3-196所示。

（7）在该组中单击"效果选项"按钮 ，在弹出的下拉列表中选择"自左侧"选项，在"动画"/"计时"组中的"开始"下拉列表中选择"上一动画之后"选项，在"持续时间"数值框中输入"01.30"，如图3-197所示。

图3-195 复制动画（2）

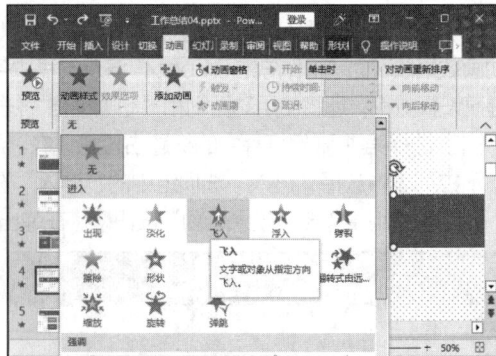

图3-196 添加动画（1）

（8）在"动画"/"高级动画"组中双击"动画刷"按钮 ，将该文本占位符中的动画效果复制到第15张幻灯片和第18张幻灯片的文本占位符中，并退出复制动画的状态，如图3-198所示。

（9）选择第1张幻灯片中的副标题占位符，为其应用"进入"/"淡化""上一动画之后"动画效果，结果如图3-199所示。

（10）选择第2张幻灯片中的文本占位符，为其应用"进入"/"浮入""上一动画之后"动画效果，如图3-200所示。

图 3-197 设置动画方向和参数

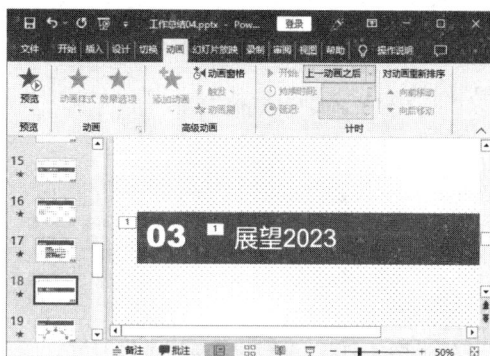
图 3-198 复制动画（3）

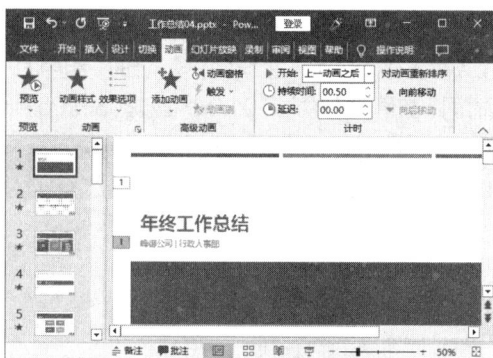
图 3-199 添加动画（2）

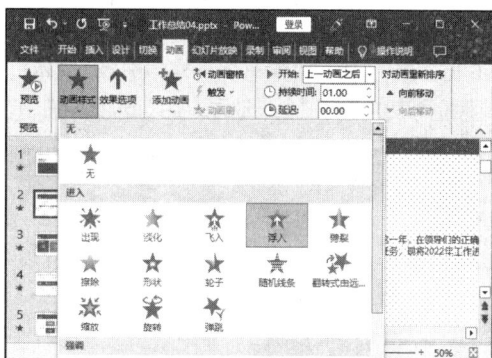
图 3-200 添加动画（3）

（11）选择第 3 张幻灯片，按住"Ctrl"键的同时选择 3 个矩形对象，为它们应用"进入"/"淡化"动画效果，如图 3-201 所示。

（12）同时选择 9 个文本框对象，为它们应用"进入"/"浮入"动画效果，如图 3-202 所示。

图 3-201 同时为多个矩形对象添加动画

图 3-202 同时为多个文本框对象添加动画

（13）在"动画"/"高级动画"组中单击"动画窗格"按钮，打开"动画窗格"任务窗格，选择"矩形 21"选项（对应幻灯片中间的矩形对象），在"动画"/"计时"组中的"开始"下拉列表中选择"上一动画之后"选项，在"持续时间"数值框中输入"01.30"，如图 3-203 所示。

（14）在"动画窗格"任务窗格中选择"矩形 22"选项，在"动画"/"计时"组中的"开始"下拉列表中选择"上一动画之后"选项，在"持续时间"数值框中输入"01.30"，如图 3-204 所示。

167

图 3-203　设置动画开始时间（1）

图 3-204　设置动画开始时间（2）

（15）在"动画窗格"任务窗格中选择"文本框 24:回首 2022"选项，在"动画"/"计时"组中的"开始"下拉列表中选择"上一动画之后"选项，在"持续时间"数值框中输入"01.00"，如图 3-205 所示。

（16）在"动画窗格"任务窗格中选择"文本框 25:人事工作"选项，在"动画"/"计时"组中的"开始"下拉列表中选择"上一动画之后"选项，在"持续时间"数值框中输入"01.00"，如图 3-206 所示。

图 3-205　设置动画开始时间（3）

图 3-206　设置动画开始时间（4）

（17）按照相同的方法在"动画窗格"任务窗格中选择对象并设置动画开始时间。其效果如下：单击出现标题动画，单击出现 3 个矩形对象动画，单击依次在第 1 个矩形上出现 3 个文本框动画，再次单击依次在第 2 个矩形上出现 3 个文本框动画，以此类推，如图 3-207 所示。

（18）在"动画窗格"任务窗格中选择"文本框 25:人事工作"选项，在"动画"/"动画"组中单击"效果选项"按钮↑，在弹出的下拉列表中选择"按段落"选项，如图 3-208 所示。

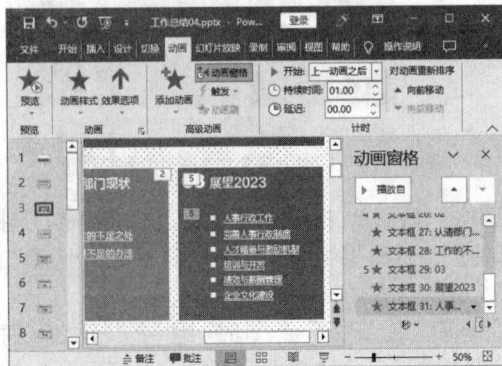
图 3-207　设置其他文本框动画的开始时间

图 3-208　设置动画序列

（19）在"动画窗格"任务窗格中按住"Shift"键，同时选择"人事工作"选项和"行政工作"选项，在"动画"/"计时"组中的"开始"下拉列表中选择"上一动画之后"选项，如图3-209所示。

（20）在"动画窗格"任务窗格中按住"Shift"键，同时选择"工作的不足之处"选项和"改进不足的办法"选项，在"动画"/"计时"组中的"开始"下拉列表中选择"上一动画之后"选项，如图3-210所示。

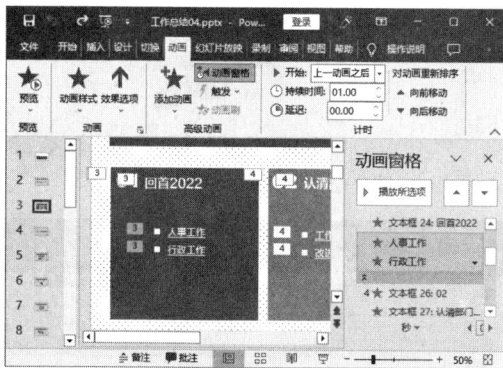

图3-209　设置动画开始时间（5）　　　　图3-210　设置其他段落动画的开始时间

> 提示　"动画窗格"任务窗格是管理动画的有效工具，通过其中的编号、排列顺序等可以直观地了解到该幻灯片中动画的播放顺序和效果。另外，在其中选择某个动画选项后，单击"向前移动"按钮 ▲ 或"向后移动"按钮 ▼，可调整动画的播放顺序。当然，直接拖曳动画选项也能调整动画播放的顺序。若单击 ▶ 播放自 按钮，则将直接从所选动画选项开始放映幻灯片的动画。

（21）在"动画窗格"任务窗格中按住"Shift"键，同时选择"人事行政工作"选项至"企业文化建设"选项，在"动画"/"计时"组中的"开始"下拉列表中选择"上一动画之后"选项，设置动画效果为"按段落"，如图3-211所示。

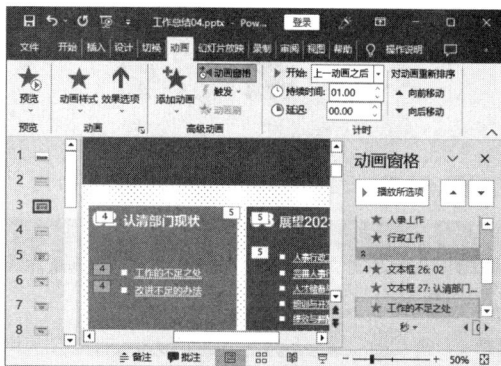

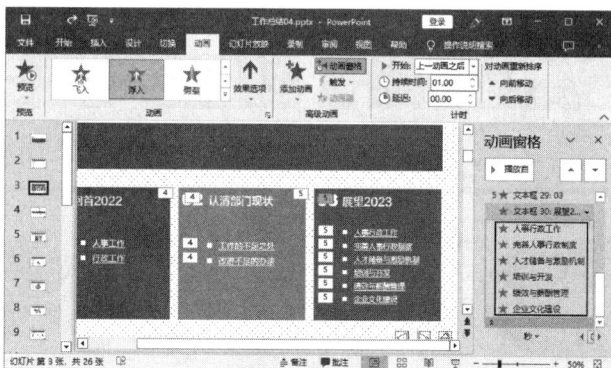

图3-211　同时设置多个段落动画的开始时间和效果

（22）选择第5张幻灯片中的SmartArt图形对象，为其应用"进入"/"浮入""上浮""逐个"动画效果，如图3-212所示。

（23）选择第6张幻灯片中的4个线条对象，为它们应用"进入"/"淡化"动画效果，选择除左侧线条外的其余3个线条对象，将动画开始时间调整为"与上一动画同时"，如图3-213所示。

（24）选择左侧的文本框对象，为其应用"进入"/"淡化"动画效果，如图3-214所示。

（25）利用动画刷将左侧文本框的动画复制到另外3个文本框上，如图3-215所示。

图 3-212　设置 SmartArt 图形的动画效果（1）

图 3-213　设置线条的动画效果

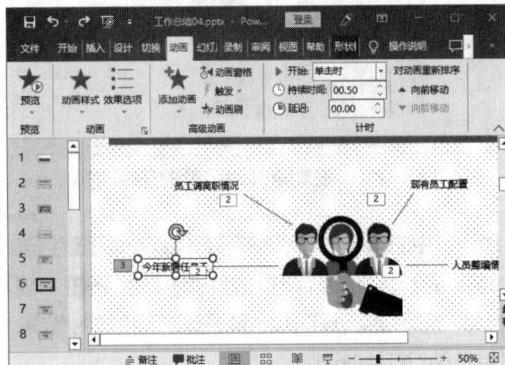

图 3-214　设置文本框对象的动画效果

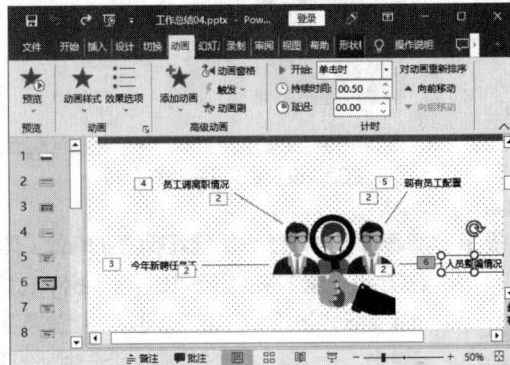

图 3-215　复制动画（4）

（26）选择第 7 张幻灯片中的图表对象，为其应用"进入"/"浮入""上浮""按类别"动画效果，如图 3-216 所示。

（27）选择第 8 张幻灯片中左侧的菱形对象，为其应用"进入"/"淡化"动画效果，利用动画刷将该动画效果复制到另外 3 个菱形上，如图 3-217 所示。

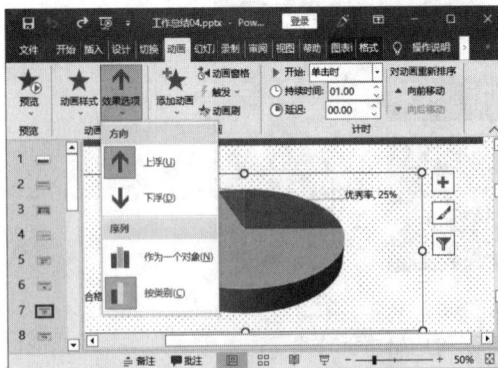

图 3-216　设置图表的动画效果

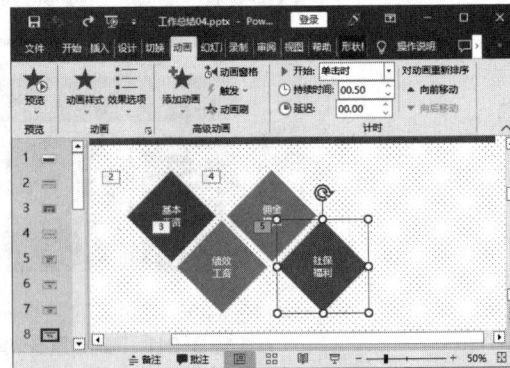

图 3-217　设置形状的动画效果（1）

（28）选择第 9 张幻灯片，为左侧的矩形对象应用"进入"/"淡化"动画效果，为其上方的图片对象应用"进入"/"浮入""上浮""上一动画之后"动画效果，为其下方的文本框对象应用"进入"/"浮入""上浮""上一动画之后"动画效果，如图 3-218 所示。

（29）按相同的动画效果和顺序，设置其他两组对象的动画效果，如图 3-219 所示。

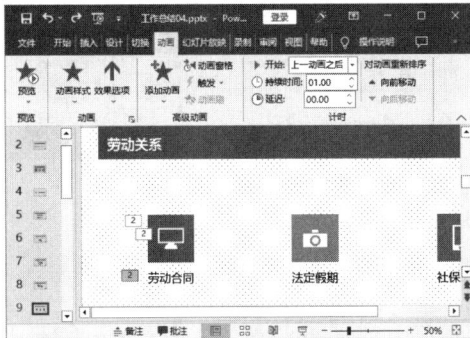

图 3-218 设置对象的动画效果

图 3-219 设置其他对象的动画效果

（30）选择第 10 张幻灯片中的 SmartArt 图形对象，为其应用"进入"/"飞入""自右侧""逐个"动画效果，如图 3-220 所示。

（31）选择第 11 张幻灯片中的 SmartArt 图形对象，为其应用"进入"/"浮入""上浮""逐个"动画效果，如图 3-221 所示。

图 3-220 设置 SmartArt 图形的动画效果（2）

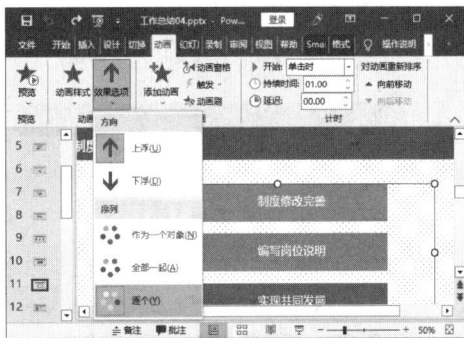

图 3-221 设置 SmartArt 图形的动画效果（3）

（32）选择第 12 张幻灯片中的 SmartArt 图形对象，为其应用"进入"/"浮入""上浮""逐个级别"动画效果，如图 3-222 所示。

（33）选择第 13 张幻灯片中的 3 个图片对象，为其应用"进入"/"浮入""上浮"动画效果，选择除左侧图片外的其余 2 个图片对象，将动画开始时间调整为"与上一动画同时"，如图 3-223 所示。

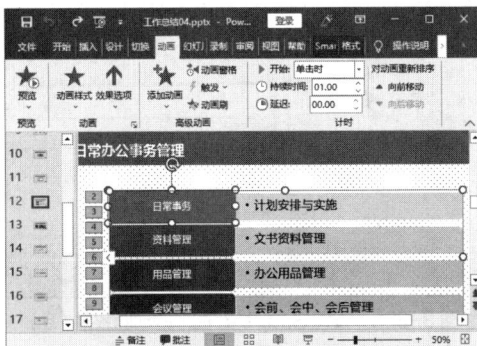

图 3-222 设置 SmartArt 图形的动画效果（4）

图 3-223 设置图片的动画效果（1）

（34）选择文本占位符，为其应用"进入"/"淡化""上一动画之后"动画效果，如图 3-224 所示。

（35）选择第 14 张幻灯片中的文本占位符，为其应用"进入"/"淡化""作为一个对象"动画效果，如图 3-225 所示。

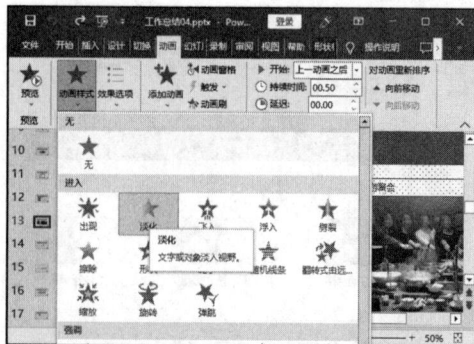
图 3-224 设置文本占位符的动画效果（1）

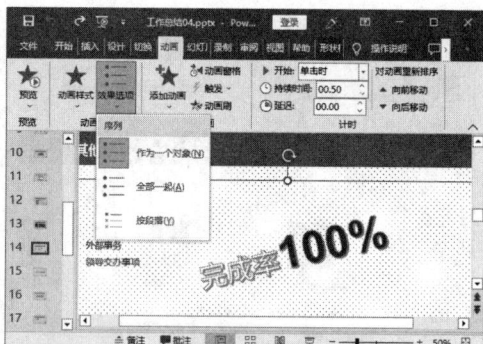
图 3-225 设置文本占位符的动画效果（2）

（36）选择艺术字对象，为其应用"进入"/"飞入""自底部"动画效果，如图 3-226 所示。

（37）在"动画"/"高级动画"组中单击"添加动画"按钮★，在弹出的下拉列表中选择"强调"选项组中的"跷跷板"选项，如图 3-227 所示。

图 3-226 设置艺术字的动画效果（1）

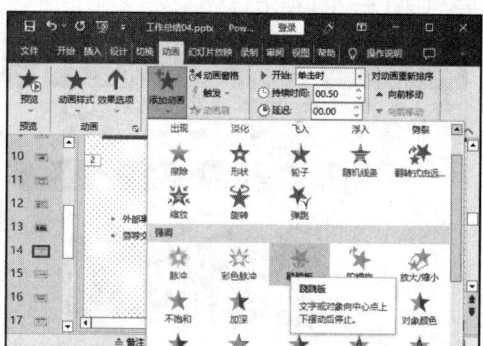
图 3-227 添加"强调"动画

（38）将"跷跷板"动画效果的开始时间设置为"上一动画之后"，如图 3-228 所示。

（39）选择第 16 张幻灯片中的 SmartArt 图形对象，为其应用"进入"/"浮入""上浮""逐个""上一动画之后"动画效果，如图 3-229 所示。

图 3-228 设置艺术字的动画效果（2）

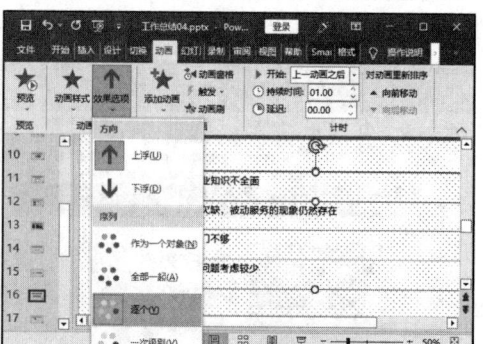
图 3-229 设置 SmartArt 图形的动画效果（5）

（40）选择第 17 张幻灯片中的 SmartArt 图形对象，为其应用"进入"/"浮入""上浮""逐个""上一动画之后"动画效果，如图 3-230 所示。

（41）选择第 19 张幻灯片中的空心弧对象，为其应用"进入"/"飞入""自底部"动画效果，如图 3-231 所示。

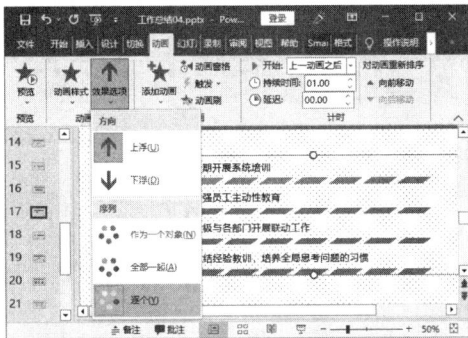

图 3-230　设置 SmartArt 图形的动画效果（6）

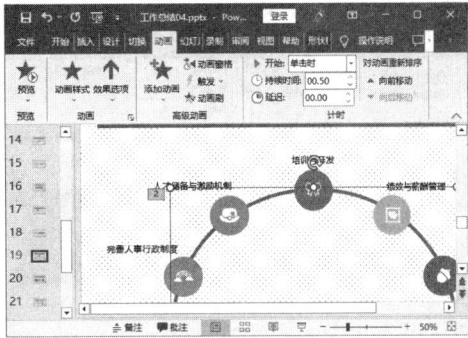

图 3-231　设置形状的动画效果（2）

（42）同时选择 5 个圆形对象，为其应用"进入"/"飞入""自底部""上一动画之后"动画效果，如图 3-232 所示。

（43）同时选择 5 个图片对象，为其应用"进入"/"淡化""上一动画之后"动画效果，如图 3-233 所示。

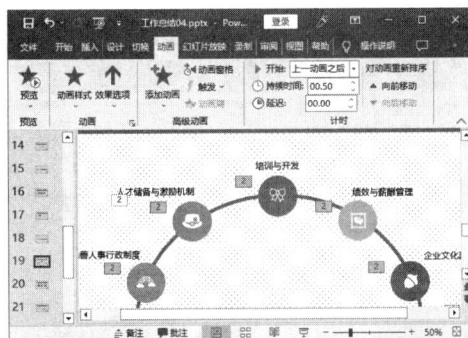

图 3-232　设置圆形对象的动画效果

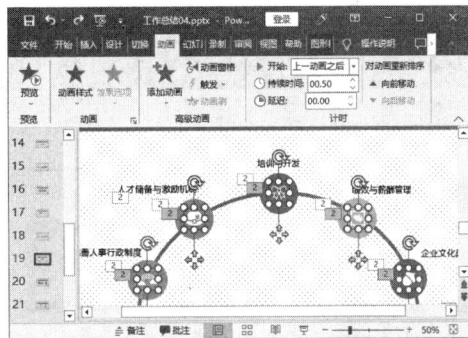

图 3-233　设置图片的动画效果（2）

（44）同时选择 5 个文本框对象，为它们应用"进入"/"浮入""上浮""上一动画之后"动画效果，如图 3-234 所示。

（45）选择除左侧文本框外的 4 个文本框对象，将动画开始时间调整为"与上一动画同时"，如图 3-235 所示。

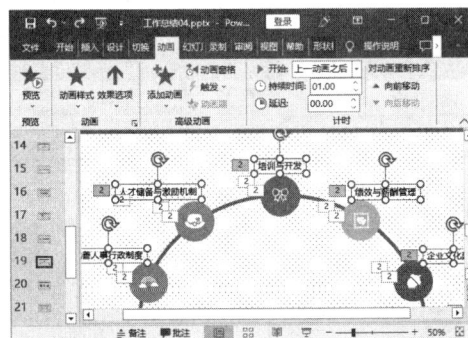

图 3-234　设置文本框的动画效果（1）

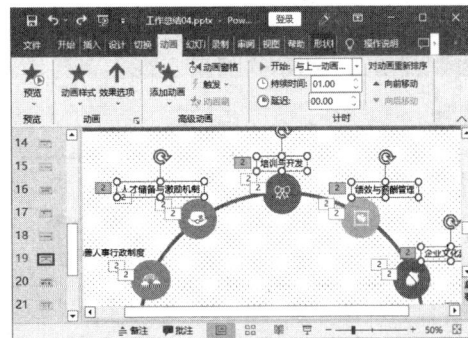

图 3-235　调整动画的开始时间（1）

（46）选择第 20 张幻灯片中的 3 个单圆角矩形对象，为其应用"进入"/"飞入""自底部"动画效果，将后两个单圆角矩形对象的动画开始时间调整为"与上一动画同时"，如图 3-236 所示。

（47）同时选择 3 个图片对象，为其应用"进入"/"淡化""上一动画之后"动画效果，如图 3-237 所示。

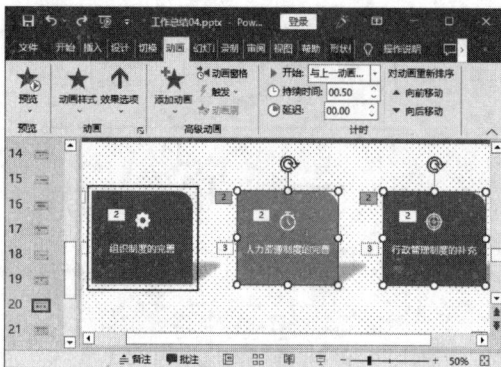

图 3-236　设置形状的动画效果（3）

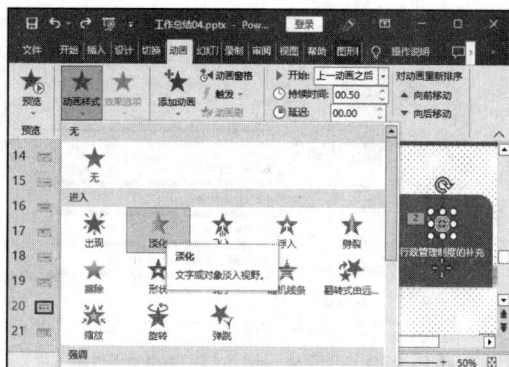

图 3-237　设置图片的动画效果（3）

（48）选择 3 个文本框对象，为其应用"进入"/"浮入""上浮"动画效果，将后两个文本框的动画开始时间调整为"与上一动画同时"，如图 3-238 所示。

（49）选择第 21 张幻灯片中的表格对象，为其应用"进入"/"浮入""上浮"动画效果，如图 3-239 所示。

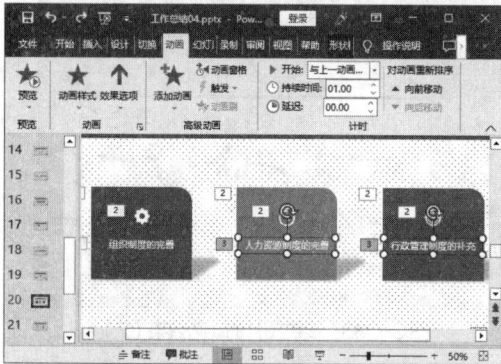

图 3-238　设置文本框的动画效果（2）

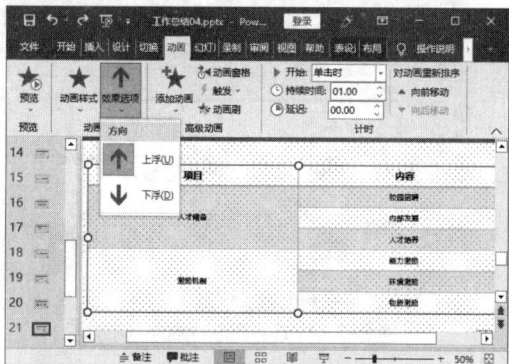

图 3-239　设置表格的动画效果

（50）选择第 22 张幻灯片中的 3 个圆角矩形对象，为其应用"进入"/"淡化""上一动画之后"动画效果，如图 3-240 所示。

（51）选择 3 个圆形对象，为其应用"进入"/"淡出""上一动画之后"效果，如图 3-241 所示。

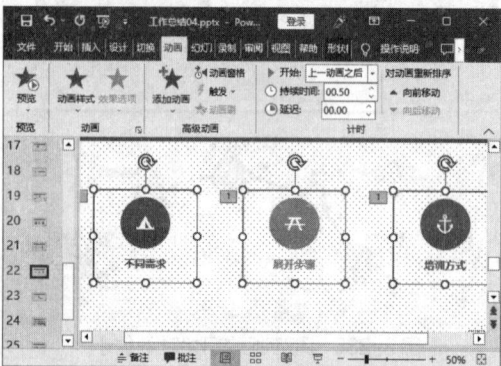

图 3-240　设置形状的动画效果（4）

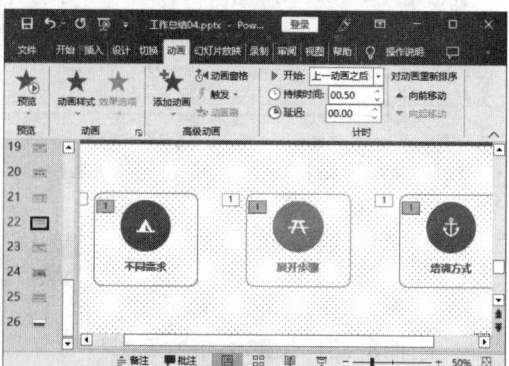

图 3-241　设置形状的动画效果（5）

（52）选择 3 个图片对象，为其应用"进入"/"浮入""上浮""上一动画之后"动画效果，如图 3-242 所示。

（53）选择 3 个文本框对象，为其应用"进入"/"浮入""上浮"动画效果，如图 3-243 所示。

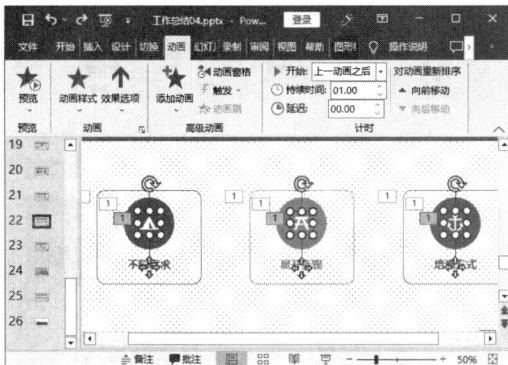

图 3-242　设置图片的动画效果（4）

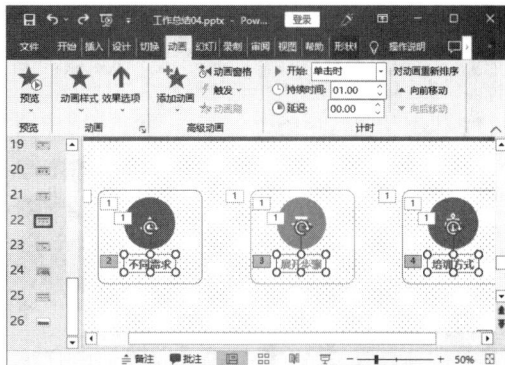

图 3-243　设置文本框的动画效果（3）

（54）将后两个文本框对象的动画开始时间调整为"与上一动画同时"，如图 3-244 所示。

（55）选择第 23 张幻灯片，框选上方的第一组对象，为其添加"进入"/"浮入""上浮"动画效果，如图 3-245 所示。

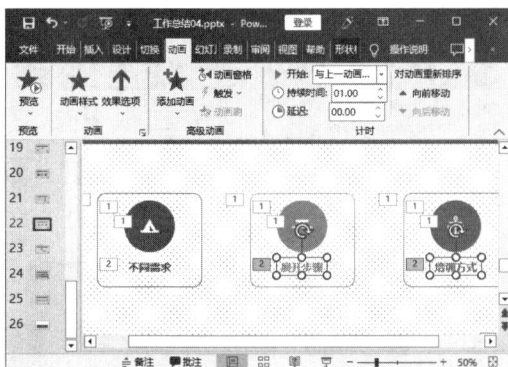

图 3-244　调整动画的开始时间（2）

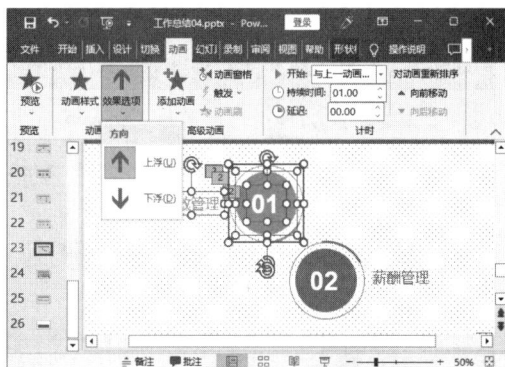

图 3-245　设置多个对象的动画效果（1）

（56）按照相同的方法为下方的对象添加"进入"/"浮入""上浮"动画效果，如图 3-246 所示。

（57）选择第 24 张幻灯片中的 4 个矩形对象，为其添加"进入"/"浮入""上浮"动画效果，如图 3-247 所示。

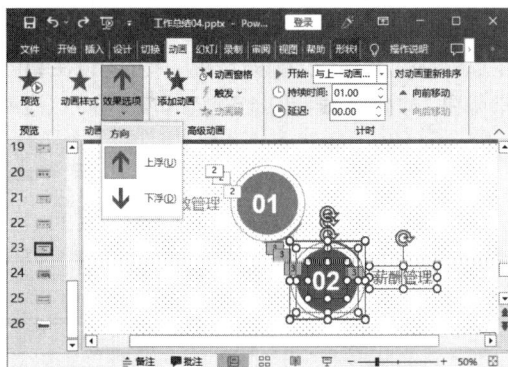

图 3-246　设置多个对象的动画效果（2）

图 3-247　设置形状的动画效果（6）

（58）选择后 3 个矩形对象，将动画开始时间调整为"上一动画之后"，如图 3-248 所示。

（59）选择图片对象，为其添加"进入"/"淡出""与上一动画同时"动画效果，如图 3-249 所示。

图3-248 调整动画的开始时间（3）

图3-249 设置图片的动画效果（5）

（60）选择第25张幻灯片中的文本占位符，为其添加"进入"/"浮入""上浮"动画效果，如图3-250所示。

（61）选择第26张幻灯片中的文本占位符，为其添加"进入"/"浮入""上浮""上一动画之后"动画效果，如图3-251所示（配套资源：效果\模块三\工作总结04.pptx）。

图3-250 设置文本占位符的动画效果（3）

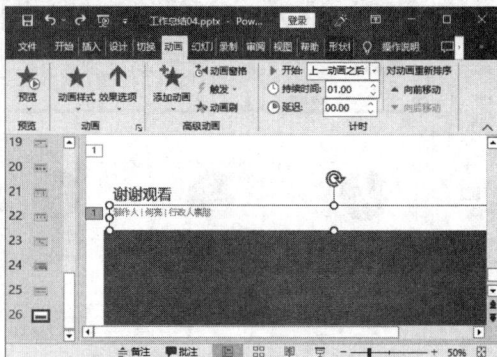

图3-251 设置文本占位符的动画效果（4）

> **提示**　俗话说："师傅领进门，修行在个人。"要想真正熟练掌握和精通PowerPoint演示文稿的设计、制作、动画设置等操作，大家还需要不断地练习、总结、积累，直至融会贯通。实际上，一些开始完全不熟悉PowerPoint的用户，通过长期大量的练习，最终成为PowerPoint演示文稿设计行业的佼佼者，有的可以为客户提供优质的PowerPoint演示文稿设计模板，有的可以在单位中利用出众的PowerPoint技术成为领导非常看重的人才。只要我们端正学习态度，持之以恒，也能成为与他们比肩的人才。

能力拓展

（一）设置不停播放的动画效果

默认情况下，幻灯片对象的动画效果仅播放1次，当用户需要制作不停播放的动画效果时（如字幕滚动效果、从左到右往复移动的箭头效果等），就需要设置不停播放的动画效果。其方法如下：在"动画窗格"任务窗格中的某个动画选项上单击鼠标右键，在弹出的快捷菜单中选择"计时"命令，打开以该动画为名的对话框，在"计时"选项卡中的"重复"下拉列表中选择"直到幻灯片末尾"选项，单击 确定

按钮，如图 3-252 所示。当然，也可在该下拉列表中选择
其他选项来指定该动画的播放次数，如 2、3、5 等。

（二）触发器的应用

触发器是 PowerPoint 的一种交互动画工具，其触发对
象可以是图片、形状、按钮，也可以是其他对象，一旦用户
在操作过程中触发了相关条件，便将自动执行设置的行为，
这种工具使演示文稿具备了交互性。使用触发器的方法如
下：选择添加了动画效果的对象，在"动画"/"高级动画"
组中单击"触发"按钮，在弹出的下拉列表中选择"通过
单击"选项，在弹出的子下拉列表中选择触发源，即单击该

图 3-252 设置动画的播放次数

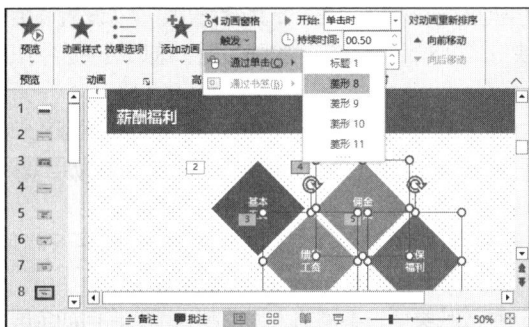

触发源时会触发所选对象的动画效果。图 3-253 所示为幻灯片中的右侧 3 个菱形对象设置了触发效果，
触发源为左侧第 1 个菱形对象。当放映该张幻灯片时，只有单击左侧第 1 个菱形对象，才会触发其他类
型的动画效果。

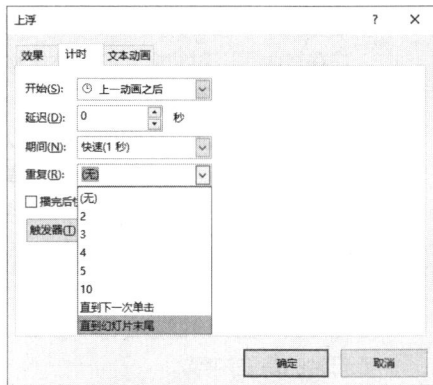

图 3-253 设置触发效果

> **提示** 巧妙应用触发器可以设计出许多极具交互性和生动的动画。例如，单击某个按钮后，弹出该按钮
> 的下拉列表便是典型的触发操作之一。

任务五 放映并发布"工作总结"演示文稿

任务描述

演示文稿制作出来的最终目的就是放映其中的内容。完成演示文稿的编辑操作后，需要通过放映演
示文稿来检查其中是否有错误的内容，以便及时改正。因此，放映演示文稿也是不容忽视的操作环节。
放映完成后还需要对其进行打印和打包输出。

技术分析

（一）演示文稿的视图模式

PowerPoint 2019 提供了普通视图、幻灯片浏览视图、幻灯片放映视图、备注页视图和阅读视图 5
种视图模式，熟悉各种视图的作用和特点，可以便于管理演示文稿。在 PowerPoint 操作界面的"视
图"/"演示文稿视图"组中单击相应的按钮可进入相应的视图模式，各视图的功能如下。

- 普通视图。普通视图是 PowerPoint 2019 默认的视图模式，打开演示文稿可进入普通视图。用户在其中可以对幻灯片的总体结构进行调整，也可以对单张幻灯片进行编辑，普通视图是编辑幻灯片常用的视图模式之一。
- 幻灯片浏览视图。在该视图中可以浏览演示文稿中所有幻灯片的整体效果，且可以对幻灯片结构进行调整，如调整演示文稿的背景、移动或复制幻灯片等，但是不能编辑幻灯片中的内容。
- 幻灯片放映视图。进入幻灯片放映视图后，幻灯片将按放映设置进行全屏放映。在放映视图中，可以浏览每张幻灯片放映时的内容展示情况、动画效果等，以测试幻灯片放映效果，并控制放映过程。
- 备注页视图。该视图会将"备注"窗格中的内容同时显示在界面中，以便用户更好地编辑各种幻灯片的备注内容。
- 阅读视图。进入阅读视图后，可以在无须切换到全屏的状态下放映演示文稿中的内容，并通过鼠标滚轮控制放映进程，按"Esc"键可退出该视图模式。

（二）幻灯片的放映类型

PowerPoint 提供了 3 种放映类型，设置放映类型的方法如下：在"幻灯片放映"/"设置"组中单击"设置幻灯片放映"按钮，打开"设置放映方式"对话框，在"放映类型"选项组中选中不同的单选按钮。各放映类型的作用和特点如下。

- 演讲者放映（全屏幕）。此类型是 PowerPoint 默认的放映类型，此类型将以全屏的状态放映演示文稿。在演示文稿放映过程中，演讲者具有完全的控制权，既可以手动切换幻灯片和动画效果，又可以将演示文稿暂停或为演示文稿添加细节等，甚至可以在放映过程中录制旁白。
- 观众自行浏览（窗口）。此类型将以窗口形式放映演示文稿，在放映过程中可利用滚动条、"PageDown"键、"PageUp"键切换幻灯片，但不能通过单击切换幻灯片。
- 在展台浏览（全屏幕）。此类型是最简单的一种放映类型，不需要人为控制，系统将自动全屏循环放映演示文稿。使用这种类型的放映方式时，不能单击切换幻灯片，但可以通过单击幻灯片中的超链接和动作按钮来切换幻灯片，按"Esc"键可结束放映。

（三）幻灯片的输出格式

为了充分利用演示文稿资源，用户可以将演示文稿中的幻灯片输出为不同格式的文件。其方法如下：选择"文件"/"另存为"命令，选择"浏览"选项，打开"另存为"对话框，在其中选择文件的保存位置后，在"保存类型"下拉列表中选择需要的格式选项，单击 保存(S) 按钮。下面介绍 4 种常见的输出格式。

- 图片。选择"GIF 可交换的图形格式（*.gif）""JPEG 文件交换格式（*.jpg）""PNG 可移植网络图形格式（*.png）""TIFF Tag 图像文件格式（*.tif）"选项，可将当前演示文稿中的幻灯片保存为一张对应格式的图片。如果要在其他软件中使用，则可以将这些图片插入对应的软件中。
- 视频。选择"Windows Media 视频（*.wmv）"选项，可将演示文稿保存为视频。如果在演示文稿中排练了所有幻灯片，则保存的视频将自动播放这些幻灯片。将演示文稿保存为视频文件后，视频文件播放时的随意性更强，不受字体、PowerPoint 版本的限制，只要计算机中安装了视频播放软件就可以播放，这在一些需要自动展示演示文稿的场合非常适用。
- 自动放映的演示文稿。选择"PowerPoint 放映（*.ppsx）"选项，可将演示文稿保存为自动放映的演示文稿，之后双击该演示文稿将不再启动 PowerPoint，而是直接启动放映模式，开始放映幻灯片。
- 大纲文件。选择"大纲/RTF 文件（*.rtf）"选项，可将演示文稿中的幻灯片保存为大纲文件。生成的大纲文件中将不再包含图形、图片及文本框中的内容，而仅保留标题文本和正文文本等大纲信息。

示例演示

本任务将对"工作总结"演示文稿进行放映、排练计时、打印、打包等一系列设置，排练计时后的参考效果如图 3-254 所示。通过学习，读者将进一步掌握放映幻灯片、隐藏幻灯片、排练计时、打印演示文稿，以及打包演示文稿的具体操作方法。

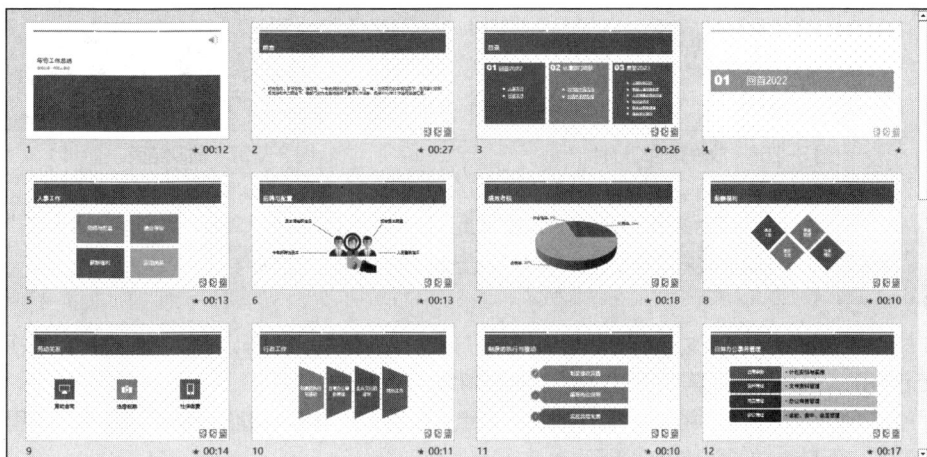

图 3-254 "工作总结"演示文稿排练计时后的参考效果

任务实现

（一）放映幻灯片

放映幻灯片可以查看演示文稿的放映效果，及时查看演示文稿的内容是否存在问题，以便改正。下面介绍如何放映"工作总结 05.pptx"演示文稿，其具体操作如下。

（1）打开"工作总结 05.pptx"演示文稿（配套资源：素材\模块三\工作总结 05.pptx），在"幻灯片放映"/"开始放映幻灯片"组中单击"从头开始"按钮，或直接按"F5"键，进入放映视图模式，并从第一张幻灯片开始放映。此时将自动响起背景音乐，单击后，幻灯片中的对象将按照设置的动画效果展现出来，如图 3-255 所示。

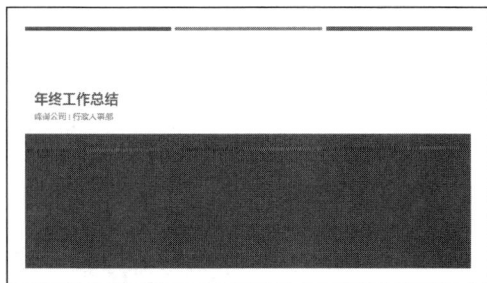

微课

放映幻灯片

图 3-255 从头放映演示文稿

（2）单击后，当前幻灯片中的内容已播放完成，将切换到下一张幻灯片，并显示切换动画。

（3）依次单击放映各张幻灯片，检查其基本内容和动画效果是否有误，如图 3-256 所示。

（4）放映完所有幻灯片后，将显示黑屏，并提示放映结束，此时只需单击便可结束放映，如图 3-257 所示。

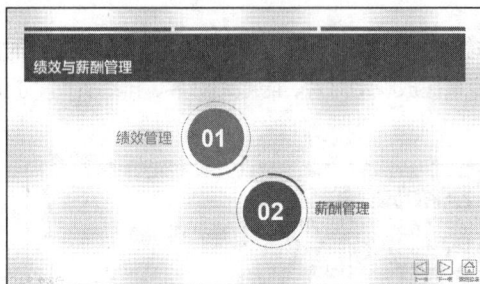

图 3-256　放映其他幻灯片

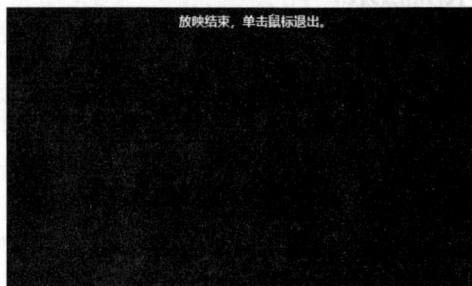

图 3-257　放映结束

> **提示**　按"Shift+F5"组合键表示从当前所选的幻灯片位置开始放映演示文稿，其作用等同于在"幻灯片放映"/"开始放映幻灯片"组中单击"从当前幻灯片开始"按钮。

（5）在"视图"/"演示文稿视图"组中单击"幻灯片浏览"按钮，切换到幻灯片浏览视图，如图 3-258 所示，选择其中的第 3 张幻灯片，按"Shift+F5"组合键。

（6）再次进入幻灯片放映视图，本次放映的重点是检查各超链接和动作按钮是否正常，这里先单击"回首2022"超链接，如图 3-259 所示。

图 3-258　切换演示文稿的视图模式

图 3-259　单击超链接

（7）此时将直接切换到"01"幻灯片，说明超链接可正常使用，单击幻灯片右下角的"动作按钮：转到主页"动作按钮，如图 3-260 所示。

（8）成功返回目录页，说明该动作按钮也没有问题，如图 3-261 所示。

图 3-260　检查超链接功能（1）

图 3-261　检查动作按钮功能（1）

（9）按照相同的方法单击"动作按钮：转到主页"动作按钮，返回目录页，单击目录页中的其他超链接，查看超链接功能和链接目标是否正确。

（10）目录页中的超链接检查完毕后，继续检查第 5 页、第 10 页和第 19 页幻灯片中的超链接。检查完成后，单击第 19 页幻灯片中的"完善人事行政制度"超链接，如图 3-262 所示。

（11）切换到对应的幻灯片中，单击该幻灯片右下角的"下一张"动作按钮，如图 3-263 所示。

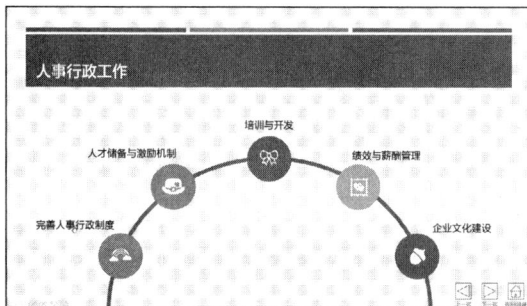

图 3-263　检查超链接功能（2）

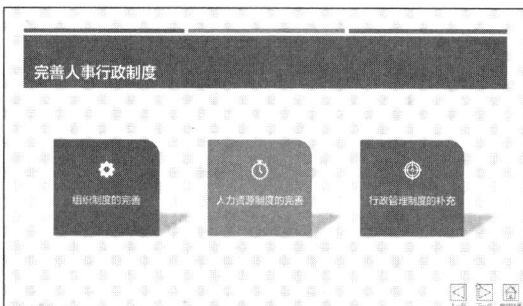

图 3-263　检查动作按钮功能（2）

（12）切换到"人才储备与激励机制"幻灯片，说明该动作按钮没有问题，继续单击"上一张"动作按钮，如图 3-264 所示。

（13）返回"完善人事行政制度"幻灯片，说明"上一张"动作按钮的功能也是正常的，如图 3-265 所示。检查完成后按"Esc"键退出放映状态。

图 3-264　检查动作按钮功能（3）

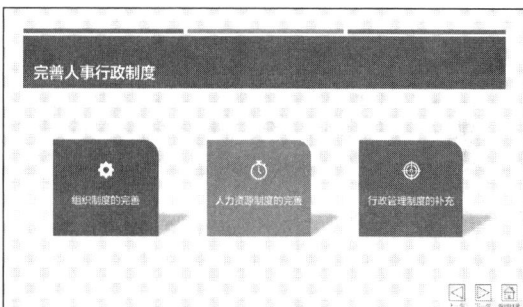

图 3-265　检查动作按钮功能（4）

（二）隐藏幻灯片

放映幻灯片时，系统将自动按照设置的放映方式依次放映每张幻灯片，但在实际的放映过程中，用户可以将暂时不需要放映的幻灯片隐藏起来，等到需要时再重新显示，以提高放映速度与检查效率。下面将"工作总结 05.pptx"演示文稿中的 3 张转场页幻灯片隐藏起来，其具体操作如下。

微课

隐藏幻灯片

（1）在"幻灯片"浏览窗格中同时选择第 4 张、第 15 张和第 18 张幻灯片，在"幻灯片放映"/"设置"组中单击"隐藏幻灯片"按钮 ，隐藏幻灯片，如图 3-266 所示。

（2）此时，"幻灯片"浏览窗格中被隐藏的幻灯片编号上将出现斜线标记，且幻灯片缩略图变为半透明状态，代表对应的幻灯片已经被隐藏起来，其效果如图 3-267 所示。如果按"F5"键从头开始放映演示文稿，则此时将不再放映隐藏的幻灯片。

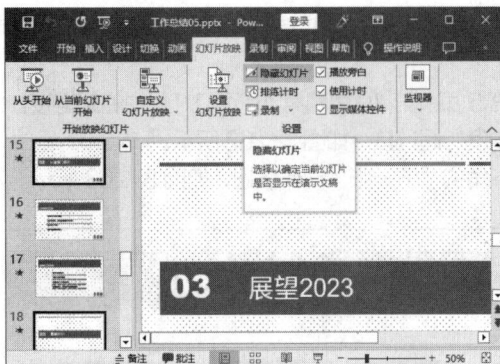

图 3-266　选择并隐藏幻灯片

图 3-267　幻灯片隐藏后的效果

> **提示**　若要重新显示隐藏的幻灯片，则可以在"幻灯片"浏览窗格中已隐藏的幻灯片缩略图上单击鼠标右键，在弹出的快捷菜单中选择"隐藏幻灯片"命令。

（三）排练计时

　　排练计时是指将演示文稿中的每一张幻灯片及幻灯片中各个对象的放映时间保存下来，在正式放映时让其自动放映，此时演讲者就可以专心地演讲而不用执行幻灯片的切换操作。下面在"工作总结 05.pptx"演示文稿中进行排练计时设置，其具体操作如下。

微课
排练计时

　　（1）在"幻灯片放映"/"设置"组中单击"排练计时"按钮🕐，进入放映排练状态，同时打开"录制"工具栏，自动为该幻灯片计时，如图 3-268 所示。

　　（2）单击或按"Enter"键可控制幻灯片中下一个动画出现的时间。

　　（3）一张幻灯片播放完成后，单击切换到下一张幻灯片，"录制"工具栏将从头开始为该张幻灯片的放映进行计时。

图 3-268　开始排练计时

　　（4）放映结束后，将自动打开提示对话框，提示排练计时时间，并询问是否保留新的幻灯片排练数据，单击 是(Y) 按钮进行保存，如图 3-269 所示。

　　（5）切换到幻灯片浏览视图，此时每张幻灯片的左下角将显示幻灯片的播放时间。在"幻灯片放映"/"设置"组中单击"设置幻灯片放映"按钮📺，打开"设置放映方式"对话框，在"推进幻灯片"选项组中选中"如果出现计时，则使用它"单选按钮，如图 3-270 所示，单击 确定 按钮。当演示文稿中存在排练计时的信息时，演示文稿在放映过程中就可以根据排练计时的信息自动放映了。

图 3-269　保留计时数据

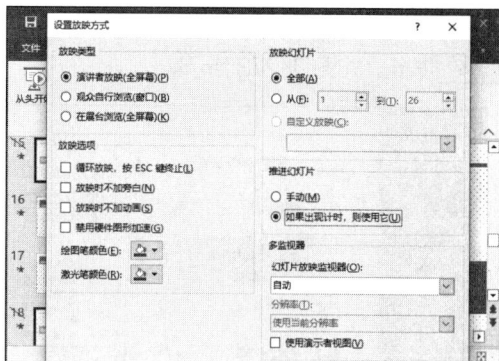

图 3-270　设置放映幻灯片的方式

（四）打印演示文稿

演示文稿中的内容同样可以打印出来供人们查看，打印演示文稿的具体操作如下。

（1）选择"文件"/"打印"命令，打开"打印"界面，在"份数"数值框中设置打印份数，如这里输入"2"，即打印两份。

（2）在"打印机"下拉列表中选择已与计算机相连的打印机。

（3）在"设置"选项组中的"整页幻灯片"下拉列表中选择"讲义"/"2 张幻灯片"选项，再选择"幻灯片加框"和"根据纸张调整大小"选项，为打印出来的幻灯片添加边框效果，此时会自动调整幻灯片大小，如图 3-271 所示。

（4）单击"打印"按钮🖶即可开始打印幻灯片。

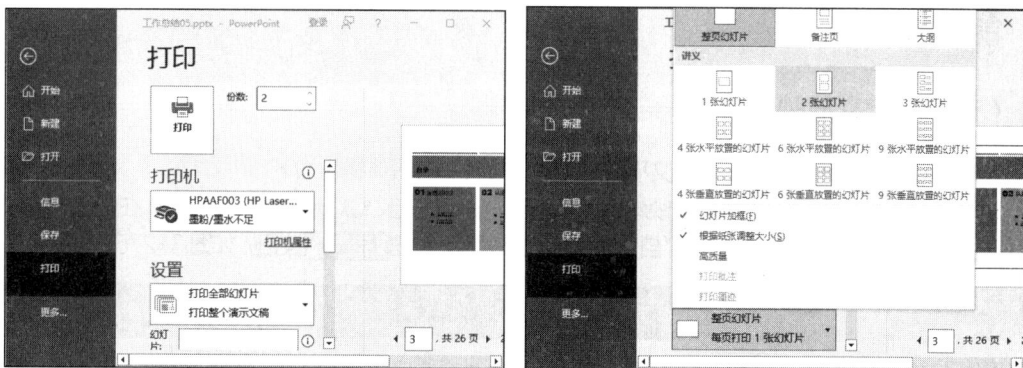

图 3-271　打印设置

（五）打包演示文稿

演示文稿制作好后，有时需要在其他计算机中放映，若想一次性传输演示文稿及相关的音频、视频文件，则可将制作好的演示文稿打包。下面将前面设置好的演示文稿打包到文件夹中，并将其命名为"课件"，其具体操作如下。

（1）选择"文件"/"导出"命令，打开"导出"界面，选择"将演示文稿打包成 CD"选项，再单击"打包成 CD"按钮🔅，如图 3-272 所示。

（2）打开"打包成 CD"对话框，单击 复制到文件夹(F)... 按钮，打开"复制到文件夹"对话框，在"文件夹名称"文本框中输入"课件"，再单击 浏览(B)... 按钮选择打包后的文件保存位置，设置完成后单击 确定 按钮，如图 3-273 所示。

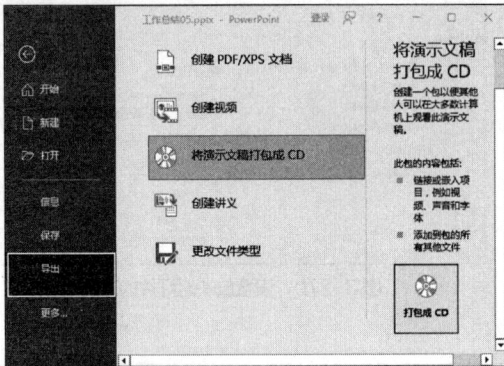

图 3-272　单击"打包成 CD"按钮　　　　图 3-273　复制打包后的文件到文件夹中

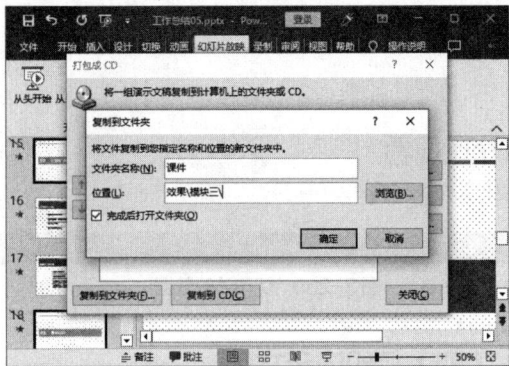

（3）如果演示文稿中链接了文件，则将打开提示对话框，提示是否保存链接文件，单击 是(Y) 按钮，如图 3-274 所示。完成打包操作，并关闭"打包成 CD"对话框（配套资源：效果\模块三\工作总结05.pptx、课件）。

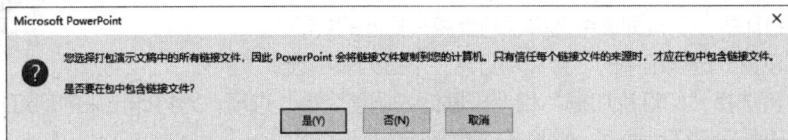

图 3-274　确认打包链接文件

能力拓展

（一）自定义放映幻灯片

自定义放映幻灯片可以放映演示文稿中指定的幻灯片，其具体操作如下。

（1）在"幻灯片放映"/"开始放映幻灯片"组中单击"自定义幻灯片放映"按钮，在弹出的下拉列表中选择"自定义放映"选项，打开"自定义放映"对话框，单击 新建(N)... 按钮，如图 3-275 所示。

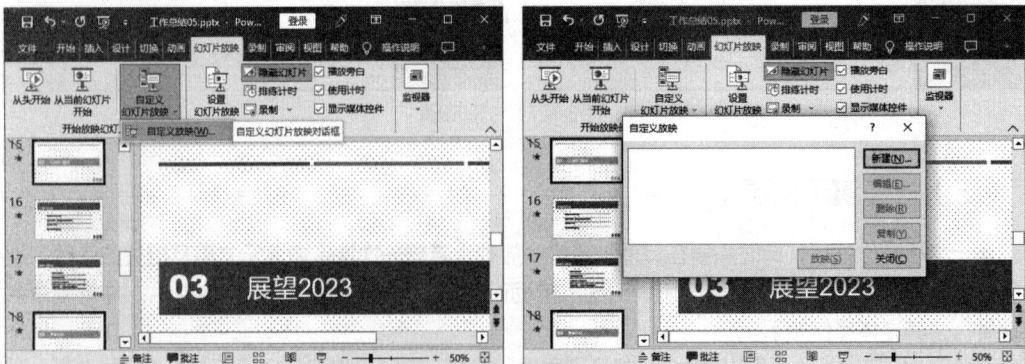

图 3-275　自定义放映幻灯片

（2）此时将打开"定义自定义放映"对话框，在"幻灯片放映名称"文本框中输入自定义放映的名称，如"框架"，在"在演示文稿中的幻灯片"列表框中选中需要放映的幻灯片对应的复选框，再依次

单击 添加(A) 按钮和 确定 按钮，如图 3-276 所示。

（3）返回并关闭"自定义放映"对话框后，在"幻灯片放映"/"设置"组中单击"设置幻灯片放映"按钮，打开"设置放映方式"对话框，在"放映幻灯片"选项组中选中"自定义放映"单选按钮，在其下方的下拉列表中选择"框架"选项，单击 确定 按钮，如图 3-277 所示。按"F5"键，演示文稿将会按照创建的自定义放映模式进行放映。

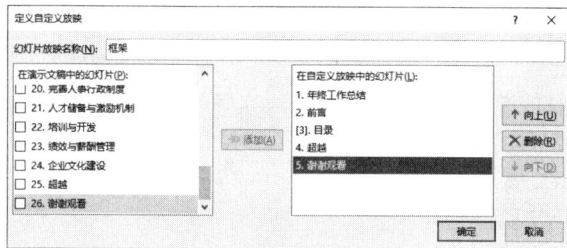

图 3-276　指定放映的幻灯片

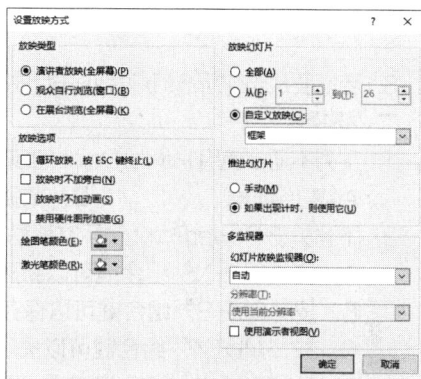

图 3-277　"设置放映方式"对话框

（二）打包演示文稿中的字体

在制作演示文稿时，为了得到更好的视觉效果，可能会使用一些特殊的字体。如果要进行放映操作的计算机中未安装相同的字体，则会导致演示文稿的内容失真。为了避免此类现象发生，可以将制作演示文稿时所用的全部字体嵌入文件中。其方法如下：选择"文件"/"选项"命令，打开"PowerPoint选项"对话框，在左侧的列表框中选择"保存"选项，在右侧的"共享此演示文稿时保持保真度"选项组中选中"将字体嵌入文件"复选框，单击 确定 按钮，如图 3-278 所示。

图 3-278　将字体嵌入演示文稿中

课后练习

一、填空题

1. 与 Word 和 Excel 相比，能够体现演示文稿的交互性和趣味性，为 PowerPoint 独具特色的功能的是_____。

2. 在"幻灯片"浏览窗格中新建幻灯片时，需要先单击某张幻灯片缩略图以确定新建位置，再按"_____"键进行新建操作。

3. 包含颜色、字体、效果、背景样式等各种元素于一体的对象称为_____。

4. 为了更好地区分幻灯片内容的主次，幻灯片标题字体一般选用容易阅读的较_____的字体，正文则使用比标题_____的字体。

5. 在幻灯片中插入音频文件后，会显示一个"喇叭"标记 🔊，该标记在进行演示文稿放映时是_____的。

6. PowerPoint 提供了多种动画类型供用户选择使用，具体包括_____动画、_____动画、_____动画和_____动画。

7. 能够浏览所有幻灯片，并可以调整幻灯片顺序，但无法编辑幻灯片内容的视图模式是_____。

8. 若需要从当前所选幻灯片处开始放映演示文稿，则可以按"_____"组合键来实现。

二、选择题

1. 下列不适合使用 PowerPoint 的应用场景是（   ）。
   A. 总结汇报   B. 数据分析   C. 宣传推广   D. 培训课件

2. 下列关于 PowerPoint 演示文稿基本操作的说法中不正确的是（   ）。
   A. 按"Ctrl+N"组合键可以新建带模板内容的演示文稿
   B. 按"Ctrl+S"组合键可以保存演示文稿
   C. 按"Alt+F4"组合键可以关闭演示文稿
   D. 按"Ctrl+O"组合键可以打开演示文稿

3. 若想统一设置幻灯片及其中对象的内容和格式，则应该选择的母版视图是（   ）。
   A. 讲义母版   B. 备注母版
   C. 幻灯片母版   D. 以上各选项都可以

4. 下列选项中，不属于幻灯片对象布局原则的是（   ）。
   A. 画面平衡   B. 布局简单   C. 统一协调   D. 内容全面

5. 下列选项中，不能在 PowerPoint 中设置填充颜色的对象是（   ）。
   A. 艺术字   B. 形状   C. 图片   D. 文本框

6. 下列选项中，不属于 PowerPoint 动画基本设置原则的是（   ）。
   A. 动画是演示文稿必需的要素   B. 动画要秉承统一、自然、适当的理念
   C. 动画是为内容服务的   D. 动画需要有新意

7. 为幻灯片中的对象添加了动画效果后，下列操作无法实现的是（   ）。
   A. 更改动画效果   B. 设置动画开始时间
   C. 任意指定动画播放次数   D. 调整动画放映时的显示时间

8. 为幻灯片中的对象添加了动画效果后，下列操作无法实现的是（   ）。
   A. 演讲者放映（全屏）   B. 在展台浏览（全屏）
   C. 观众自行浏览（窗口）   D. 以上选项均无法实现

三、操作题

1. 按照下列要求制作一个"公司简介.pptx"演示文稿，并将其保存在桌面上，其参考效果（部分）如图 3-279 所示。

（1）以"未来展望"为模板新建一个 PowerPoint 演示文稿，将其保存为"公司简介.pptx"，删除第2张幻灯片，并在标题幻灯片中输入标题和副标题。

（2）按6次"Enter"键新建6张幻灯片，将最后一张幻灯片的版式更改为"标题幻灯片"，并在标题占位符中输入文本"谢谢大家"，删除副标题占位符。

（3）依次在第2张、第4张、第5张、第6张幻灯片中输入相应的文本内容。其中，第5张幻灯片的版式需调整为"两栏内容"，在其右侧插入一个4行3列的表格，对表格应用"效果"/"阴影"/"外部/向下偏移"效果，将表格文本的字号设置为"14"。

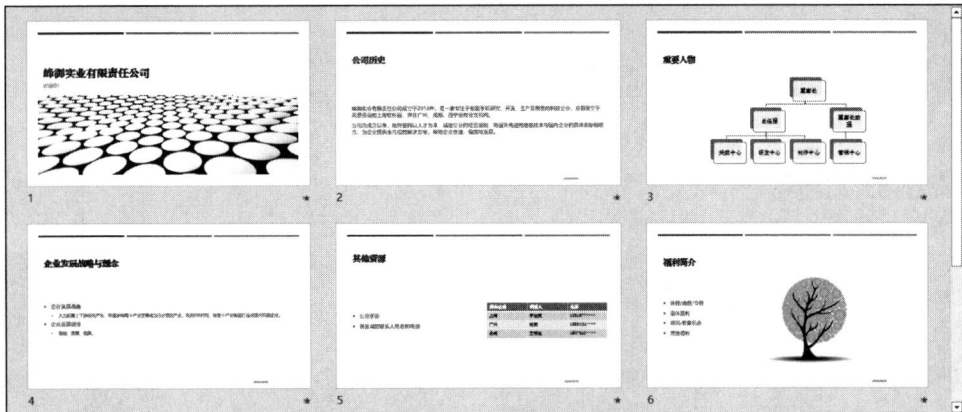

图 3-279 "公司简介"演示文稿的参考效果（部分）

（4）在第 3 张幻灯片中插入"层次结构"样式的 SmartArt 形状，并输入相应的文本内容。

（5）在第 6 张幻灯片中插入"福利.jpg"图片（配套资源：素材\模块三\福利.jpg），并调整其大小和位置。

（6）为所有幻灯片应用"推入"切换效果，按"F5"键放映制作好的幻灯片，查看播放效果（配套资源：效果\模块三\公司简介.pptx）。

2. 打开"调查报告.pptx"演示文稿（配套资源：素材\模块三\调查报告.pptx），按照下列要求对演示文稿进行编辑，其参考效果（部分）如图 3-280 所示。

图 3-280 "调查报告"演示文稿的参考效果（部分）

（1）为第 2 张幻灯片中的 SmartArt 图形对象添加超链接。

（2）为幻灯片添加统一的"分割"切换效果，并将切换效果的持续时间调整为"02.00"。

（3）为各张幻灯片的标题对象添加"进入"/"浮入"动画效果，并设置动画效果的浮入方向为"下浮"，开始时间为"与上一动画同时"。

（4）为第 1 张幻灯片中的副标题占位符添加"进入"/"淡化""上一动画之后"动画效果。

（5）为第 2 张幻灯片中的 SmartArt 对象添加"进入"/"翻转式由远及近""逐个""上一动画之后"动画效果。

（6）为第 3 张、第 5 张、第 6 张幻灯片中的文本占位符添加"进入"/"形状""按段落""上一动画之后"动画效果。

（7）为第 4 张幻灯片中的图片对象添加"进入"/"轮子""单击时"动画效果。

（8）对幻灯片进行打包操作，并使用播放器播放打包后的效果（配套资源：效果\模块三\调查报告.pptx）。

模块四

信息检索

04

　　信息是一种重要的资源和资本，也是智慧的源泉。那么，面对互联网中蕴藏的大量信息，用户该如何快速查找和有序整理呢？此时，信息检索技术应运而生。学会信息检索后，用户不仅会使用搜索引擎，还能从互联网中快速获取有效信息，并提升自身辨别信息真伪的能力。由此可见，信息检索是信息时代每个人的必备能力。本模块将从基础概念出发，并结合实际操作介绍如何精准、快捷地从互联网中获取所需的信息资源，包括认识信息检索、使用搜索引擎、检索各类专门信息等。

课堂学习目标

- **知识目标**：了解信息检索的发展历程，掌握使用搜索引擎进行信息检索的操作，并能够检索出专业平台中的相关信息。

- **技能目标**：能够在互联网中快速检索出自己所需的信息。

- **素质目标**：具备钻研精神，培养严谨的科学态度和实事求是的工作作风。

任务一　认识信息检索

任务描述

　　当今社会是一个高度信息化的社会，人们每天各项活动的顺利开展，如工作、学习、生活等都离不开大量信息的支持。由此可见，学会信息检索是保证各项活动顺利开展的重要前提。但在学习信息检索之前，要先了解信息检索的基础知识，包括信息检索的概念、分类、发展历程等。

技术分析

（一）信息检索的概念

　　"信息检索"一词出现于 20 世纪 50 年代，它是指将信息按照一定的方式组织和存储起来，并根据用户的需要找出相关信息的过程。

- 狭义的信息检索。在互联网中，用户经常会通过搜索引擎搜索各种信息，像这种从一定的信息集合中找出所需要的信息的过程，就是狭义的信息检索，也就是人们常说的信息查询（Information Search 或 Information Seek）。

- 广义的信息检索。广义的信息检索包括信息存储和信息获取两个过程。信息存储是指通过对大量无序信息进行选择、收集、著录、标引后，组建成各种信息检索工具或系统，使无序信息转换为

　　有序信息集合的过程。信息获取则是根据用户特定的需求，运用已组织好的信息检索系统将特定的信息查找出来的过程。

（二）信息检索的分类

信息检索的划分方式有多种，通常会按检索对象、检索手段、检索途径3种方式来划分，如图4-1所示。

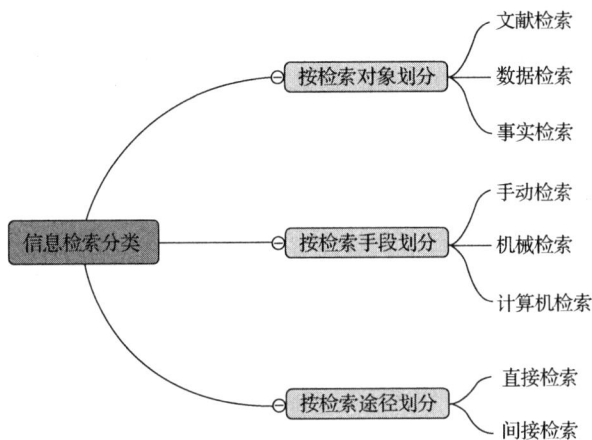

图4-1　信息检索的分类

1. 按检索对象划分

根据检索对象的不同，信息检索可以分为以下3种类型。

- 文献检索（Document Retrieval）。文献检索以特定的文献为检索对象，包括全文、文摘、题录等。文献检索是一种相关性检索，它不会直接给出用户所提出问题的答案，只会提供相关的文献以供参考。
- 数据检索（Data Retrieval）。数据检索以特定的数据为检索对象，包括统计数字、工程数据、图表、计算公式等。数据检索是一种确定性检索，它能够返回确切的数据，直接回答用户提出的问题。
- 事实检索（Fact Retrieval）。事实检索以特定的事实为检索对象，如有关某一事件的发生时间与地点、人物和过程等。事实检索也是一种确定性检索，一般能够直接提供给用户所需的且确定的事实。

2. 按检索手段划分

根据检索手段的不同，信息检索可以分为以下3种类型。

- 手动检索。手动检索是一种传统的检索方法，它是利用工具书，包括图书、期刊、目录卡片等，进行信息检索的一种手段。手动检索不需要特殊的设备，用户根据要检索的对象，利用相关的检索工具就可以进行检索。手动检索的缺点是既费时又费力，尤其是在进行专题检索时，用户要翻阅大量工具书和使用大量的检索工具进行反复查询。此外，手动检索很容易造成误检和漏检。
- 机械检索。机械检索是指利用计算机检索数据库的过程，其优点是速度快，缺点是回溯性不好，且有时间限制。
- 计算机检索。计算机检索是指在计算机或者计算机检索网络终端上，使用特定的检索策略、检索指令、检索词，从计算机检索系统的数据库中检索出所需信息后，再由终端设备显示、下载和打印相应信息的过程。计算机检索具有检索方便快捷、获得信息类型多、检索范围广泛等特点。

3. 按检索途径划分

根据检索途径的不同，信息检索可以分为以下两种类型。

- 直接检索。直接检索是指用户通过直接阅读，浏览一次或三次文献，从而获得所需资料的过程。
- 间接检索。间接检索是指用户利用二次文献或借助检索工具查找所需资料的过程。

（三）信息检索的发展历程

信息检索源于图书馆的参考咨询和文摘索引工作，但随着 1946 年世界上第一台通用计算机的问世，计算机技术逐步走进信息检索领域，并逐渐在教育、军事和商业等各个领域得到了广泛应用。计算机技术的发展改变了人类的生活，同时促进了信息检索技术的发展。信息检索主要经历了手动检索和计算机检索两大阶段。

1. 手动检索阶段

手动检索阶段是指通过印刷型的检索工具来进行检索的阶段。这一阶段主要存在书本式和卡片式两种检索工具。

- 书本式检索工具。书本式检索工具是以图书、期刊、附录等形式出版的各种检索工具书，如各种目录、索引、百科全书、年鉴等。
- 卡片式检索工具。卡片式检索工具就是可以帮助检索的各类卡片，如图书馆的各种卡片目录等。

2. 计算机检索阶段

随着社会的进步和不断发展，各种信息呈爆炸式增长，手动检索已经无法满足日益增长的信息检索需求；同时，计算机技术、网络技术及数据传输技术也在飞速发展，为计算机检索提供了技术保障，信息检索从此迈入了计算机检索阶段。计算机检索经历了脱机批处理阶段、联机检索阶段、光盘检索阶段和互联网检索阶段等 4 个阶段。

- 脱机批处理阶段。在这个阶段，计算机还没有连接网络，也没有远程终端，主要利用计算机对各种期刊中的文献进行检索。检索方式是脱机批处理，即用户不直接接触计算机，而是向计算机操作人员提出具体问题和要求，由计算机操作人员对问题进行分析后编写相应的检索方式程序，并定期对新到的文献进行批量检索，最后将检索结果返回给用户。
- 联机检索阶段。在这个阶段，计算机的软/硬件、数据库管理技术和网络通信技术都有所发展。这些技术的发展推动计算机检索进入联机检索阶段。在这个阶段中，用户可以直接进行检索操作，即使是多个用户，也可以同时进行远程实时检索。
- 光盘检索阶段。在这个阶段，光盘在信息检索中得到了广泛的应用，大量的以光盘为载体的数据库和电子出版物不断涌现。同时，为了满足多用户同时检索的需求，光盘检索系统还发展出了复合式光盘驱动器、自动换盘机及光盘网络等技术，从而实现了对同一个数据库的多张光盘同时进行检索的功能。
- 互联网检索阶段。在这个阶段，互联网中集成了多种信息检索方式。其中主要有两大类，一类是搜索引擎，可以从海量的网页中自动收集信息，以供用户进行检索，这是目前互联网检索的核心和主要方式；另一类是传统的联机检索企业提供的互联网检索服务，联机检索企业将自己的数据库安装到互联网的服务器中，使其成为互联网的组成部分，由此将自己的服务范围从原来的有限范围扩展到全世界。这些企业提供的信息通常是某个领域的专业信息，且往往只能检索该企业的数据库或该企业的合作企业的数据库中的信息。

> **提示** 互联网检索系统的实现，使人们在很短的时间内就可以查询到世界各国的信息与资料。另外，读者通过对信息检索的学习，还可以逐步培养个人的信息素养，提高生活、工作、学习效率。与此同时，读者在进行信息检索的过程中要准确鉴别信息的真伪，使自己在信息过量的环境中保持清醒，不被虚假信息蒙蔽，从而积极发挥信息检索的正向作用。

（四）信息检索的流程

信息检索是用户获取知识的一种快捷方式，一般来说，信息检索的流程包括分析问题、选择检索工具、确定检索词、构建检索提问式、调整检索策略、输出检索结果。

- 分析问题。分析要检索内容的特点和类型（如文献类型、出版类型等），以及所涉及的学科范围、主题要求等。
- 选择检索工具。根据检索要求得到的信息类型、时间范围、检索经费等因素，经过综合考虑后，选择合适的检索工具。正确选择检索工具是保证检索成功的基础。
- 确定检索词。检索词是计算机检索系统中进行信息匹配的基本单元。检索词会直接影响最终的检索结果。常用的确定检索词的方法有选用专业术语、选用同义词与相关词等。
- 构建检索提问式。检索提问式是在计算机信息检索中用来表达用户检索提问的逻辑表达式，由检索词和各种布尔逻辑运算符、截词符、位置算符组成。检索提问式将直接影响信息检索的查全率和查准率。

> **提示** 截词符是用于截断一个检索词的符号，它是一种预防漏检、提高查全率的检索符号。不同的检索系统使用的截词符有所不同，通常有"*""?""#""$"这几种截词符。位置算符是用来规定符号两边的词出现在文献中的位置的逻辑运算符，它主要用于表示词与词之间的相互关系和前后次序，常见的位置算符有 W 算符、N 算符、S 算符等。

- 调整检索策略。检索时，用户要及时分析检索结果，若发现检索结果与检索要求不一致，则要根据检索结果对检索提问式进行相应的修改和调整，直至得到满意的检索结果为止。
- 输出检索结果。根据检索系统提供的检索结果输出格式，用户可以选择需要的记录及相应的字段，将检索结果存储到磁盘中或直接打印输出。至此，完成整个检索过程。

任务实现

大家在互联网中进行过信息检索操作吗？检索过哪些类型的数据？使用的是什么检索工具呢？请将具体内容填入表 4-1 中。

表 4-1　检索对象与工具整理

检索对象	检索工具
概念、术语	使用"百度百科"或"MBA 智库"等工具进行检索
书籍	
热点视频	
时事新闻	
音乐	
网络课程	
……	

任务二　搜索引擎的使用

任务描述

搜索引擎是信息检索技术的实际应用。通过搜索引擎，用户可以从海量信息中获取有用的信息。如今，信息的获取更加方便，与此同时，用户对信息的辨识能力也要加强。例如，我们要学会从传统文化中检索出有意义、有价值的信息，将"仁义礼智信"这种传统文化融入日常的生活和学习中，以此来提升个人的道德素养，树立正确的世界观、人生观和价值观。下面通过搜索引擎进行信息检索，使读者学会使用搜索引擎检索信息的相关操作。

技术分析

（一）搜索引擎的类型

搜索引擎是一个根据一定的策略、运用特定的计算机程序从互联网中采集信息，并对信息进行组织和处理后，为用户提供检索服务的系统。使用搜索引擎是目前进行信息检索的常用方式。随着搜索引擎技术的不断发展，其种类也越来越多，主要包括全文搜索引擎、目录索引、元搜索引擎等。

1. 全文搜索引擎

全文搜索引擎（Full Text Search Engine）是目前广泛应用的搜索引擎，国外比较有代表性的全文搜索引擎就是谷歌，国内则是百度和360搜索。这些全文搜索引擎从互联网中提取各个网站的信息（以网页文字为主），并建立起数据库，用户在使用它们进行检索时，在数据库中检索出与用户查询条件相匹配的记录，并按一定的排列顺序将结果返回给用户。

根据搜索结果来源的不同，全文搜索引擎又可以分为两类：一类是拥有自己的蜘蛛程序的搜索引擎，它能够建立自己的网页、数据库，也能够直接从其数据库中调用搜索结果，如Bing、百度和360搜索；另一类则是租用其他搜索引擎的数据库，并按照自己的规则和格式来排列和显示搜索结果的搜索引擎，如Lycos等。

2. 目录索引

目录索引（Search Index/Directory）也称为分类检索，是互联网中最早提供的网站资源查询服务之一。目录索引主要通过搜集和整理互联网中的资源，根据搜索到的网页内容，将其网址分配到相关分类主题目录不同层次的类目之下，形成像图书馆目录一样的分类树形结构。

用户在目录索引中查找网站时，可以使用关键词进行查询，也可以按照相关目录逐级查询。但需要注意的是，使用目录索引进行检索时，只能按照网站的名称、网址、简介等内容进行查询，所以目录索引的查询结果只是网站的统一资源定位符（Uniform Resource Locator，URL），而不是具体的网站页面。国内的搜狐目录、hao123，以及国外的DMOZ等都是目录索引。

3. 元搜索引擎

元搜索引擎（Meta Search Engine）在接收用户的查询请求后会同时在多个搜索引擎上进行搜索，并将结果返回给用户。著名的元搜索引擎有InfoSpace、Dogpile、Vivisimo等。在搜索结果排列方面，有的元搜索引擎直接按来源排列搜索结果，如Dogpile；有的元搜索引擎则按自定的规则对结果重新进行排列组合，如Vivisimo。

（二）常见搜索引擎推荐

目前，国内的搜索引擎主要有百度、360搜索、搜狗搜索等，国外的搜索引擎主要有Bing等。

1. 百度

2000年1月，百度创立于北京中关村，致力于向人们提供"简单、可依赖"的信息获取方式。"百度"二字源于我国宋朝词人辛弃疾的《青玉案·元夕》中的"众里寻他千百度"，象征着百度公司对中文信息检索技术的执着追求，其搜索界面如图4-2所示。

百度的服务器分布在全国各地，能直接从最近的服务器上把搜索信息返回给当地用户，使用户享受到极快的搜索传输速度。百度每天可处理来自100多个国家多达数亿次的搜索请求，每天都有超过7万个用户将其设为首页，用户可以通过百度搜索到世界各地的新兴、全面的中文信息。

图 4-2　百度的搜索界面

2. 360 搜索

360 搜索属于全文搜索引擎，是目前广泛应用的主流搜索引擎之一，其搜索界面如图 4-3 所示。其包含新闻、影视等搜索类别，旨在为用户提供安全、真实的搜索服务。

目前，360 搜索已建立由数百名工程师组成的核心搜索技术团队，拥有上万台服务器与庞大的蜘蛛爬虫系统，并且每日抓取网页高达 10 亿个，收录的优质网页达数百亿个，其网页搜索速度和质量都处于行业领先地位。

图 4-3　360 搜索的搜索界面

3. 搜狗搜索

搜狗搜索是国内领先的中文搜索引擎之一，其搜索界面如图 4-4 所示。搜狗搜索致力于中文互联网信息的深度挖掘，以帮助我国上亿互联网用户更加快速地获取信息，并为用户创造价值。

图 4-4　搜狗搜索的搜索界面

在搜狗搜索中，音乐搜索具有小于 2% 的死链率，图片搜索具有独特的组图浏览功能，新闻搜索具有能够及时反映互联网热点事件的"看热闹"功能，地图搜索具有全国无缝漫游的功能。这些功能极大地满足了用户的日常需求，使用户可以更加便利地畅游在互联网中。

4. Bing

Bing（必应）是 Microsoft 公司于 2009 年推出的搜索引擎，它集成了搜索首页图片设计，崭新的搜索结果导航模式，创新的分类搜索和相关搜索用户体验模式，视频搜索结果无须单击便可直接预览播放，图片搜索结果无须翻页等功能。其搜索界面如图 4-5 所示。

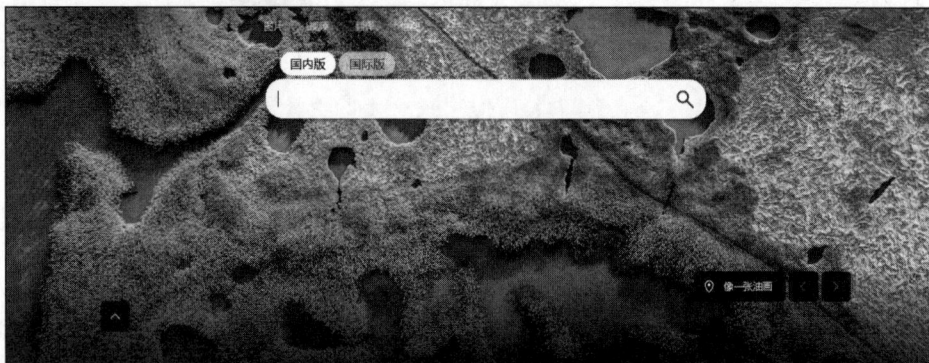

图 4-5　Bing 的搜索界面

任务实现

（一）使用搜索引擎进行基本查询操作

搜索引擎的基本查询方法是直接在搜索框中输入搜索关键词进行查询。下面在百度中搜索最近一个月内发布的包含"云计算"关键词的 Word 文档，其具体操作如下。

（1）启动浏览器，在其地址栏中输入百度的网址后，按"Enter"键进入百度首页，在中间的搜索框中输入要查询的关键词"云计算"，按"Enter"键或单击 百度一下 按钮。

（2）打开搜索结果页面，单击搜索框下方的"搜索工具"按钮 ，如图 4-6 所示。

图 4-6　单击"搜索工具"按钮

（3）打开搜索工具，单击 站点内检索 ⌄ 按钮，在打开的搜索文本框中输入百度的网址，即选择检索数据库，单击 确认 按钮，返回百度网站中的搜索结果页面，如图 4-7 所示。

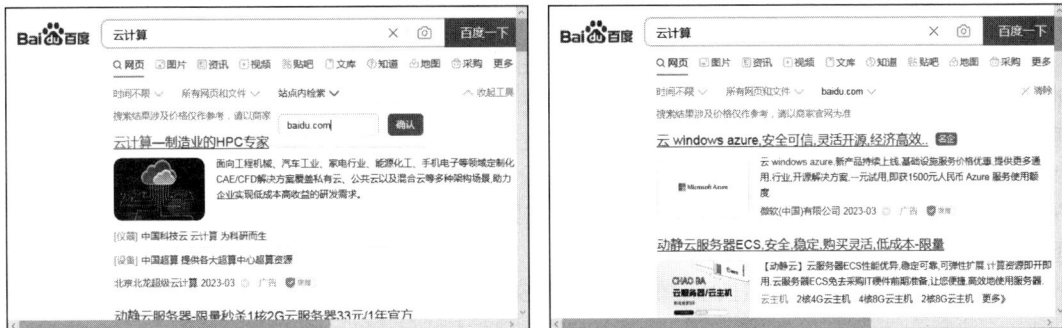

图4-7 选择检索数据库

（4）在搜索工具中单击 所有网页和文件∨ 按钮，在弹出的下拉列表中选择"Word(.doc)"选项，搜索结果页面中将只显示搜索到的 Word 文件，如图4-8所示。

图4-8 选择检索文件的类型

（5）在搜索工具中单击 时间不限∨ 按钮，在弹出的下拉列表中选择"一月内"选项。最终搜索结果为百度网站中最近一个月内发布的包含"云计算"关键词的所有 Word 文档，如图4-9所示。

图4-9 选择检索时间

（二）搜索引擎的高级查询功能

使用搜索引擎的高级查询功能可以在搜索时实现包含完整关键词、包含任意关键词和不包含某些关键词等查询。下面使用百度的高级查询功能进行搜索，其具体操作如下。

（1）打开百度首页，将鼠标指针移至右上角的"设置"超链接上，在弹出的下拉

微课

搜索引擎的高级
查询功能

195

列表中选择"高级搜索"选项。

（2）打开"高级搜索"界面，在"包含全部关键词"文本框中输入"贵阳 云南"，要求查询结果页面中要同时包含"贵阳"和"云南"两个关键词；在"包含完整关键词"文本框中输入"手机专卖店"，要求查询结果页面中要包含"手机专卖店"这个完整关键词，即关键词不会被拆分；在"包含任意关键词"文本框中输入"华为 小米"，要求查询结果页面中包含"华为"或者"小米"关键词；在"不包括关键词"文本框中输入"三星 苹果"，要求查询结果页面中不包含"三星"和"苹果"关键词，如图 4-10 所示。

（3）单击 高级搜索 按钮完成搜索，信息检索结果如图 4-11 所示。

图 4-10　设置搜索参数

图 4-11　信息检索结果

（三）使用搜索引擎指令

使用搜索引擎指令可以实现较多功能，如查询某个网站被搜索引擎收录的页面数量、查找 URL 中包含指定文本的页面数量、查找网页标题中包含指定关键词的页面数量等，下面分别进行介绍。

1. site 指令

使用 site 指令可以查询某个域名被该搜索引擎收录的页面数量，其格式如下。

"site"+半角冒号"："+网站域名

下面使用 site 指令在百度中查询"人民邮电出版社"网站的收录情况，其具体操作如下。

（1）在百度首页中间的搜索框中输入"site:ptpress.com.cn"文本，单击 百度一下 按钮得到查询结果，在其中可以看到该网站共有 49100 个页面被收录，如图 4-12 所示。

图 4-12　site 指令（不包含"www"）的查询结果

（2）删除搜索框中的文本，重新输入"site:www.ptpress.com.cn"文本，单击 百度一下 按钮得到查询结果，可以看到50900个页面被收录，如图4-13所示。

图4-13　site指令（包含"www"）的查询结果

2. inurl 指令

使用inurl指令可以查询URL中包含指定文本的页面数量，其格式如下。

"inurl"+半角冒号":"+指定文本

"inurl"+半角冒号":"+指定文本+空格+关键词

下面在百度中查询所有URL中包含"sports"文本的页面，以及URL中包含"sports"文本，同时页面的关键词为"搜狐"的页面，其具体操作如下。

（1）在百度首页中间的搜索框中输入"inurl:sports"文本后，按"Enter"键得到查询结果，可以看到每个页面的网址中都包含"sports"文本，如图4-14所示。

（2）删除搜索框中的文本，重新输入"inurl:sports 搜狐"文本，按"Enter"键得到查询结果，可以看到每个页面的网址中都包含"sports"文本，且页面内容中包含"搜狐"关键词，如图4-15所示。

图4-14　输入"inurl:sports"的查询结果

图4-15　输入"inurl:sports 搜狐"的查询结果

微课

inurl 指令

3. intitle 指令

使用intitle指令可以查询在页面标题（title标签）中包含指定关键词的页面数量，其格式如下。

"intitle"+半角冒号":"+关键词

下面在百度中查询标题中包含"数据可视化"关键词的所有页面，其具体操作如下。

（1）在百度首页中间的搜索框中输入"intitle:数据可视化"文本。

（2）按"Enter"键或单击 百度一下 按钮得到查询结果，可以看到每个页面的标题中都包含"数据可视化"关键词，如图4-16所示。

微课

intitle 指令

图 4-16 输入"intitle:数据可视化"的查询结果

> **提示** 使用引擎指令进行检索实质上就是一种限制检索方法。限制检索是一种通过限制检索范围，达到优化检索结果目的的方法。限制检索的方式有多种，包括使用限制符、采用限制检索命令、进行字段检索等。例如，属于主题字段限制的有 Title、Subject、Keywords 等；属于非主题字段限制的有 Image、Text 等。

能力拓展

当用户需要搜索或识别一张图片时，可以使用搜索引擎的图片搜索功能，找到与上传图片相关的信息、相似的图片或者获得更多关于该图片的其他内容。以百度搜索为例，图片识别的具体操作如下。

（1）打开百度首页，在中间的搜索框中单击"按图片搜索"按钮，再单击 选择文件 按钮，打开"打开"对话框，在其中选择需要识别的图片后，单击 打开(O) 按钮，如图 4-17 所示。

（2）打开百度识图搜索结果页面，其中将显示图片的来源和所有与之相似的图片，如图 4-18 所示。单击任意一张图片后，将在打开的页面中查看该图片的具体内容。

图 4-17 选择需要识别的图片

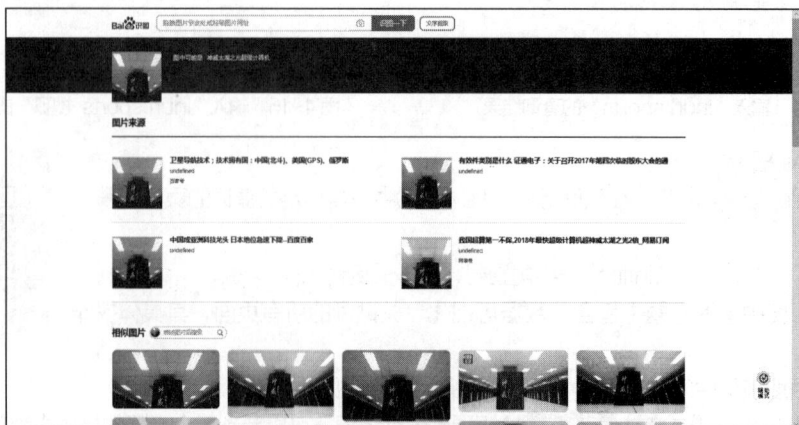

图 4-18 百度识图搜索结果页面

需要注意的是，使用其他搜索引擎搜索图片时，需要先进入搜索页面，选择"图片"选项，再执行上述操作，完成搜索。

任务三　专用平台的信息检索

任务描述

用户在互联网中除了可以利用搜索引擎检索网站中的信息外，还可以通过各种专业的网站来检索各类专业信息。本任务将使用专业平台进行信息检索操作，其中主要涉及学术信息检索、专利信息检索、期刊信息检索、商标信息检索、学位论文检索、社交媒体检索等内容。

任务实现

（一）学术信息检索

互联网中有很多用于检索学术信息的网站，在其中可以检索各种学术论文。在国内，这类网站主要有百度学术、万方数据知识服务平台（以下简称"万方数据"）等，在国外有谷歌学术、CiteSeer 等。下面在百度学术中检索有关"信息检索"的学术信息，其具体操作如下。

（1）打开"百度学术"网站首页，在首页的搜索框中输入要检索的关键词"边缘计算"，单击 百度一下 按钮。

（2）在打开的页面中可以看到检索结果，同时，在每条结果中还可以看到论文的标题、简介、作者、被引量、来源等信息，如图 4-19 所示。

图 4-19　查看在百度学术中检索到的信息

（3）单击要查看的某个论文的标题，在打开的页面中可以查看论文详细信息，如图 4-20 所示。

图 4-20　查看论文详细信息

（4）如果需要在自己的作品中引用该论文的内容，则可以单击页面中的 引用 按钮，在打开的"引用"对话框中将生成几种标准的引用格式，根据需要进行复制即可，如图 4-21 所示。

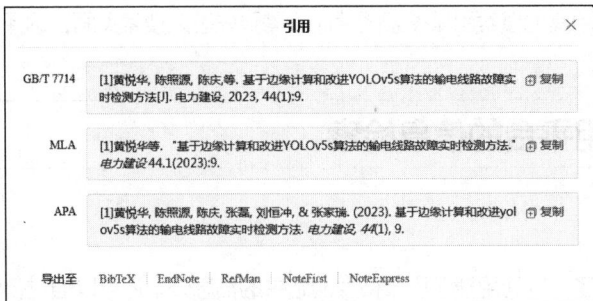

图 4-21 "引用"对话框

（二）专利信息检索

专利即专有的权利和利益。为了避免侵权及对本身拥有的专利进行保护，企业需要经常对专利信息进行检索。用户可以在世界知识产权组织（World Intellectual Property Organization，WIPO）的官网、各个国家的知识产权机构的官网（如我国的国家知识产权局官网、中国专利信息网等）及各种提供专利信息的商业网站（如万方数据等）中进行专利信息检索。

下面在万方数据中搜索有关"面部识别系统"的专利信息，其具体操作如下。

（1）进入万方数据首页，单击网页上方的"专利"超链接，在中间的搜索框中输入关键词"面部识别系统"，单击 🔍 检索 按钮，如图 4-22 所示。

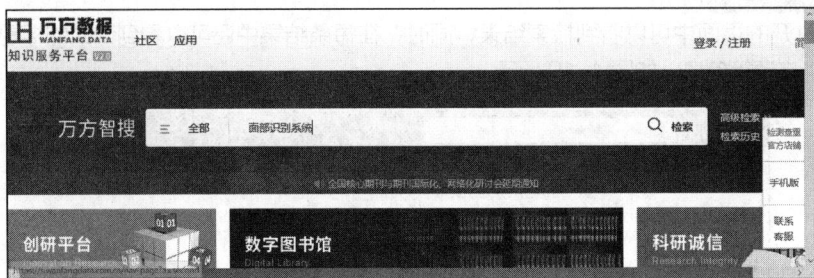

图 4-22 输入关键字"面部识别系统"后进行专利信息检索

（2）在打开的页面中可以看到检索结果，包括每条专利的名称、专利人、摘要等信息，如图 4-23 所示。单击专利名称，在打开的页面中可以看到更详细的内容。如果需要查看该专利的完整内容，则可以单击 在线阅读 按钮、 下载 按钮（需要注册和登录）。

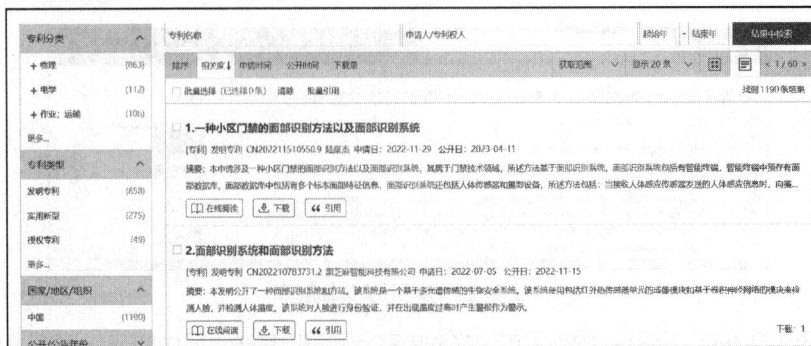

图 4-23 检索结果

（三）期刊信息检索

期刊是指定期出版的刊物，包括周刊、旬刊、半月刊、月刊、季刊、半年刊、年刊等。国内统一连续出版物号的英文全称为 CN Serial Numbering，它是我国新闻出版行政部门分配给连续出版物的代号；我国大部分期刊都有国际标准连续出版物号（International Standard Serial Number，ISSN）。

下面在国家科技图书文献中心网站中，检索有关"中国国家地理"的期刊，其具体操作如下。

（1）打开"国家科技图书文献中心"网站首页，取消选中"会议""学位论文"两个复选框，在"文献检索"搜索框中输入关键词"中国国家地理"，单击 检索 按钮，如图 4-24 所示。

图 4-24　输入关键词并单击"检索"按钮

> **提示**　如果用户知道要检索期刊的 ISSN，则可进行精确检索。其方法如下：在"国家科技图书文献中心"网站首页中单击"高级检索"超链接，进入"高级检索"页面，取消选中"会议""学位论文"复选框，在"检索条件"的第一个下拉列表中选择"ISSN"选项，并在其右侧的文本框中输入"1009-6337"，如图 4-25 所示，单击 检索 按钮进行精确检索。
>
>
>
> 图 4-25　使用 ISSN 进行精确检索

（2）在打开的页面中可以看到查询结果，但其中有些内容是不属于"中国国家地理"期刊的。此时，单击网页左侧"期刊"选项组中的"中国国家地理"超链接，进行限定条件搜索，在"排序"下拉列表选择 时间排序 选项，稍后便可检索到最近的只包含"中国国家地理"的期刊内容，如图 4-26 所示。

图 4-26　限定条件搜索

（四）商标信息检索

商标是用来区分一个经营者和其他经营者的品牌或服务的不同之处的。为了保护自己的商标，企业需要经常检索商标信息。与专利信息一样，用户可以在世界知识产权组织的官网、各个国家的商标管理机构的网站及各种提供商标信息的商业网站中进行商标信息检索。

下面在中国商标网中查询与"清风"类似的商标，其具体操作如下。

（1）打开"中国商标网"网站首页，单击网页中间的"商标网上查询"超链接，如图4-27所示。

图4-27 单击"商标网上查询"超链接

（2）进入商标查询页面，单击 我接受 按钮后，打开"商标网上查询"页面，单击页面左侧的"商标近似查询"按钮，如图4-28所示。

图4-28 单击"商标近似查询"按钮

（3）打开"商标近似查询"页面，在"自动查询"选项卡中设置要查询商标的"国际分类""查询方式""商标名称"信息，单击 查询 按钮，如图4-29所示。

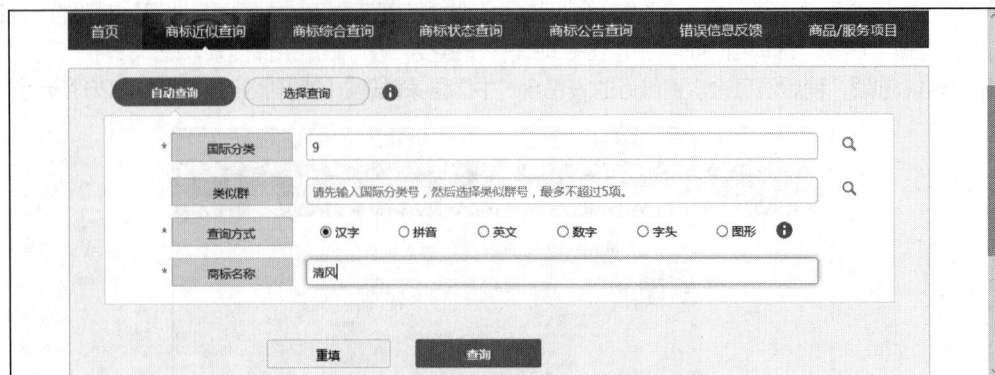

图4-29 设置"自动查询"信息

（4）在打开的页面中可以看到查询结果，包括每个商标的"申请/注册号""申请日期""商标名称""申请人名称"等信息，如图 4-30 所示。单击商标名称可在打开的页面中看到该商标的详细内容。

图 4-30　查询结果

提示　在"自动查询"选项卡中，用户要设置"国际分类""查询方式""商标名称"3 项信息，且系统采用默认算法并在算法规则前做标记；在"选择查询"选项卡中，用户除了要设置上述 3 项信息外，还需要设置"查询类型"，在该选项卡中，系统按用户选中的算法规则进行检索。

（五）学位论文检索

学位论文是作者为了获得相应的学位而撰写的论文，其中硕士论文和博士论文非常有价值。因为学位论文不像图书和期刊那样会公开出版，所以学位论文信息的检索和获取较为困难。在国内，检索学位论文的平台主要有中国高等教育文献保障系统（China Academic Library & Information System，CALIS）的学位论文数据库、万方中国学位论文全文数据库、中国知网数据库等。在国外，检索学术论文的平台主要有 PQDD（ProQuest Digital Dissertation）、NDLTD（Networked Digital Library of Theses and Dissertations）等。

下面在中国知网中检索有关"工业互联网"的学位论文，其具体操作如下。

（1）进入中国知网首页，在搜索框中输入关键词"工业互联网"，单击"搜索"按钮 **Q**，如图 4-31 所示。

图 4-31　输入关键词后单击"搜索"按钮

（2）在打开的页面中可以看到查询结果，每篇学术论文均包括"题名""作者""来源""发表时间""数据库"等信息，如图4-32所示。单击"相关度"超链接或"发表时间"超链接，使查询结果根据相关度或发表时间的先后进行排列，单击论文名称便可在打开的页面中看到该论文的详细内容。

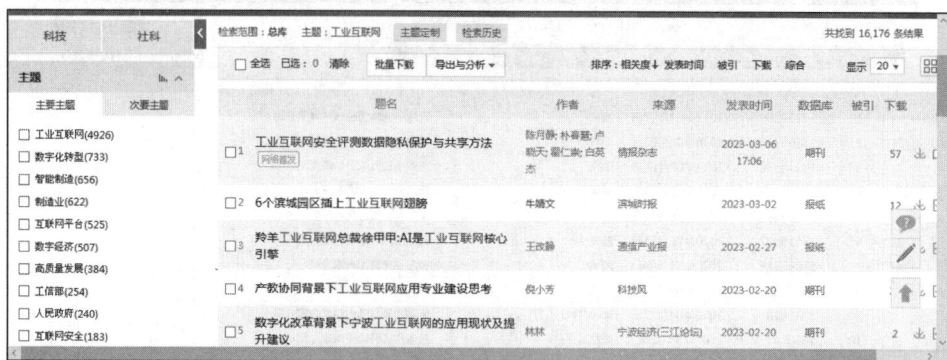

图4-32　检索结果

（六）社交媒体检索

社交媒体（Social Media）是指互联网中基于用户关系的内容生产与交换平台，其传播的信息已成为人们浏览互联网的重要内容。通过社交媒体，人们彼此之间可以分享意见、见解、经验等，甚至可能制造社交生活中争相讨论的一个又一个热门话题。现在，我国主流的社交媒体有抖音、哔哩哔哩、微信等。

微课
社交媒体检索

下面在抖音平台中检索有关"时间管理"的内容，其具体操作如下。

（1）在智能手机中下载抖音App，在手机桌面上找到抖音App并点击，打开抖音操作界面后，点击右上角的"搜索"按钮。

（2）打开搜索界面，在上方的搜索框中输入关键词"时间管理"，此时，搜索框下方将自动显示与之相关的词条，这里选择第一个选项，如图4-33所示。

（3）打开搜索结果界面，其中显示了与"时间管理"相关的所有内容，包括"演讲""课程""表格""专家"等，点击"课程"按钮，如图4-34所示。

图4-33　输入关键词

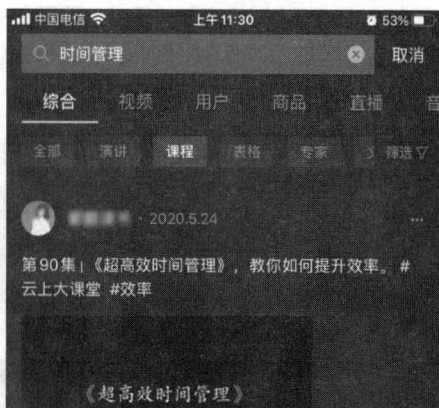

图4-34　点击"课程"按钮

（4）继续在搜索结果界面中点击右上角的 筛选▽ 按钮，在打开的列表中点击 一周内 按钮，此时，系统将会自动播放满足筛选条件的视频，如图4-35所示。

图4-35　搜索结果

能力拓展

（一）截词检索

　　截词检索是指在检索词的合适位置进行截断，然后使用截词符进行处理，这样既可节省输入的字符数目，又可达到较高的查全率。截词检索的方式有多种，包括有限截词、无限截词和中间截词。有限截词主要用于检索词的单、复数，动词的词尾变化等；无限截词是指截去某个词的尾部，使词的前半部分一致；中间截词仅适用于有限截词，主要用于检索英、美拼写不同的单词和单、复数拼写不同的单词。

　　下面使用中间截词检索方式和无限截词检索方式在百度学术中检索不同的单词"colour"与"color"在网页中的记录情况，其具体操作如下。

　　（1）打开百度学术首页，在中间的搜索框中输入"colo?r"文本后，单击 百度一下 按钮得到查询结果，在网页中可以查看使用中间截词检索方式得到的查询结果，如图4-36所示。

　　（2）删除搜索框中的文本内容，重新输入"color?"文本，单击 百度一下 按钮，在网页中可以查看使用无限截词检索方式得到的查询结果，如图4-37所示。

图4-36　中间截词的查询结果

图4-37　无限截词的查询结果

（二）位置检索

　　位置检索用一些特定位置算符（如"W""N""S"等）来表达检索词之间的邻近关系，它是一种可以不依赖主题词表而直接使用自由词进行检索的技术方法。位置检索中位置算符的含义如下。

- "W"算符。它两侧的检索词必须紧密相连，空格和标点符号除外，且两词的顺序不得颠倒，两词之间不得插入其他词或字母。例如，当检索式为"Merry (W)Christmas"时，系统只检索含有"Merry Christmas"词组的记录。

- "N"算符。它两侧的检索词必须紧密相连，空格和标点符号除外，且两词之间不得插入其他词或字母，但两词的顺序可以颠倒。

- "S"算符。它两侧的检索词只要出现在记录的同一个子字段内，则此信息符合检索条件。例如，当检索式为"high(W)Christmas(S)tree"时，表示只要在一个句子中含有"high Christmas"或"tree"的就符合检索条件。

下面使用位置检索方式在百度学术网站中查询新一代信息技术名词"人工智能"的英文"Artificial Intelligence"在网页中的记录情况，其具体操作如下。

（1）打开百度学术首页，在中间的搜索框中输入"Artificial(W)Intelligence"文本后，单击 百度一下 按钮得到查询结果，在网页中可以查看使用"W"位置算符得到的查询结果，如图4-38所示。

（2）删除搜索框中的文本，重新输入"Artificial(W)Intelligence(S) Terminology"文本，单击 百度一下 按钮，在网页中可以查看使用"S"算符和"W"算符得到的查询结果，如图4-39所示。

图4-38 使用"W"位置算符的查询结果

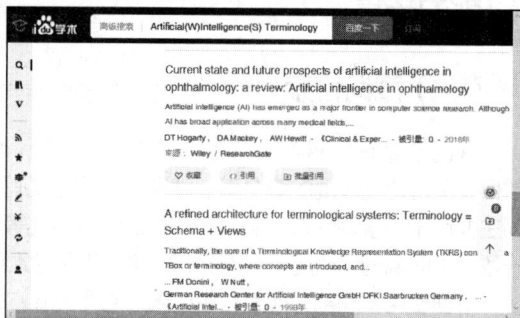

图4-39 使用"W""S"位置算符的查询结果

（三）布尔逻辑检索

布尔逻辑检索是指利用布尔逻辑运算符连接各个检索词，并由计算机进行相应的逻辑运算，以找出所需信息的方法。布尔逻辑检索具有使用面广、使用频率高的特点。在使用布尔逻辑检索方法之前，需先了解布尔逻辑运算符及其作用。布尔逻辑运算符包括 AND、OR、NOT 3种。

- AND。AND 用来表示其所连接的两个检索词的交叉部分，也就是数据交集部分。如果用 AND 连接检索词 D 和检索词 E，则检索式格式为 D AND E，表示使系统检索同时包含检索词 D 和检索词 E 的信息集合。例如，在百度学术专业平台中查找"心脏搭桥手术"的资料，其检索式为"心脏 AND 搭桥手术"，如图4-40所示。

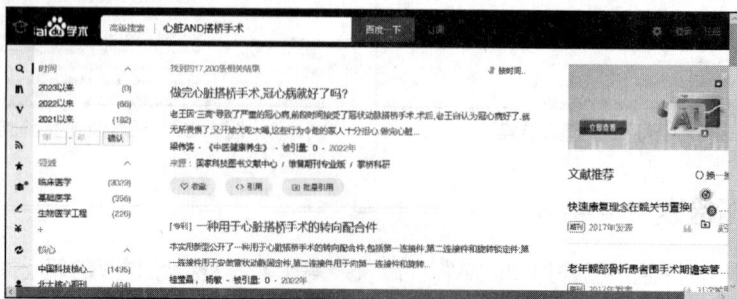

图4-40 布尔逻辑运算符"AND"的使用示例

- OR。OR 是逻辑关系中"或"的意思，用来连接具有并列关系的检索词。如果用 OR 连接检索词 D 和检索词 E，则检索式格式为 D OR E，表示使系统检索含有检索词 D、E 之一，或同时包括检索词 D 和检索词 E 的信息。例如，在百度学术专业平台中查找"远程和无线"的资料，其检索式为"远程 OR 无线"，表示只要包含"远程"和"无线"中的任意一个就是满足条件的结果，如图 4-41 所示。

图 4-41 布尔逻辑运算符"OR"的使用示例

- NOT。NOT 用来连接具有排除关系的检索词，即排除不需要的和影响检索结果的内容。如果用 NOT 连接检索词 D 和检索词 E，则检索式格式为 D NOT E，表示检索含有检索词 D 而不含检索词 E 的信息，即将包含检索词 E 的信息集合排除掉。例如，查找"催化剂（不包含镍）"的文献检索格式为"催化剂 NOT 镍"。注意，使用此检索方法时，需要在专业的文献网站中进行，否则会出现检索错误。

课后练习

一、填空题

1. 广义的信息检索包括_____和_____两个过程。

2. 信息检索的划分标准有多种，通常会按_____、_____和_____3 种方式来划分。

3. _____是一种相关性检索，它不会直接给出用户所提出问题的答案，只会提供相关的文献以供参考。

4. 根据检索途径的不同，信息检索可以分_____和_____两种类型。

5. 在_____阶段，计算机还没有连接网络，也没有远程终端用户，主要利用计算机对各种期刊中的文献进行检索。

6. _____是目前广泛应用的搜索引擎，国外比较有代表性的全文搜索引擎是谷歌，国内则是百度和 360 搜索。

7. 通过 site 指令可以查询到某个网站被该搜索引擎收录的页面数量，其格式为_____。

8. 互联网中有很多用于检索学术信息的网站，在网站中可以检索各种学术论文。在国内，这类网站主要有_____、_____、_____等。

二、选择题

1. 下列信息检索分类中，不属于按检索对象划分的是（ ）。

    A. 文献检索   B. 手动检索   C. 数据检索   D. 事实检索

2. （ ）指人们在计算机或者计算机检索网络终端上，使用特定的检索策略、检索指令、检索词，从计算机检索系统的数据库中检索出所需信息后，再由终端设备显示、下载和打印相关信息的过程。

    A. 机械检索   B. 计算机检索   C. 直接检索   D. 数据检索

3. 下列关于搜索引擎的说法中不正确的是（   ）。

A. 使用搜索引擎进行信息检索是目前进行信息检索的常用方式

B. 按"关键词"搜索属于目录索引

C. 搜索引擎按其工作方式主要有目录检索和关键词查询两种方式

D. 著名的元搜索引擎有 InfoSpace、Dogpile、Vivisimo

4. 下列选项中，不属于布尔逻辑运算符的是（   ）。

A. NEAR   B. OR   C. NOT   D. AND

5. 利用百度搜索引擎检索信息时，要将检索范围限制在网页标题中，应使用的指令是（   ）。

A. intitle   B. inurl   C. site   D. info

6. 要进行专利信息检索，应选择的平台是（   ）。

A. 百度学术   B. CALIS 学位论文中心服务系统

C. 谷歌学术   D. 万方数据知识服务平台

三、操作题

1. 在 360 搜索引擎中，使用 intitle 指令搜索关于"计算机编程"的信息，其参考效果如图 4-42 所示。

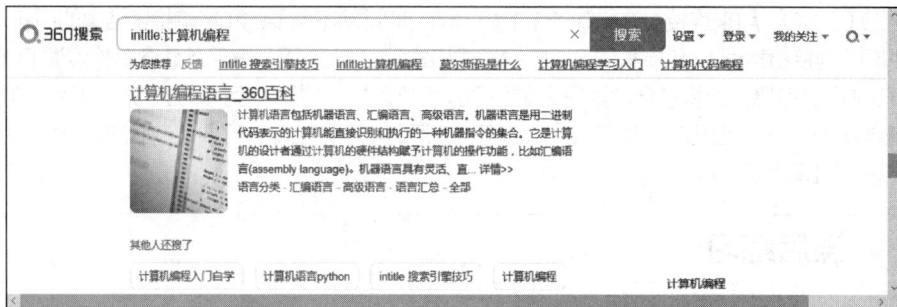

图 4-42   使用 intitle 指令检索信息的参考效果

2. 在百度学术平台中，检索关于"安卓操作系统"的信息，其参考效果如图 4-43 所示。

图 4-43   在百度学术平台中进行学术信息检索的参考效果

模块五
新一代信息技术概述

05

随着科技的进步与发展，新一代信息技术作为创新含量高、技术先进的产业，其涵盖的项目大多属于国家和社会急需的项目，拥有很大的发展空间和潜力。本模块将从新一代信息技术的基本概念出发，结合一些典型应用案例，介绍新一代信息技术的发展与应用，主要包括新一代信息技术产生的原因、发展历程、特点与典型应用等知识。

课堂学习目标

- **知识目标**：了解新一代信息技术及其主要技术的概念与特点，了解新一代信息技术的主要代表技术的应用，了解新一代信息技术与其他产业的融合发展方式。

- **技能目标**：能够了解新一代信息技术，并将其运用于实际生活中。

- **素质目标**：积极探索新一代信息技术的应用，用技术驱动创新。

任务一　新一代信息技术的基本概念

任务描述

在农业经济时代，社会基础设施主要包括道路、运河、码头、驿站等，而市场、客栈、衙门、娱乐场所等均构筑于这些社会基础设施之上，并行使各自的职能，满足人类的多样化需求；工业经济时代同样如此。在当今的数字经济时代下，新一代信息技术成为整个社会的核心基础设施，慢慢地开始渗入人们的生活。下面通过百度搜索引擎来了解新一代信息技术产业的范围，并通过网络资料了解我国华为公司的主要业务，请读者试着分析这些业务与新一代信息技术的关系。

技术分析

（一）认识新一代信息技术

在国际新一轮产业竞争的背景下，各国纷纷制定新兴产业发展战略，从而抢占经济和科技的制高点。我国大力推进战略性新兴产业政策的出台，必将推动和扶持我国新兴产业的崛起。其中，新一代信息技术战略的实施对于促进产业结构优化升级，加快信息化和工业化深度融合的步伐，加快社会整体信息化进程起到了关键性作用。

习近平总书记在 2018 年的两院院士大会上的重要讲话中指出："世界正在进入以信息产业为主导的经济发展时期。我们要把握数字化、网络化、智能化融合发展的契机，以信息化、智能化为杠杆培育新动能。"由此可见，我国对新一代信息技术产业高度重视，在国家政策的影响下，新一代信息技术产业的发展步伐加快，正式步入成长期。

新一代信息技术是对传统计算机、集成电路与无线通信的升级，它既是信息技术的纵向升级，又是信息技术之间及其相关产业的横向融合。新一代信息技术让多个领域受益，如信息技术领域、新能源领域、新材料领域等。新一代信息技术主要包含以下几个方面。

- 下一代网络（Next-Generation Network，NGN）：以软交换为核心，能够提供语音、数据、视频、多媒体业务的，基于分组技术的，综合开放的网络架构，它具有开放、分层等特点，代表了通信网络发展的方向。
- 电子核心产业：处于电子信息产业链的前端，是通信、计算机、数字音频等系统和终端产品发展的核心和关键，聚焦存储器、光通信芯片、多媒体芯片、车规级芯片、第三代半导体芯片等领域。
- 新兴软件和新型信息技术服务：涉及新兴软件开发、网络与信息安全软件开发、互联网安全服务、新型信息技术服务等领域。
- 云计算服务：云计算是一种资源交付和使用模式，它在数据计算后，将程序分为若干个小程序，并将小程序的计算结果免费或以按需租用的方式反馈给用户。云计算是分布式计算、并行计算、效用计算、网络存储、虚拟化等传统计算机技术和网络技术融合发展的产物。
- 大数据服务：支撑机构或个人对海量、异构、快速变化的数据进行采集、传输、存储、处理（包括计算、分析、可视化等）、交换、销毁等覆盖数据生命周期相关活动的各种数据服务。
- 人工智能（Artificial Intelligence，AI）：研究、开发用于模拟、延伸和扩展人的智能的理论、方法、技术及应用系统的一门计算机科学分支学科。人工智能包括很多研究内容，如机器学习、计算机视觉等。总的说来，人工智能研究的一个主要目标是使机器能够胜任一些通常需要人类智能才能完成的复杂工作。

> **提示** 新一代信息技术已然成为全球高科技企业之间的"主战场"。在新一轮的竞争中，谁先获得高端技术，谁就能抢占新一代信息技术产业发展的制高点。因此，我们应加强对科技人才和技能型人才的培养，并不断提高互联网人才资源全球化培养、全球化配置水平，从而为加快建设科技强国提供有力支撑。

（二）新一代信息技术的发展

新一代信息技术究竟"新"在哪里？其"新"主要体现在网络互联的移动化和泛在化、信息处理的集中化和大数据化上。新一代信息技术发展的特点不是信息领域各个分支技术的纵向升级，而是信息技术横向渗透融合到制造、生物医疗、汽车等其他行业。它强调的是信息技术渗透融合到社会和经济发展的各个行业，并推动其他行业的技术进步和产业发展。例如，"互联网+"模式的出现，便是新一代信息技术的集中体现。

"十三五"时期，我国新一代信息技术产业的重点发展方向包括加快4G网络建设、推进5G的研发和实验；加快空间互联网部署，研究新型通信卫星和应用终端；加快16/14nm工艺产业化和存储器生产线建设；实现主动矩阵有机发光二极管、超高清量子点液晶显示、柔性显示等技术的国产化突破及规模化应用；推动物联网、云计算、大数据和人工智能技术向各行业全面融合，构建新一代信息技术产业体系。而到了"十四五"时期，我国新一代信息技术产业的重点发展方向转变为加快5G网络规模化部署；深化北斗系统的推广与应用；集成电路关键材料的研发、特色工艺的突破、新进存储技术的升级等；加强通用处理器、云计算系统和软件核心技术的一体化研发，大力进行DNA存储等前沿技术研究；推动产业进入全球高端价值链，培养若干世界级先进信息技术产业集群。未来，我国将充分发挥技术优势，赋能传统产业转型升级，催生新产业、新业态、新模式，培养经济发展新引擎。

任务实现

（1）在百度搜索引擎中搜索"新一代信息技术产业"关键词，我们可以了解到新一代信息技术产业位居九大战略性新兴产业之首，其应用范围横跨我国国民经济中的农业、工业和服务业等三大产业。新一代信息技术产业的范围主要包括下一代信息网络产业（如新一代移动通信网络服务等）、云计算服务（如互联网平台服务等）、电子核心产业（如集成电路制造等）、大数据服务（如工业互联网及支持服务等）、人工智能（如人工智能软件开发等）、新兴软件和新型信息技术服务（如新兴软件开发等）6 个方面，如图 5-1 所示。

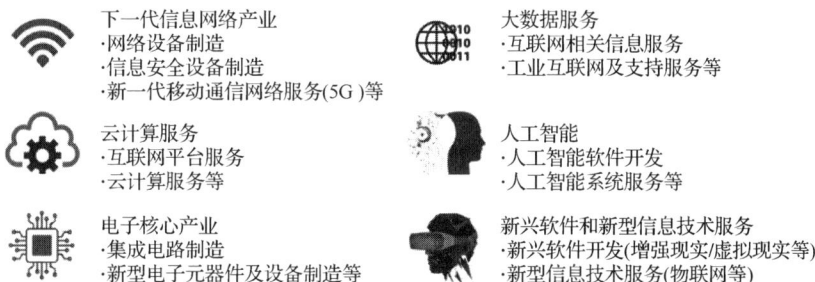

下一代信息网络产业
· 网络设备制造
· 信息安全设备制造
· 新一代移动通信网络服务(5G)等

大数据服务
· 互联网相关信息服务
· 工业互联网及支持服务等

云计算服务
· 互联网平台服务
· 云计算服务等

人工智能
· 人工智能软件开发
· 人工智能系统服务等

电子核心产业
· 集成电路制造
· 新型电子元器件及设备制造等

新兴软件和新型信息技术服务
· 新兴软件开发(增强现实/虚拟现实等)
· 新型信息技术服务(物联网等)

图 5-1　新一代信息技术产业的范围

（2）访问华为公司官网，查看其公司介绍及主要的产品、服务和行业解决方案，可以发现，华为是全球领先的信息与通信技术（Information and Communication Technology，ICT）基础设施和智能终端提供商。华为的主要业务包括 ICT 基础设施业务、终端业务和智能汽车解决方案，其业务布局情况如图 5-2 所示。请同学们根据图片分析华为公司涉足的业务中都应用了哪些新一代信息技术。

华为业务布局	ICT基础设施业务	联接产业	第五代移动通信技术、智能IP网络等
		云与计算产业	华为云、鲲鹏+昇腾等
	终端业务	"1+8+N"战略：1（手机）；8（车辆、音箱、耳机、手表/手环、平板、大屏、个人计算机、增强现实/虚拟现实）；N（泛IoT设备）	
	智能汽车解决方案	围绕智能座舱、智能驾驶、智能网联、智能电动以及相关的云服务	

图 5-2　华为公司的业务布局情况

任务二　新一代信息技术的技术特点与典型应用

任务描述

新一代信息技术的创新异常活跃，技术融合步伐不断加快，催生出一系列新产品、新应用和新模式，如大数据、物联网、人工智能、云计算、区块链等。而新一代信息技术的应用场景也变得多种多样。例如，借助 5G 技术，用户利用手机就可以在线浏览"云货架""云橱窗"；享受 360° 全景式购物体验，参观基于 VR 的科普体验馆等。请读者想一想，生活中还有哪些新一代信息技术的典型应用场景，并分析其相关技术特点。

技术分析

（一）大数据

数据是指存储在某种介质上包含信息的物理符号。在"电子网络"时代，人们生产数据的能力不断提高，数据量飞速增加，大数据应运而生。大数据是指无法在一定时间范围内用常规软件或工具进行捕捉、管理、处理的数据集合。而要想从这些数据集合中获取有用的信息，就需要对大数据进行分析。这不仅需要采用集群的方法以获取强大的数据分析能力，还需要对面向大数据的新数据分析算法进行深入研究。

大数据具有数据体量巨大、数据类型多样、处理速度快、价值密度低等特点。在以云计算为代表的技术创新背景下，收集和处理数据变得更加简便，中华人民共和国国务院在 2015 年印发的《促进大数据发展行动纲要》中系统地部署了大数据发展工作，通过各行各业的不断创新，大数据也将创造更多的价值。下面将对大数据的典型应用进行介绍。

1. 高能物理

高能物理是一门与大数据联系十分紧密的学科。科学家往往要从大量的数据中发现一些小概率的粒子事件，如比较典型的离线处理方式，由探测器组负责在实验时获取数据，而最新的大型强子对撞机（Large Hadron Collider，LHC）实验每年采集的数据量高达 15PB。高能物理中的数据量十分庞大，且没有关联性，要想从海量数据中提取有用的信息，可使用并行计算技术对各个数据文件进行较为独立的分析和处理。

2. 推荐系统

推荐系统可以通过电子商务网站向用户提供商品信息和建议，如商品推荐、新闻推荐等。而实现推荐过程需要依赖大数据技术，用户在访问网站时，网站会记录和分析用户的行为并建立模型，将该模型与数据库中的产品进行匹配后，才能完成推荐过程。为了实现这个推荐过程，需要存储海量的用户访问信息，并基于对大量数据的分析为用户推荐与其行为相符合的内容。

3. 搜索引擎系统

搜索引擎系统是常见的大数据系统，为了有效完成互联网中数量巨大的信息的收集、分类和处理工作，搜索引擎系统大多基于集群架构。搜索引擎的发展历程为大数据的研究积累了宝贵的经验。

（二）物联网

物联网就是把所有能行使其独立功能的物品，通过射频识别（Radio Frequency Identification，RFID）等信息传感设备与互联网连接起来并进行信息交换，以实现智能化识别和管理。物联网被称为继计算机、互联网之后世界信息产业发展的"第三次浪潮"。物联网具有全面感知、可靠传递、智能处理等特点。

近年来，物联网已经逐步变成了现实，很多行业的发展离不开物联网的应用。下面将对物联网的应用领域进行简单介绍，包括智慧物流、智能交通、智能医疗、智慧零售等，如图 5-3 所示。

1. 智慧物流

智慧物流以物联网、人工智能、大数据等信息技术为支撑，在物流的运输、仓储、配送等各个环节实现系统感知、全面分析和处理等功能。但物联网在该领域的应用主要体现在仓储、运输监测和快递终端方面，即通过物联网技术实现对货物及运输车辆的监测，包括对运输车辆位置、状态、油耗、车速及货物温度/湿度等的监测。

2. 智能交通

智能交通是物联网的一种重要体现形式，它利用信息技术将人、车和路紧密结合起来，可改善交通运输环境、保障交通安全并提高资源利用率。物联网技术在智能交通领域的应用包括智能公交车、智慧停车、共享单车、车联网、充电桩监测和智能红绿灯等。

图 5-3　新一代信息技术的应用——物联网

3. 智能医疗

在智能医疗领域，新技术的应用必须以人为中心。而物联网技术是获取数据的主要技术，能有效地帮助医院实现对人和物的智能化管理。对人的智能化管理指的是通过传感器对人的生理状态（如心跳频率、血压高低等）进行监测，将获取的数据记录到电子健康文件中，方便个人或医生查阅；对物的智能化管理指的是通过 RFID 技术对医疗设备、物品进行监控与管理，实现医疗设备、物品可视化，主要表现为数字化医院。

> **提示**　RFID 技术是一种通信技术，它可通过无线电信号识别特定目标并读写相关数据，目前在许多方面已得到应用，且在仓库物资、物流信息追踪、医疗信息追踪等领域有较好的表现。

4. 智慧零售

行业内将零售按照距离分为远场零售、中场零售、近场零售 3 种，三者分别以电商、超市和自动（无人）售货机为代表。物联网技术可以用于近场和中场零售，且主要应用于近场零售，即无人便利店和自动售货机。智慧零售通过将传统的售货机和便利店进行数字化升级和改造，打造出了无人零售模式。它还可通过数据分析，充分运用门店内的客流和活动信息，为用户提供更好的服务。

（三）人工智能

人工智能是指由人工制造的系统所表现出来的智能，可以概括为研究智能程序的一门学科。人工智能研究的主要目标在于用机器来模仿和执行人脑的某些智能行为，探究相关理论、研发相应技术，如判断、推理、识别、感知、理解、思考、规划、学习等思维活动。人工智能技术已经渗透到人们日常生活的各个方面，涉及的行业也很多，包括游戏、新闻媒体、金融等，并运用于各种领先的研究领域，如量子科学等。

曾经，人工智能只在一些科幻影片中出现，但随着科学的不断发展，人工智能在很多领域得到了不同程度的应用，如在线客服、自动驾驶、智慧生活、智慧医疗等，如图 5-4 所示。

图 5-4　人工智能的实际应用

1. 在线客服

在线客服是一种以网站为媒介即时进行沟通的通信技术，主要以聊天机器人的形式自动与消费者沟通，并及时解决消费者的一些问题。聊天机器人一定要善于理解自然语言，懂得语言所传达的意义。因此，这项技术十分依赖自然语言处理技术，一旦这些机器人能够理解不同语言包含的实际目的，那么它在很大程度上就可以代替人工客服了。

2. 自动驾驶

自动驾驶是现在逐渐发展成熟的一项智能应用。自动驾驶一旦实现，将会有如下改变。

- 汽车本身的形态会发生变化。自动驾驶的汽车不需要驾驶员和转向盘，其形态可能会发生较大的变化。
- 未来的道路将发生改变。未来道路会按照自动驾驶汽车的要求重新设计，专用于自动驾驶的车道可能变得更窄，交通信号可以更容易地被自动驾驶汽车识别。
- 完全意义上的共享汽车将成为现实。大多数的汽车可以用共享经济的模式，实现随叫随到。因为不需要驾驶员，这些车辆可以 24 小时随时待命，可以在任何时间、任何地点提供高质量的租用服务。

3. 智慧生活

目前的机器翻译已经可以达到基本表达原文语意的水平，不影响理解与沟通。但假以时日，不断提高翻译准确度的人工智能系统很有可能悄然越过业余译员和职业译员之间的"技术鸿沟"，一跃成为翻译"专家"。到那时，不只是手机可以和人进行智能对话，每个家庭里的每一件家用电器都会拥有足够强大的对话功能，从而为人们提供更加方便的服务。

4. 智慧医疗

智慧医疗是最近兴起的专有医疗名词，它通过打造健康档案区域医疗信息平台，利用先进的物联网技术，实现患者与医务人员、医疗机构、医疗设备之间的互动，从而逐步实现信息化。

大数据和基于大数据的人工智能为医生诊断疾病提供了很好的支持。将来医疗行业将融入更多的人工智能、传感技术等高科技，使医疗服务走向真正意义的智能化。在人工智能的帮助下，我们看到的不会是医生失业的场景，而是同样数量的医生可以服务几倍、数十倍甚至更多的人。

> **提示**　大数据与人工智能技术提升了数据的使用价值，也为消费者、平台和商家带来了更多的便利。但与此同时也出现了一些"作恶行为"，如通过人工智能技术合成不雅照片，通过人工智能客服恶意拨打电话等。对此类行为一定要严惩，并从道德约束、技术标准的角度进行干预，加强个人信息素养。

（四）工业互联网

工业互联网是全球工业系统与高级计算、分析、传感技术，以及互联网的高度融合。其核心是通过工业互联网平台把工厂、生产线、设备、供应商、客户及产品紧密地连接在一起；结合软件和大数据分析，帮助制造业实现跨地区、跨厂区、跨系统、跨设备的互联互通，从而提高生产效率，推动整个制造服务体系智能化。

工业互联网的核心三要素是人、机器和数据分析软件。工业互联网将带有内置感应器的机器和复杂的软件与其他机器、人员连接起来。例如，将飞机发动机连接到工业互联网中，当机器感应到满足了触发条件和接收到通信信号时，就能从中提取数据并进行分析，从而成为有理解能力的工具，能更有效地发挥出该机器的潜能。

2020 年 12 月，中华人民共和国工业和信息化部印发的《工业互联网创新发展行动计划（2021—2023 年）》（工信部信管〔2020〕197 号）指出，工业互联网是新一代信息通信技术与工业经济深度融合的全新工业生态、关键基础设施和新型应用模式。它以网络为基础，以平台为中枢，以数据为要素，以安全为保障，通过对人、机、物全面连接，变革传统制造模式、生产组织方式和产业形态，构建起全要素、全产业链、全价值链全面连接的新型工业生产制造和服务体系；对支撑制造强国和网络强国建设，提升产业链现代化水平，推动经济高质量发展和构建新发展格局，都具有重要意义。

（五）高性能集成电路

电子信息产品中核心的部件是集成电路（Integrated Circuit，IC），可以说集成电路是信息产业的核心。集成电路是 20 世纪 60 年代初期发展起来的一种新型半导体器件，它是把构成具有一定功能的电路所需的半导体、电容、电阻等元件及它们之间的连接导线全部集成在一小块硅片上，并焊接封装在一个管壳内的电子器件。集成电路具有体积小、重量轻、引出线和焊接点少、使用寿命长、可靠性高等特点。

集成电路不仅在工用电子设备（如电视机、计算机等）方面得到了广泛应用，还在军事、通信等方面得到了广泛应用。例如，用集成电路来装配电子设备，其装配密度是晶体管的几十倍甚至几千倍。目前，我国集成电路产业处于全球市场竞争力较弱，对外依赖度较高的局面。因此，我国正积极发展集成电路产业链，其发展重点体现在以下几个方面。

- 着力开发高性能集成电路产品。重点开发网络通信芯片、信息安全芯片、RFID 芯片、传感器芯片等量大面广的芯片。
- 壮大芯片制造业规模。加快 45nm 及以下制造工艺技术的研究与应用，加快标准工艺、特色工艺模块、IP 核的开发。多渠道吸引投资进入集成电路领域，推进集成电路芯片制造业的科学发展。
- 完善产业链。加快新设备、新仪器、新材料的开发，形成成套工艺，培育一批具有较强自主创新能力的骨干企业，推进集成电路产业链各环节紧密协作，完善产业链。

（六）云计算

云计算是国家战略性产业，是基于互联网服务的增加、使用和交付模式。云计算通常涉及通过互联网来提供动态、易扩展且经常是虚拟化的资源，是传统计算机和网络技术融合发展的产物。

云计算技术是硬件技术和网络技术发展到一定阶段出现的新的技术模型，是对实现云计算模式所需的所有技术的总称。分布式计算技术、虚拟化技术、网络技术、服务器技术、数据中心技术等都属于云计算技术的范畴，同时云计算技术包括 Hadoop、HPCC、Storm、Spark 等技术。云计算技术的出现意味着计算能力也可作为一种通过互联网进行流通的商品。

云计算技术作为一项应用范围广、对产业影响深远的技术，正逐步向信息产业等渗透，相关产业的结构模式、技术模式和产品销售模式等都将会随着云计算技术的发展发生深刻的改变，进而影响人们的工作和生活。

1. 云计算的特点

与传统的资源提供方式相比，云计算主要具有以下特点。

- 超大规模。"云"具有超大的规模，谷歌云计算已经拥有 100 多万台服务器，Amazon、IBM、Microsoft 公司等的"云"均拥有几十万台服务器。"云"能赋予用户前所未有的计算能力。

- 高可扩展性。云计算是一项从资源低效率的分散使用到资源高效率的集约化使用的技术。分散在不同计算机上的资源的利用率非常低，通常会造成资源的极大浪费；而将资源集中起来后，资源的利用率会大大提升。而资源的集中化不断加强与资源需求的不断增加，也对资源池的可扩展性提出了更高要求。因此云计算系统必须具备优秀的资源扩展能力，才能方便新资源的加入。

- 按需服务。对用户而言，云计算系统最大的好处是可以满足自身对资源不断变化的需求，云计算系统按需向用户提供资源，用户只需为自己实际消费的资源进行付费，而不必购买和维护大量固定的硬件资源。这不仅为用户节约了成本，还促使应用软件的开发者创造出更多有趣和实用的应用。同时，按需服务让用户在服务选择上具有更大的空间，用户通过缴纳不同的费用来获取不同层次的服务。

- 虚拟化。云计算技术利用软件来实现硬件资源的虚拟化管理、调度及应用，支持用户在任意位置使用各种终端获取应用服务。通过"云"这个庞大的资源池，用户可以方便地使用网络资源、计算资源、硬件资源、存储资源等，大大降低了维护成本，提高了资源的利用率。

2. 云计算的应用

随着云计算技术产品、解决方案的不断成熟，云计算技术的应用领域也在不断扩大，衍生出了云安全、云存储、云游戏等各种功能。云计算对医药与医疗领域、制造领域、金融与能源领域、电子政务领域、教育科研领域的影响巨大，在电子邮箱、数据存储、虚拟办公等方面提供了非常多的便利。

- 云安全是云计算技术的重要分支，在反病毒领域得到了广泛应用。云安全技术可以通过网状的大量客户端对网络中软件的异常行为进行监测，获取互联网中木马和恶意程序的最新信息，自动分析和处理信息，并将解决方案发送到每一个客户端。

- 云存储是一项网络存储技术，可将资源存储到"云"上供用户存取。云存储通过集群应用、网络技术或分布式文件系统等功能将网络中大量不同类型的存储设备集合起来协同工作，共同对外提供数据存储和业务访问功能。通过云存储，用户可以在任何时间、任何地点，将任何可联网的装置连接到"云"上并存取数据。

> **提示** 云盘也是一种以云计算为基础的网络存储技术，目前，各大互联网企业已推出自己的云盘，如百度网盘等。

- 云游戏是一项以云计算技术为基础的在线游戏技术，云游戏模式中的所有游戏都在服务器端运行，并通过网络将渲染后的游戏画面压缩传送给用户，如图 5-5 所示。云游戏技术主要包括云端完成游戏运行与画面渲染的云计算技术，以及玩家终端与云端间的流媒体传输技术。

图 5-5 新一代信息技术的应用——云游戏

（七）区块链

区块链（Blockchain）是分布式数据存储、加密算法、点对点传输、共识机制等计算机技术的全新应用方式，它具有数据块链式、难以篡改、可溯源等特点。区块链本质上是一个去中心化的数据库，它不再依靠中央处理节点，实现了数据的分布式存储、记录与更新，具有较高的安全性。

区块链作为一种底层协议，可以有效解决信任问题，实现价值的自由传递，在存证防伪、数据服务等领域具有广阔应用前景。

- 存证防伪。区块链可以通过哈希时间戳证明某个文件或者数字内容在特定时间的存在，其公开、难以篡改、可溯源等特点为司法鉴证、产权保护等提供了解决方案。
- 数据服务。未来互联网、人工智能、物联网都将产生海量数据，现有的数据存储方案将面临巨大挑战，基于区块链技术的边缘存储有望成为未来解决数据存储问题的方案。此外，区块链对数据的难以篡改和可追溯的特点保证了数据的真实性及有效性，这将成为大数据、人工智能等一切数据应用的基础。

任务实现

人工智能、区块链、大数据等新一代信息技术正在经济社会的各领域快速渗透与应用，成为驱动行业技术创新和产业变革的重要力量。其中，人工智能在日常生活中的应用尤其普遍，例如，图 5-6 所示的航拍无人机便利用人工智能、物联网、大数据技术等使其定位更加准确，图像分析结果更加精准。航拍无人机可以弥补卫星和载人航空遥感技术的不足，催生了更加多元化的应用场景，如航空拍照、地质测量、高压输电线路巡检、油田管路检查、高速公路管理、森林防火巡查、毒气勘察等。

图5-6　航拍无人机

除此之外，请读者思考还有哪些典型应用场景或产品并将其填入表 5-1 中，分析该典型应用场景中应用了哪些新一代信息技术。

表5-1　新一代信息技术的典型应用场景与产品分析

典型应用场景	相关技术	解决的问题
智慧园区新生态	云计算、人工智能等技术	打造出了以场景为核心的新园区"云管端"一体化"1+6"通用场景解决方案
百度地图慧眼迁徙大数据	大数据	运用百度地图慧眼迁徙大数据有效锁定人员流向

任务三　新一代信息技术与其他产业融合

任务描述

新一代信息技术产业的市场规模正在逐渐扩大，快速发展的信息技术也与其他产业进行了高度融合，如工业互联网就是新一代信息技术与制造业深度融合的产物。除此之外，新一代信息技术也与生物医疗产业、汽车产业等进行了深度融合。请读者在网络中搜索新一代信息技术与其他产业融合的相关视频资料，通过视频进一步了解新一代信息技术产业的发展趋势。

技术分析

（一）新一代信息技术与制造业融合

新一代信息技术与制造业深度融合是推动制造业转型升级的重要举措，是抢占全球新一轮产业竞争制高点的必然选择。目前，我国新一代信息技术与制造业融合发展成效显著，主要体现在以下3个方面。

- 产业数字化基础不断夯实。近年来，我国以融合发展为主线，持续推动新一代信息技术在企业的研发、生产、服务等流程和产业链中的深度应用，带动了企业数字化水平的持续提升。
- 加快企业数字化转型步伐。工业互联网平台作为新一代信息技术与制造业深度融合的产物，已成为制造大国竞争的新焦点。推广工业互联网平台，加快构建多方参与、协同演进的制造业新生态，是加快推进制造业数字化转型的重要催化剂。当前，我国工业互联网平台的发展取得了重要进展，全国有一定行业区域影响力的区域平台超过50家，工业互联网平台对加速企业数字化转型的作用日益彰显。
- 企业创新能力不断增强。随着我国信息技术产业的快速发展，一大批企业脱颖而出，在创新能力、规模效益、国际合作等方面不断取得新成就。其中，百强企业的研发投入资金持续增加，其平均研发投入强度超过10%，为产业数字化转型奠定了良好基础。

提示 在当前统筹推进经济社会发展的关键时期，企业要善于抓住机会，并充分运用新一代信息技术，着力夯实基础、深化应用、优化服务，助力经济社会的发展，加快制造业数字化转型步伐，为企业高质量发展提供有力的科技支撑。

（二）新一代信息技术与生物医药产业融合

近年来，以云计算、智能终端等为代表的新一代信息技术在生物医药产业得到了越来越广泛的应用。新一代信息技术与生物医药这两个领域正在进行深度融合，这种融合代表着新兴产业发展和医疗卫生服务的前沿。新一代信息技术已渗透到生物医药产业的各个环节，如研发环节、生产流通环节、医疗服务环节等。

- 研发环节。在研发环节，大数据、云计算、"虚拟人"等技术将推进医药研发的进程。很多发达国家正尝试运用信息技术建立"虚拟人"，将药品临床试验的某些阶段虚拟化。另外，针对电子健康档案数据的挖掘和分析，将有助于提高药品研发效率，降低研发费用。
- 生产流通环节。在生产流通环节，无线射频识别标签、温度传感器、智能尘埃等设备将在药品流通过程中得到广泛应用。提高药品流通领域的电子商务应用水平，将成为提高药品流通效率的主要方式。
- 医疗服务环节。在医疗服务环节，电子病历、智能终端、网络社交软件等将使有限的医疗资源被更多人共享，形成新的医患关系。良好的市场前景已使许多信息技术公司介入生物产业，如IBM公司推出了"智慧医疗"服务产品。

（三）新一代信息技术与汽车产业融合

当汽车保有量接近饱和时，汽车产业曾经一度被误认为是夕阳产业，但实际上，全球汽车产业的发展从未止步。尤其是在新一代信息技术与汽车产业深度融合之后，汽车产业焕发新生。新一代信息技术与汽车产业的深度融合呈现出以下3个新特征。

- 从产品形态来看，汽车不只是交通工具，还是智能终端。智能网联汽车配有先进的车载传感器、控制器、执行器等装置，应用了大数据、人工智能、云计算等新一代信息技术，具备智能化决策、自动化控制等功能，实现了车辆与外部节点间的信息共享与控制协同。

- 从技术层面来看，汽车从单一的硬件制造走向软硬一体化。其中，硬件设备是真正实现智能化并得以普及的底层驱动力，它是不可变的；而软件是可变的，可变的软件能够根据个人需求改变。

- 从制造方式来看，由大规模同质化生产逐步转向个性化定制。在"工业 4.0"时代，汽车产业在纵向集成、横向集成、端到端集成 3 个维度率先实现突破，正从大规模同质化生产模式转向个性化定制模式。

任务实现

先进的信息技术对各行各业的发展产生了巨大的影响。例如，在制造业，信息技术已成为竞争的核心要素，它是推动制造业价值链重塑与发展的重要基础，在新一代信息技术的引领下，我国制造业逐步向数字化、智能化、移动化、绿色化方向发展。打开央视网，搜索以"新一代信息技术"为主题的相关视频，如图 5-7 所示。

图 5-7　"新一代信息技术"相关视频搜索结果

在搜索结果中观看新一代信息技术与其他产业融合的相关视频，如"河北：推动新一代信息技术与制造业深度融合 助力工业转型升级""走进雄安（三）新一代信息技术打造智慧之城"等视频。根据视频内容，同学们可以讨论并分析新一代信息技术与其他产业融合的新趋势和相关技术的应用。图 5-8 所示为相关视频的播放内容。

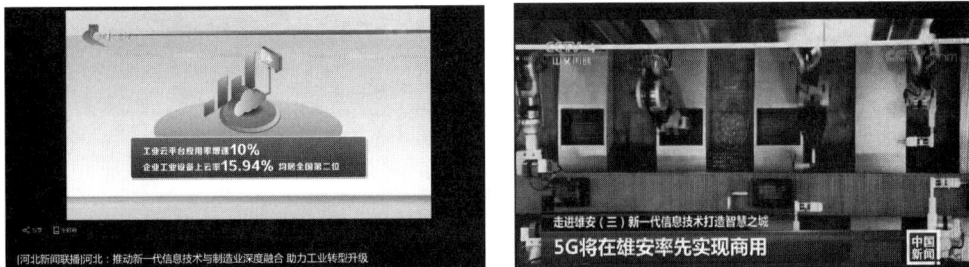

图 5-8　新一代信息技术与其他产业融合的视频的播放内容

############ 课后练习

一、填空题

1. 新一代信息技术的创新异常活跃，技术融合步伐不断加快，催生出一系列新产品、新应用和新模式，如_____、_____、_____、_____和_____等。

2. 物联网被称为继计算机、互联网之后世界信息产业发展的第三次浪潮，它具有_____、_____和_____等特点。

3. 工业互联网的核心三要素是_____、_____和_____。

4. _____通过集群应用、网络技术或分布式文件系统等功能将网络中大量不同类型的存储设备集合起来协同工作，共同对外提供数据存储和业务访问功能。

二、选择题

1. 下列不属于云计算特点的是（   ）。

    A. 高可扩展性　　　　B. 按需服务　　　　C. 高可靠性　　　　D. 非网络化

2. 人工智能的实际应用不包括（   ）。

    A. 自动驾驶　　　　B. 人工客服　　　　C. 数字货币　　　　D. 智慧医疗

3. （   ）是硬件技术和网络技术发展到一定阶段出现的新的技术模型，是对实现云计算模式所需的所有技术的总称。

    A. 云计算技术　　　　B. 工业互联网　　　　C. RFID 技术　　　　D. 物联网

4. 下列不属于区块链特点的是（   ）。

    A. 高可靠性　　　　　　　　　　B. 价值密度低

    C. 难以篡改　　　　　　　　　　D. 数据块链式

模块六
信息素养与社会责任

06

随着全球信息化的发展，信息素养已经成为人们需要具备的一种基本素质和能力，这样才能更好地适应和应对信息社会。信息技术的不断发展，给人们带来了许许多多的便利，但各种网络暴力、信息泄露等现象也在频繁发生。因此，具备良好的信息素养和正确的社会责任感是非常有必要的。这样才能真正让信息技术发挥作用，为人们提供帮助，而不会让信息技术成为达到各种非法目的的工具。

课堂学习目标

- **知识目标**：了解信息素养的基本概念和要素，了解信息技术的发展情况，了解信息伦理和职业行为自律等知识。

- **技能目标**：能够养成良好的信息素养，树立正确的职业理念，承担社会责任。

- **素质目标**：明白信息社会的相关道德伦理，恪守信息社会行为规范，全面提升自我的信息素养。

任务一 信息素养概述

任务描述

我国倡导强化信息技术应用，鼓励学生利用信息手段主动学习、自主学习，增强运用信息技术分析问题、解决问题的能力。究其原因，是因为信息素养是人们在信息社会和信息时代生存的前提条件。那么什么是信息素养？在日常生活和学习中，哪些行为是具备良好信息素养的体现呢？

技术分析

（一）信息素养的基本概念

信息素养的概念最早于 1974 年被美国信息产业协会主席保罗·泽考斯基（Paul Zurkowski）提出，他将信息素养解释为"利用大量的信息工具及主要信息源使问题得到解答的技能"。这一概念一经提出，便得到了广泛传播和使用。

1987 年，信息学家帕特里夏·布雷维克（Patricia Breivik）将信息素养进一步概括为"了解提供信息的系统并能鉴别信息价值、选择获取信息的最佳渠道、掌握获取和存储信息的基本技能"。他从信息鉴别、选择、获取、存储等方面定义了信息素养的基本概念，将保罗·泽考斯基提出的概念做了进一步明确和细化。

1989 年，美国图书馆协会的"信息素养总统委员会"重新将信息素养概括如下：要成为一个有信息素养的人，就必须能够确定何时需要信息并能够有效地查询、评价和使用所需要的信息。

1992 年，克里斯蒂娜·道尔（Christina Doyle）在《信息素养全美论坛的终结报告》中将信息素养定义如下：一个具有信息素养的人，他能够认识到精确的和完整的信息是做出合理决策的基础，明确对信息的需求，形成基于信息需求的问题，确定潜在的信息源，制定成功的检索方案，从包括基于计算机和其他信息源获取信息、评价信息、组织信息于实际的应用，将新信息与原有的知识体系进行融合并在批判性思考和问题解决的过程中使用信息。

综上所述，信息素养主要涉及内容的鉴别与选取、信息的传播与分析等环节，它是一种了解、搜集、评估和利用信息的知识结构。随着社会的不断进步和信息技术的不断发展，信息素养已经变为一种综合能力，它涉及人文、技术、经济、法律等各方面的内容，与许多学科紧密相关，是一种信息能力的体现。

（二）信息素养的要素

为了更好地理解信息素养这个概念，我们可以从信息意识、信息知识、信息能力和信息道德这 4 个信息素养要素的角度进一步了解信息素养。

1. 信息意识

信息意识是指对信息的洞察力和敏感程度，体现的是捕捉、分析、判断信息的能力。判断一个人有没有信息素养、有多高的信息素养，首先要看他具备多高的信息意识。例如，在学习上遇到困难时，有的学生会主动去网络中查找资料、寻求老师或同学的帮助，而有的学生会听之任之或放弃，后者便是缺乏信息意识的直观表现。

> **提示** 在个性化推荐如此普及的环境中，正确理解所接收到的各种推荐信息时，"信息意识"就显得尤为重要。良好的信息意识能够帮助我们在第一时间准确判断所获得的推荐信息的真伪与价值。例如，在某个网站寻找商品时，推荐列表中可能会夹带着需额外付费的商品，此时，需要在良好的信息意识的基础下了解、理解、从容面对这样的推荐列表，再做出有利于自己的选择。

2. 信息知识

信息知识是信息活动的基础，它一方面包括信息基础知识，另一方面包括信息技术知识。前者主要是指信息的概念、内涵、特征，信息源的类型、特点，组织信息的理论和基本方法，搜索和管理信息的基础知识，分析信息的方法和原则等理论知识；后者则主要是指信息技术的基本常识、信息系统结构及工作原理、信息技术的应用等知识。

3. 信息能力

信息能力是指人们有效利用信息知识、技术和工具来获取信息、分析与处理信息，以及创新和交流信息的能力。它是信息素养最核心的组成部分，主要包括对信息知识的获取、信息资源的评价、信息处理与利用、信息的创新等能力。

- 信息知识的获取能力。它是指用户根据自身的需求并通过各种途径和信息工具，熟练运用阅读、访问、检索等方法获取信息的能力。例如，要在搜索引擎中查找可以直接下载的关于人工智能的 PDF 资料，可在搜索框中输入文本"人工智能 filetype:pdf"。
- 信息资源的评价能力。互联网中的信息资源不可计量，因此用户需要对搜索到的信息的价值进行评估，并取其精华，去其糟粕。评价信息的主要指标包括准确性、权威性、时效性、易获取性等。
- 信息处理与利用能力。它是指用户通过网络找到自己所需的信息后，能够利用一些工具对其进行归纳、分类、整理的能力。例如，将搜索到的信息分门别类地存储到百度云工具中，并注明时间和主题，待需要时再使用。
- 信息的创新能力。它是指用户对已有信息进行分析和总结，结合自己所学的知识，发现创新之处并进行研究，最后实现知识创新的能力。

4. 信息道德

信息技术在改变人们的生活、学习和工作的同时，个人信息隐私、软件知识产权、网络黑客等问题也层出不穷，这就涉及信息道德。一个人信息素养的高低，与其信息伦理、道德水平的高低密不可分。能不能在利用信息解决实际问题的过程中遵守伦理道德，最终决定了我们能否成为一位高素养的信息化人才。

任务实现

信息素养是每个人基本素养的构成要素，它既是个体查找、检索、分析信息的信息认识能力，又是个体整合、利用、处理、创造信息的信息使用能力。在日常生活和未来的工作中，良好的信息素养主要体现在以下几个方面。

（1）能够熟练使用各种信息工具，尤其是网络传播工具，如网络媒体、聊天软件、电子邮件、微信、博客等。

（2）能根据自己的学习目标有效收集各种学习资料与信息，能熟练运用阅读、访问、讨论、检索等获取信息的方法。

（3）能够对收集到的信息进行归纳、分类、整理、鉴别、筛选等。

（4）能够自觉抵御和消除垃圾信息及有害信息的干扰和侵蚀，保持正确的人生观、价值观，以及自控、自律和自我调节的能力。

判断表 6-1 所示案例的相关人物的行为是否正确。如果不正确，则写出正确的做法。读者也可自行收集案例并进行判断和分析，并将其填在该表中。

表 6-1　判断相关行为是否正确

相关行为	是否正确		若不正确，则写出正确的做法
张明引用他人文章时从不注明出处	是□	否□	
李强偶尔会通过一些不合法的渠道来获取数据、图像、声音等信息	是□	否□	
赵明会在网络中恶意攻击他人	是□	否□	
孙明在未经王丽的同意下，盗用王丽的身份证信息进行网贷	是□	否□	
申丽在网络中传播不良信息	是□	否□	

任务二　信息技术发展情况

任务描述

信息技术是在计算机技术、通信技术和控制技术的基础上集成和发展起来的工程技术，又称信息工程。回顾整个人类社会发展史，从语言的使用、文字的创造，到造纸术和印刷术的发明与应用，以及电报、电话、广播和电视的发明和普及等，无一不是信息技术的革命性发展成果。但是，真正标志着现代信息技术诞生的事件还是 20 世纪 60 年代电子计算机的普及使用，以及计算机与现代通信技术的有机结合，如信息网络的形成实现了计算机之间的数据通信、数据共享等。下面将通过信息技术企业的发展变化来介绍信息技术的发展情况，读者从中可以学习如何树立正确的职业理念，以及信息安全和自主可控的具体知识。

技术分析

（一）人人网的兴衰变化

计算机技术、通信技术、互联网技术等的不断发展与更新，使信息技术快速发展起来。在这个背景下，许多信息技术企业如雨后春笋般不断出现，同时不断消失，它们的发展历程从侧面说明了信息技术的发展变化。下面仅以人人网在 2005～2018 年所发生的一些事件为例，说明信息技术发展变化的情况。

人人网曾是我国领先的实名制社交网络平台，在用户数量、页面浏览量、访问次数和用户花费时长等方面均占据优势地位。但人人公司最终以 2000 万美元的价格将人人社交网络的全部资产予以出售。图 6-1 所示为人人网从创建、发展，到兴盛，再到衰落的大事件示意图。

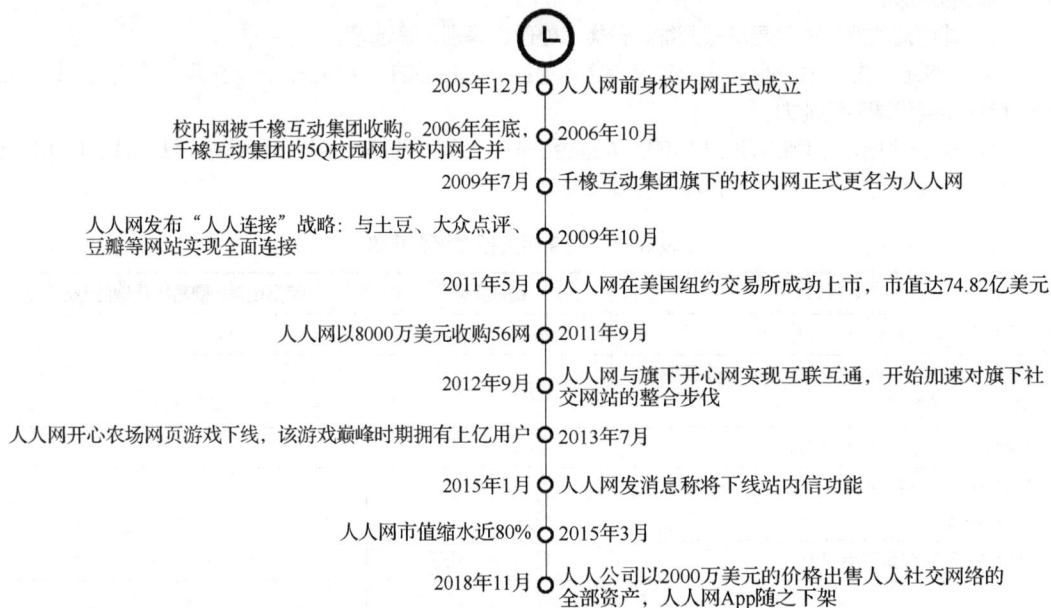

图6-1　人人网大事件示意图

通过人人网的发展过程，我们能看出我国信息技术的发展情况。1994 年，我国正式接入国际互联网，这一事件拉开了我国信息技术蓬勃发展的大门。1995～2000 年，信息技术的发展主要体现在互联网门户网站的建立，搜狐、网易、腾讯、新浪等信息技术企业在这一时间段不断发展壮大；2001～2005 年，搜索引擎、电子商务逐渐成为信息技术的主要研发领域；2006～2010 年，社交网站开始活跃起来，这也是人人网发展最好的阶段；2011～2015 年，我国移动互联网技术开始蓬勃发展，人人网在这个时期开始逐渐从巅峰走向衰败；2019 年至今，大数据、云计算、人工智能等信息技术开始发展和成熟，信息时代将慢慢走向"人工智能"时代，人人网最终因无法适应时代的发展而被市场淘汰。

信息技术的不断发展带来了大量的机遇，许多信息技术企业也借此机会，开始创建、成长，并不断壮大起来。人人网就是这一阶段非常典型的信息技术企业，它通过限制 IP 地址和电子邮箱的方式管理用户注册，保证了注册用户绝大多数是在校大学生，并由此开创了国内大学生社交网站的历史先河。它也抓住了这一机遇，成为当时领先的实名制社交网络平台。

　　然而，信息技术的发展要求技术产品不断升级和变化，就人人网而言，随着微信和微博等移动社交媒体软件的崛起，其优势大不如前。当然，人人网社交产品于 2019 年重新上架，我们也希望它能够凭借新的技术和运营策略重新赢得人们的青睐。

　　信息时代的千变万化告诉了我们无论多么成功的企业和产品，如果跟不上社会的进步和科学技术的发展，就都有可能很快地被用户抛弃。信息技术企业要想在竞争中生存并不断发展，就一定要有清晰的定位，要适应不断变化的信息时代，要始终秉承创新的理念，否则即便辉煌一时，也会很快没落。

（二）树立正确的职业理念

　　理念是指导人们行动的思想，职业理念则是人们从事职业工作时形成的职业意识，在特定情况下，这种职业意识也可以理解为职业价值观。树立正确的职业理念，无论是对个人，还是对社会、国家都是非常有益的。

1. 职业理念的作用

职业理念可以指导我们的职业行为，让我们感受到工作带来的快乐，使我们在职场上不断进步。

- 指导我们的职业行为。职业行为一般是在一定的职业理念指导下形成的，它会对企业管理产生实质性的影响。例如，如果我们对职业安全不以为然，对工作中可能存在的潜在危险就会浑然不知，这可能导致危险事件发生。相反，如果我们的职业理念告诉我们应该重视生产生活安全，那么发生事故的概率必然会大幅降低。
- 让我们感受到工作带来的快乐。工作是我们生活中重要的组成部分，它不仅为我们提供了经济来源，其产生的社交活动也是我们在现代社会中保持身心健康的一种因素。愉快地工作会让我们减少消极的情绪，能够正确面对工作中遇到的困难，能够快速地成长。而只有树立了正确的职业理念，才可能做到主动感受工作中的各种乐趣。
- 使我们在职场上不断进步。正确的职业理念对我们的职业生涯具有良好的指引作用，使我们能自觉地改变自己，跨上新的职业台阶。知识可以改变人的命运，职业理念则可以改变人的职业生涯。

> 提示　没有正确的职业理念，就没有正确的工作目标，工作时就会无精打采、不思进取，最终会对工作越来越厌倦，工作效率和质量自然也就越来越低。

2. 正确的职业理念

职业理念能产生如此积极的作用，那么什么样的职业理念才是正确的呢？

- 职业理念应当合时宜，即职业理念要和社会经济发展水平相适应，要适合企业所在地域的社会文化。脱离了企业所在地域的社会文化和价值观，生搬硬套的某种所谓"先进"的职业理念，是无法产生积极作用的。
- 职业理念应当是适时的，任何超前或滞后的职业理念都会影响我们的职业发展。企业处在什么样的发展阶段，我们就应该秉承什么样的适合企业当前发展阶段的职业理念。当企业向前发展时，如果我们的职业理念仍停留在原来的阶段，不学习也不改变，那么自然会跟不上企业的发展。同样，如果我们的职业理念过于超前，脱离了企业发展的实际，那么也无法发挥自己的能力。
- 职业理念必须符合企业管理的目标。企业的成长过程实际上是企业管理目标的实现过程。只有充分了解企业管理的目标，才能构建与企业管理目标一致的职业理念。

（三）信息安全与自主可控

　　随着信息技术的不断发展，各种信息也会更多地借助互联网实现共享使用，这就增大了信息被非法利用的概率。因此，信息安全不仅是国家、企业需要关心的内容，也是我们每个人都应该重视的内容。

1. 信息安全基础

信息安全主要是指信息被破坏、更改、泄露的可能。其中，破坏涉及的是信息的可用性，更改涉及的是信息的完整性，泄露涉及的是信息的机密性。因此，信息安全的核心就是要保证信息的可用性、完整性和机密性。

- 信息的可用性。当一个合法用户需要得到系统或网络服务，系统和网络却不能提供正常的服务时，这与文件或资料被锁在保险柜里，开关和密码系统混乱而无法取出资料一样。也就是说，如果信息可用，则代表攻击者无法占用所有的资源，无法阻碍合法用户的正常操作；如果信息不可用，则对合法用户来说，信息已经被破坏，信息安全的问题也会随之出现。

- 信息的完整性。信息的完整性是信息未经授权不能进行改变的特征，即只有得到允许的用户才能修改信息，并且能够判断出信息是否已被修改。存储器中的信息或经网络传输后的信息必须与其最后一次修改或传输前的内容相同，这样做的目的是保证信息系统中的数据处于完整和未受损的状态，使信息不会在存储和传输的过程中被有意或无意的事件所改变、破坏和丢失。

- 信息的机密性。系统无法确认是否有未经授权的用户截取网络中的信息，因此需要使用一种手段对信息进行保密处理。加密就是用来实现这一目标的手段之一，加密后的信息能够在传输、使用和转换过程中避免被第三方非法获取。

2. 信息安全现状

近年来，信息泄露的事件不断出现，如某组织倒卖业主信息、某员工泄露公司用户信息等，这些事件都说明我国信息安全目前仍然存在许多隐患。从个人信息现状的角度来看，我国目前信息安全的重点体现在以下几个方面。

- 个人信息没有得到规范采集。现阶段，虽然我们的生活方式呈现出简单和快捷的特点，但其背后也伴有诸多信息安全隐患，如诈骗电话、推销信息、搜索信息等，均会对个人信息安全产生影响。不法分子通过各类软件或程序盗取个人信息，并利用信息获利，严重影响了公民的财产安全与人身安全。除了政府和得到批准的企业外，部分未经批准的商家或个人对个人信息实施非法采集，甚至肆意兜售，这种不规范的信息采集行为使个人信息安全受到了极大影响，严重侵犯了公民的隐私权。

- 个人欠缺足够的信息保护意识。网络中个人信息肆意传播、电话推销源源不断等情况时有发生，从其根源来看，这与人们欠缺足够的信息保护意识有关。我们在个人信息层面上保护意识的薄弱，给信息盗取者创造了有利条件。例如，在网络中查询资料时，网站要求填写相关资料，包括电话号码、身份证号码等极为隐私的信息，这些信息还可能是必填的项目。一旦填写，如果面对的是非法程序，就有可能导致信息泄露。因此，我们一定要增强信息保护意识，在不确定的情况下不公布各种重要信息。

- 相关部门监管力度不够。相关部门在对个人信息采取监管和保护措施时，可能存在界限模糊的问题，这主要与管理理念模糊、机制缺失有关。一方面，部分地方政府并未基于个人信息设置专业化的监管部门，容易引起职责不清、管理效率较低等问题。另一方面，大数据需要以网络为基础，而网络用户的信息量大且繁杂，相关部门也很难实现精细化管理。因此，相关部门只有继续探讨信息管理的相关办法，有针对性地出台相关法律法规，才能更好地保护个人信息安全。

3. 信息安全面临的威胁

随着信息技术的飞速发展，信息技术为我们带来更多便利的同时，也使得我们的信息堡垒变得更加脆弱。就目前来看，信息安全面临的威胁主要有以下几点。

- 黑客恶意攻击。黑客是一群专门攻击网络和个人计算机的用户，他们随着计算机和网络的发展而成长，一般精通各种编程语言和各类操作系统，具有熟练的计算机技术。就目前信息技术的发展趋势来看，黑客多采用病毒对网络和个人计算机进行破坏。这些病毒的攻击方式多种多样，对没有网络安全防护设备（防火墙）的网站和系统具有强大的破坏力，这给信息安全防护带来了严峻的挑战。

- 网络自身及其管理有所欠缺。互联网的共享性和开放性使网络信息的安全管理存在不足，在安全防范、服务质量、带宽和方便性等方面存在滞后性与不适应性。许多企业、机构及用户对其网站或系统疏于这方面的管理，没有制定严格的管理制度。而实际上，网络系统的严格管理是企业、组织及相关部门和用户信息免受攻击的重要措施。

- 因软件设计的漏洞或"后门"而产生的问题。随着软件系统规模的不断增大，新的软件产品被开发出来，其系统中的安全漏洞或"后门"也不可避免地存在。无论是操作系统，还是各种应用软件，大多被发现过存在安全隐患。不法分子往往会利用这些漏洞，将病毒、木马等恶意程序传输到网络和用户的计算机中，从而造成相应的损失。

提示 "后门"即后门程序，一般是指那些绕过安全性控制而获取对程序或系统访问权的程序。开发软件时，程序员为了方便以后修改错误，往往会在软件内创建后门程序，一旦这种后门程序被不法分子获取，或是在软件发布之前没有删除，就成为了安全隐患，容易被黑客当作漏洞进行攻击。

- 非法网站设置的陷阱。互联网中有些非法网站会故意设置一些盗取他人信息的软件，并可能隐藏在下载的信息中，只要用户登录或下载网站资源，其计算机就会被控制或感染病毒，严重时会使计算机中的所有信息被盗取。这类网站往往会将内容"乔装"成人们感兴趣的形式，让大家主动进入网站查询信息或下载资料，从而成功将病毒、木马等恶意程序传输到用户计算机中，以完成各种别有用心的操作。

- 用户不良行为引起的安全问题。用户误操作导致信息丢失、损坏，没有备份重要信息，在网络中滥用各种非法资源等，都可能对信息安全造成威胁。因此我们应该严格遵守操作规定和管理制度，不给信息安全带来各种隐患。

4. 自主可控

国家安全对任何国家而言都是至关重要的，处于信息时代，信息安全更是不容忽视的安全内容之一。信息泄露、网络环境安全等，都将直接影响到国家安全。近年来，我国在不断完善相关法律法规，目的就是要坚定不移地按照"国家主导、体系筹划、自主可控、跨越发展"的方针，解决在信息技术和设备上受制于人的问题。

首先，我国信息安全等级保护标准一直在不断完善，目前已经覆盖各地区、各单位、各部门、各机构，涉及网络、信息系统、云平台、物联网、工控系统、大数据、移动互联等各类技术的应用平台和场景，以最大限度确保按照我国自己的标准来利用和处理信息。

其次，信息安全等级保护标准中涉及的信息技术和软/硬件设备，如安全管理、网络管理、端点安全、安全开发、安全网关、应用安全、数据安全、身份与访问安全、安全业务等，都是我国信息系统自主可控发展不可或缺的核心，而这些技术与设备大多是我国的企业自主研发和生产的，这也进一步使信息安全的自主可控成为可能。

任务实现

目前，全球90%以上的人口生活在被移动蜂窝信号覆盖的地方，而5G也是新一代信息技术的重要支柱。5G给人们带来的影响是显而易见的，如在5G时代，几秒就能下载一部1080PB的电影。对企业而言，5G将在交通、安防、金融、医疗健康等众多领域创造价值。因此，大力发展5G已经成为全球的共识。

我国5G技术目前处于领跑状态，这与华为公司的贡献是密不可分的。华为5G技术的领跑优势不仅体现在华为的 5G 网络专利上，还体现在华为 5G 网络端到端全产业链的设备制造能力上，华为甚至囊括了 5G 网络配套的相关服务等。

- 专利技术方面。华为与高通在 5G 网络专利方面的竞争相当激烈，华为在 5G 网络专利研发数量方面明显多于高通。市场调查机构 CINNO Research 公布的一组数据显示，华为海思芯片在中国市场 2020 年第一季度的份额首次超越了高通芯片。
- 5G 网络设备全产业链的制造能力。华为并非仅具备 5G 网络基站的制造能力。在芯片方面，华为具有基站端的天罡芯片，5G 基带芯片巴龙 5000；在用户端方面，华为具有 5G CPE 设备，5G 手机等；在基站端方面，华为采用了"刀片式"的设计方案，使基站的安装极为简便，且更有利于电信运营商部署 5G 网络，也为用户节约了大量的建设成本。
- 5G 网络的相关配套服务。华为不局限于开发硬件设备，还提供各项服务，可以与各运营商进行深度合作。

5G 网络基于低时延、高可靠的特点，在面对工业控制、无人驾驶汽车、无人驾驶飞机等场景时，都有无限的应用可能。这 3 种场景对应着 5G 技术的几个子标准，所有 5G 技术的运用均是围绕着这 3 种场景在各行各业中展开的，如 5G+医疗等，应用场景如图 6-2 所示。

了解了华为 5G 技术的相关知识后，请读者围绕 5G 技术在不同行业的应用探讨信息技术的发展情况。

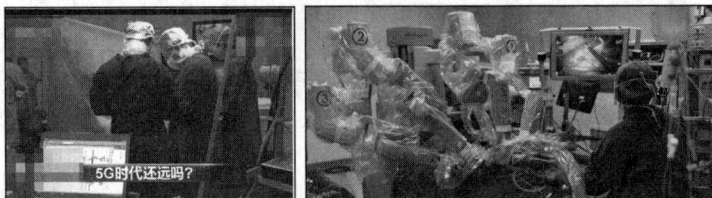

图 6-2 5G+医疗应用场景

任务三 信息伦理与职业行为自律

任务描述

信息技术已渗透到人们的日常生活中，也深度融入国家治理、社会治理的过程中，在提升国家治理能力，实现美好生活，促进社会道德进步方面起着重要作用。但随着信息技术的深入发展，也出现了一些伦理、道德问题，如有些人沉迷于网络虚拟世界，厌弃现实世界中的人际交往。这种去伦理化的生存方式，从根本上否定了传统社会伦理生活的意义和价值，这种错误行为是要摒弃的。大家在网络或生活中是否遇到过信息伦理风险事件，如何看待这些事件呢？

技术分析

（一）信息伦理概述

信息伦理对每个社会成员的道德规范要求是相似的，在信息交往自由的同时，每个人都必须承担同等的伦理道德责任，共同维护信息伦理秩序，这也对我们今后形成良好的职业行为规范有积极的影响。信息伦理是信息活动中的规范和准则，主要涉及信息隐私权、信息准确性权利、信息产权、信息资源存取权等方面的问题。

- 信息隐私权即依法享有的自主决定的权利及不被干扰的权利。
- 信息准确性权利即享有拥有准确信息的权利，以及要求信息提供者提供准确信息的权利。

- 信息产权即信息生产者享有自己所生产和开发的信息产品的所有权。
- 信息资源存取权即享有获取所应该获取的信息的权利，包括对信息技术、信息设备及信息本身的获取。

> **提示** 信息伦理体现在生活和工作中的方方面面，我们要时刻维护信息伦理秩序，并养成良好的职业道德。例如，张军是一名程序员，负责开发一款应用软件，软件的开发过程一直很顺利，但就在软件即将完成时，张军遇到了一个技术难题，始终无法攻破；此时，张军发现以前工作的公司开发的一个类似项目的源代码可以解决当前的难题，但出于职业操守和信息伦理道德，张军并没有使用该代码，而是自己想办法解决了这个技术难题。

（二）与信息伦理相关的法律法规

在信息领域，仅仅依靠信息伦理并不能完全解决问题，还需要强有力的法律法规做支撑。因此，与信息伦理相关的法律法规显得十分重要。有关的法律法规与国家强制力的威慑，不仅可以有效打击在信息领域造成严重后果的行为者，还可以为信息伦理的顺利实施构建较好的外部环境。

随着计算机技术和互联网技术的发展与普及，我国为了更好地保护信息安全，培养公众正确的信息伦理道德，陆续制定了一系列法律法规，用以制约和规范对信息的使用行为和阻止有损信息安全的事件发生。

在法律层面上，我国于 1997 年修订的《中华人民共和国刑法》中首次界定了计算机犯罪。其中，第二百八十五条的非法侵入计算机信息系统罪，第二百八十六条的破坏计算机信息系统罪，第二百八十七条的利用计算机实施犯罪的提示性规定等，能够有效确保信息的正确使用和解决相关安全问题。

在政策法规层面上，我国颁布了一系列法规文件，如《中华人民共和国网络安全法》《互联网信息服务管理办法》《计算机信息网络国际联网安全保护管理办法》《中华人民共和国计算机信息系统安全保护条例》等，这些法规文件都明确规定了信息的使用方法，使信息安全得到了有效保障，也能在公众当中形成良好的信息伦理。

（三）职业行为自律

职业行为自律是一个行业自我规范、自我协调的行为机制，同时是维护市场秩序、保持公平竞争、促进行业健康发展、维护行业利益的重要措施。

另外，职业行为自律是个人或团体完善自身的有效方法，是提升自身修养的必备环节，也是提高自身觉悟、净化思想、强化素质、改善观念的有效途径。我们应该从坚守健康的生活情趣、培养良好的职业态度、秉承正确的职业操守、维护核心的商业利益、规避产生个人不良记录等方面，培养自己的职业行为自律思想。职业行为自律的培养途径主要有以下 3 种。

- 确立正确的人生观是职业行为自律的前提。
- 职业行为自律要从培养自己良好的行为习惯开始。
- 发挥榜样的激励作用，向先进模范人物学习，不断激励自己。向先进模范人物学习时，还要密切联系自己职业活动和职业道德的实际，注重实效，自觉抵制拜金主义、享乐主义等腐朽思想的侵蚀，大力弘扬新时代的创业精神，提高自己的职业道德水平。

除此之外，还应该充分发挥以下几种个人特质，逐步建立起自己的职业行为自律标准。

- 责任意识。具有强烈的责任感和主人翁意识，对自己的工作负全责。
- 自我管理。在可能的范围内，以身作则，做企业形象的代言人和员工的行为榜样。
- 坚持不懈。面对激烈的竞争，尤其是在面临困境或危急的时候，能够顽强坚持，不轻言放弃。

- 抵御诱惑。有较高的职业道德素养和坚定的品格，能够在各种利益诱惑下做好自己。

任务实现

当前，以互联网、大数据、人工智能为代表的新一代信息技术蓬勃发展，深刻改变着人们的生存和交往方式，但同时可能带来伦理风险。如今网络中经常出现引发全社会关注的信息伦理事件，这些事件对社会产生了各种深远影响。图6-3所示为人工智能技术的广泛应用对人类伦理道德提出的挑战。例如，智能推荐带来了隐私方面的问题，如为了精确刻画用户画像，相关算法需要对用户的历史行为、个人特征等数据进行深入、细致的挖掘，这可能导致推荐系统过度收集用户的个人数据；自动驾驶汽车面对的伦理问题包括自动驾驶汽车上市前对事故风险的必要社会共识的讨论，以及自动驾驶与现行交通法律法规体系的协调等。

图6-3 人工智能面临的伦理问题

请大家尝试讨论并分析应对信息伦理的方法与措施，也可以通过网络进一步了解信息化带来的伦理挑战的相关文章，如《人民日报》（2019年7月12日9版）刊登的《信息时代的伦理审视》等，从而进一步加强对自身信息伦理道德的规范和审视。

课后练习

一、填空题

1. 信息素养这一概念最早被提出是在_____年。
2. 职业理念的作用主要体现在_____、感受到工作带来的快乐、使我们在职场上不断进步等方面。
3. 信息安全的核心就是要保证信息的_____、_____和_____。

二、选择题

1. 下列信息检索分类中，不属于按检索对象划分的是（   ）。
   A. 信息意识　　　　B. 信息知识　　　　C. 信息能力　　　　D. 信息道德
2. 下列关于职业理念的说法中不正确的是（   ）。
   A. 职业理念应当合时宜　　　　　　　　B. 职业理念应当是适时的
   C. 职业理念必须符合企业管理的目标　　D. 职业理念应当符合个人的要求与目标
3. 下列选项中，不属于信息伦理涉及的问题的是（   ）。
   A. 信息私有权　　　B. 信息隐私权　　　C. 信息产权　　　D. 信息资源存取权